大数据驱动的
蒙古高原生态屏障建设

王卷乐 等　著

科 学 出 版 社
北　京

内 容 简 介

蒙古高原位于西伯利亚针叶林到亚洲中部荒漠草原的过渡带上，其对于维护我国北方乃至东北亚生态安全具有重要的屏障作用。本书基于大数据驱动的科学思想，面向蒙古高原生态屏障建设需求，开展了蒙古高原多类资源环境要素的遥感解译、格局分析和安全评价等研究。本书重点内容包括蒙古高原地表水监测、草地生产力估算、沙尘暴动态监测与归因、草地物候监测与分析、土地荒漠化反演与土地退化零增长评估、自然道路提取及土地退化的自然与人文因素分析、典型流域生态安全评价等。

本书可供从事蒙古高原生态环境研究和管理人员，从事蒙古高原生态屏障数据获取、信息处理、产品生产和知识服务的科研人员和技术人员，以及高等院校相关专业的教师和研究生参考。

审图号：GS京（2024）2701号

图书在版编目（CIP）数据

大数据驱动的蒙古高原生态屏障建设 / 王卷乐等著. -- 北京 ： 科学出版社，2025.3. -- ISBN 978-7-03-081623-8

Ⅰ. X321.1-39

中国国家版本馆CIP数据核字第2025Z59W22号

责任编辑：彭胜潮 / 责任校对：郝甜甜
责任印制：赵 博 / 封面设计：马晓敏

科学出版社 出版
北京东黄城根北街16号
邮政编码：100717
http://www.sciencep.com

涿州市般润文化传播有限公司印刷
科学出版社发行 各地新华书店经销
*
2025年3月第 一 版 开本：787×1092 1/16
2025年8月第二次印刷 印张：13 3/4
字数：320 000
定价：128.00元
（如有印装质量问题，我社负责调换）

本书出版由以下项目联合资助：

- 蒙古高原生态屏障智能计算和大数据协同创新示范项目（KPI006）
- 蒙古高原生态大数据中心平台建设与应用示范（2023KJHZ0027）
- 中蒙戈壁调查与制图（2023FY100700）
- 中国工程科技知识中心建设项目（CKCEST–2023–1–5）
- 江苏省地理信息资源开发与利用协同创新中心

前　　言

　　蒙古高原是亚洲中高纬度区域的一个跨境地理单元，是西伯利亚针叶林到亚洲荒漠草原的过渡带，在中国北方和东北亚生态安全屏障建设中扮演关键角色。近几十年来，受气候变化和人类活动的影响，蒙古高原一直在与日益加剧的荒漠化和沙尘暴等生态环境和灾害问题作斗争。加强蒙古高原的生态屏障建设，是促进本区域生态环境安全和可持续发展的关键。蒙古高原生态屏障的功能包括调节气候、水源涵养、生物多样性保护，以及阻止沙尘暴、抑制荒漠化等多重生态服务功能，是一条促进绿色发展和生态环境保护的重要地带。生态系统是所有地球生命的支撑，联合国大会通过第73/284号决议，宣布2021～2030年为"联合国生态系统恢复十年"，呼吁全球遏制生态系统退化。《联合国防治荒漠化公约》(UNCCD)提出到2030年的土地退化零增长目标。在全球共识和区域需求面前，如何利用新的数据、模型、算法、平台等技术突破支持蒙古高原生态屏障的建设，不仅对于区域生态安全，而且对于地理学创新发展，都具有重要的科学价值。

　　新一轮科技革命正在兴起，科学研究从实验、理论、模拟的传统科学范式，进入到大数据驱动的第四科学范式，数据驱动和智能计算是这一科学范式变革的土壤。蒙古高原生态屏障建设离不开空天地一体化的观测手段。在大数据驱动下，应用人工智能方法和云计算技术，可以为区域生态屏障建设提供新的方法和技术支撑。蒙古高原区域数据获取和人工解译成本依然较大，缺少自动化的、融合多种数据源、满足多尺度应用需要的高精细度产品供应能力，且基于有限样点的监测方法，只是得到局部范围的反演结果，缺乏机器学习和智能计算能力，使得研究成果无法扩展到蒙古高原全域。

　　结合以上应用需求，本书介绍了大数据驱动的蒙古高原生态屏障建设的研究进展，内容包括八章，由王卷乐负责设计和全文统稿。第1章，引言，主要介绍大数据驱动的蒙古高原生态屏障建设的背景、国内外主要进展及面临的技术挑战，主要执笔人王卷乐。第2章，深度学习支持下的大范围水体提取方法研究，主要包括完成蒙古高原范围水体数据产品的提取及地表水分布数据集的生产，主要执笔人李凯、王卷乐。第3章，基于机器学习的蒙古高原产草量反演估算，主要包括蒙古高原区域土地覆盖分类与时空变化分析、产草量估算与分析、草地承载力计算与草畜平衡动态关系建模评价，主要执笔人李梦晗、王卷乐。第4章，蒙古高原沙尘暴动态变化监测与归因分析，主要包括蒙古高原春季沙尘暴数据集获取、沙尘暴时空变化分析、下垫面土地覆盖格局与变化分析、沙尘暴归因与应对策略分析，主要执笔人张煜、王卷乐。第5章，基于MODIS-NDVI时序数据的蒙古国草地动态监测，主要包括蒙古国植被NDVI和草地植被物候的空间分布特征及年际变化趋势分析，以及蒙古国植被物候对地理要素的响应分析，主要执笔人邵亚婷、王卷乐。第6章，基于高分影像的蒙古国南部自然道路提取及其荒漠化影响，主要包括利用面向对象的方法进行古尔班特斯苏木道路信息提取，古尔班特斯苏木荒漠化自然与人类活动影响因素的定性和定量分析，主要执笔人梁茜亚、王卷乐。第7章，蒙古高原色楞格河流域生态安全评估，主要包括构建了色楞格河流域生态安全评估体系，评估并得到蒙古高原色楞格河流域生态安全等级及生态敏感性等级，主要执笔人周佳玲、王卷乐。第8章，不足与展望，主要执笔人王卷乐。

　　感谢国家科技基础资源调查专项项目、资源与环境信息系统国家重点实验室自主部署项目、内蒙古自治区重点研发和成果转化计划项目、中国工程科技知识中心建设项目等给予本研究的支持。感谢蒙古国立大学Ochir ALTANSUKH 教授、Chonokhuu SONOMDAGVA教授、Chuluun TOGTOHYN教授、Davaadorj DAVAASUREN副教授等专家指导。感谢谭学玲、李凯、刘亚萍、苏钰惠、黄绍普、李凤娇、孙义飞、韩腾飞、贾淇琳、王梦、王岚、洪梦梦等参与排版编辑。限于专业领域覆盖面和写作能力，书稿中可能会有不足之处，欢迎批评指正，以便更新时改进。

目　　录

第1章 引　言

　　"生态屏障"是具有某些特殊防护功能的生态系统。学术界对"生态屏障"较多地解释为"特定区域的生态系统"，其结构与功能符合人类生存发展的生态要求，且在生态屏障区对周边存在一定的保护作用域，为周边及当地提供稳定、持续的生态系统服务（贺帅兵等，2023）。巩固筑牢我国生态屏障是我国生态文明和生态安全的重要内容。随着长期的土地开发、人口增长、快速城镇化等人类活动扰动，以及全球气候变化等影响，全球生态屏障地区的生态系统面临挑战（孙东琪等，2012；Walther et al.，2002）。

　　为应对环境恶化带来的生态危机，缓解生态因素对经济高质量发展的制约，助力生态安全与国家可持续发展，"十一五"期间，我国提出构建"两屏三带"国家生态屏障这一国家基本生态安全主题架构。"十二五"期间，明确加强"两屏三带"国家生态屏障区建设与生态系统管理，增强生态系统服务能力，实现国家高效可持续发展。"十三五"期间提出构建我国北方地区防沙带建设，助力构建北方生态安全屏障，重点针对我国植被修复及水土保持建设。"十四五"期间是我国绿色生态屏障建设的关键时期，提出要持续、规范、科学、高质量地推进绿色生态屏障建设，持续推进生态修复与生态惠民工程。同时，我国提出自2021年至2035年将以"三区""四带"为核心，开展全国范围内重要生态系统的保护工程及修复工程建设。"三区"包括青藏高原生态屏障区、黄河重点生态区、长江重点生态区；"四带"包括东北森林带、北方防沙带、南方丘陵山地带、海岸带。在这些生态区域中，北方防沙带是我国北方的重要屏障，涉及蒙古高原的跨境区域，具有特殊的生态安全意义。

　　蒙古高原是当今北半球最主要的干旱区之一，也是气候变化研究的热点区域之一，在我国北方乃至整个亚洲生态安全屏障建设中发挥着重要作用。蒙古高原生态屏障区不仅对中华民族的生存发展至关重要，也是影响亚洲文明和地缘格局的重要区域。习近平总书记近年多次考察内蒙古，强调指出筑牢北方重要的生态安全屏障。2022年上合峰会上，中、蒙、俄三国元首表示将中蒙俄经济走廊发展规划建设延长五年。2023年蒙古国总理访华期间指出，近年来蒙中两国沙尘暴频发，有必要加大对戈壁地区的保护力度。蒙古国总统2021年宣布发起"十亿棵树计划"，将此生态工程作为该国应对气候变化的行动之一。2023年"一带一路"十周年峰会期间，中蒙元首共同倡议履行《联合国防治荒漠化公约》，积极参与全球荒漠化环境治理，重点加强同周边国家的合作，支持共建"一带一路"国家荒漠化防治，引领各国开展政策对话和信息共享，共同应对沙尘灾害天气。

　　然而由于历史原因，蒙古高原区域长期未受重视，且高时空分辨的科学数据积累严重匮乏；由此，也带来了不同学者围绕蒙古高原区域土地退化与恢复的认识各异。随着蒙古高原气候变化和人类活动的加剧，人口数量不断增长，牲畜数量不断增加，局部资源富集区域的草地载畜压力持续增大，草原生态系统与畜牧业发展间的矛盾日趋尖锐。借助于大数据时代的红利，充分利用大数据和人工智能技术支持蒙古高原生态屏障的建设和可持续发展，已成为发展的必然。

1.1 蒙古高原地理环境概况

1.1.1 蒙古高原的地理范围

蒙古高原位于西伯利亚针叶林到亚洲中部荒漠草原的过渡带上，其物理边界尚不统一。不同学者根据其应用研究场景的需要，提出有不同的范围。总体上包括以下三个常用的边界（见图1.1、图1.2和图1.3）。

图1.1反映的是一个跨越中蒙俄、覆盖较完整流域尺度单元、由不同政区组成的蒙古高原范围。该范围辐射蒙古国全部，俄罗斯南部的图瓦共和国、布里亚特共和国、外贝加尔边疆区和伊尔库茨克州部分地区，中国的内蒙古自治区与新疆维吾尔自治区部分地区。经度范围85.75°～129°E，纬度范围36°～59.75°N；覆盖面积约382万 km²。

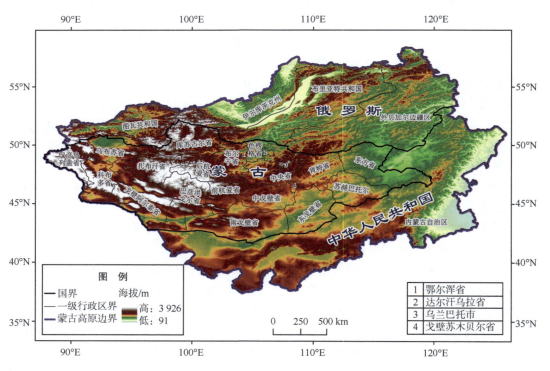

图1.1 蒙古高原空间范围一

图1.2给出了蒙古高原空间位置和数字高程模型（digital elevation model，DEM）空间分布，范围包括蒙古全境、俄罗斯的图瓦共和国、阿尔泰边疆区和中国内蒙古。总面积约301万 km²，位于37°～53°N、84°～126°E之间。

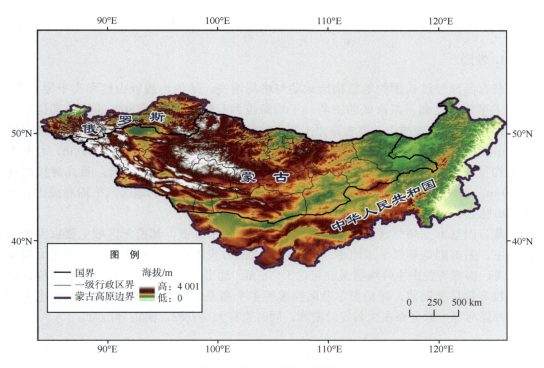

图1.2 蒙古高原空间范围二

图1.3展示了较多学者普遍采用的、传统意义上的蒙古高原范围，主体在蒙古国和中国内蒙古自治区。在地理单元上，东起大兴安岭，西至阿尔泰山，北界为萨彦岭、雅布洛诺夫山脉，南界为阴山山脉。位于37°～53°N、88°～120°E之间，面积274.95万km²。现有的蒙古高原研究多在此区域开展。

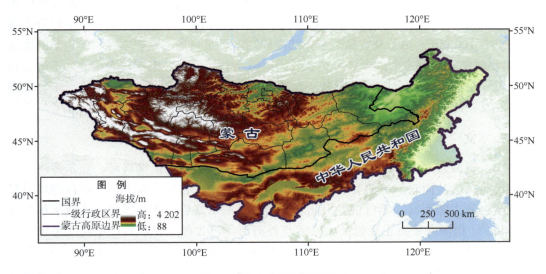

图1.3 蒙古高原空间范围三

1.1.2 蒙古高原的自然条件

1. 地形

蒙古高原经过长期的地质构造运动与格局演变，地形地貌以山地和高平原为主，总体上呈现西北高、东南低的态势，平均海拔为1 580 m，几乎80%的区域都位于海拔1 000 m或更高海拔上。蒙古高原主要山脉包括阿尔泰山、杭爱山和肯特山，其中阿尔泰山和杭爱山分别位于蒙古国西部地区和中部地区，平均海拔均为3 000 m，且两大山脉均呈西北-东南走势；其海拔最高点位于阿尔泰山脉杭爱山顶点，最高海拔超过4 000 m。被蒙古人尊称为"蒙古圣山"的肯特山处于蒙古东部地区，平均海拔比其他两个山脉低1 000 m，呈东北-西南的走势。

蒙古国基本呈高原状，整体地势呈由西向东逐渐降低，其南部区域主要以戈壁荒漠为主，东部则是草原平原地带。我国内蒙古的海拔高度差异较大，其东部是大兴安岭林海，南部贺兰山主峰海拔最高可达3 556 m。地形方面，内蒙古地貌形态多样，区域内包含锡林郭勒盟、呼伦贝尔及阿拉善等多个高原，整体高原面积占50%，也有河套、西辽河等平原分布在大兴安岭南侧，同时也有大兴安岭、阴山等山脉。

2. 气候

蒙古高原的气候类型是大陆性温带草原气候，季节变化显著。气候特征表现为冬季（11月至次年4月）寒冷而漫长，最低气温可达–50 ℃，冬天冰冻雪灾频发，是引起亚洲季风气候区冬季"寒潮"的原因之一；春季（5～6月）和秋季（9～10月）短促，并易发生沙尘暴等突发性气候灾害；夏季短促而酷热（7～8月），昼夜温差大，光照充足，紫外线强，白天最高气温可达40 ℃，最低温度10 ℃。蒙古高原年均降水量约120～250 mm，且70%的降水多发生在7、8月份，其中典型草原年均降水量约为150～250 mm，荒漠草原年均降水量约为100～150 mm，而南部戈壁地区年均降水量约为50～100 mm。由于蒙古高原整体纬度较高，日照充足，光能丰富，年日照时数达3 000小时以上。蒙古国的土壤种类主要为盐碱土与栗钙土，土壤较为贫瘠，不适合种植业发展；而内蒙古土壤种类繁多，有黑土、棕壤等自然肥力较高的土壤，十分适宜农林业发展。

3. 水文

在水资源方面，蒙古国河流主要为内流河，主要水系是色楞格河、鄂尔浑河与克鲁伦河等河流，而湖泊主要有乌布苏湖、库苏古尔湖、吉尔吉斯湖。其中色楞格河是蒙古国内最大的河流，源自杭爱山北坡，经由贝加尔湖后注入北冰洋，流域面积高达95万 km²。我国内蒙古主要包括内流河与外流河，包含黑龙江水系、辽河水系等多个水系，流域面积占总面积近60%。同时还有以呼伦湖、贝尔湖、乌梁素海、岱海四大湖泊为主的上千个大小湖泊。在降水量方面，两个区域整体状况相似，降水分布极其不均，西南部年均降水量100～200 mm；而东北部降水丰富，年均可达近400 mm，且呈现由东北向西南逐渐递减趋势。

4. 土地覆被

根据海拔、气温、降水量、土壤类型等的不同，蒙古高原的土地覆被类型分布具有较强的地带性，由北向南呈现森林、典型草地、荒漠草地和裸地的地物演替特征。森林资源主要分布在山地，该地带包括湖泊、河流、针叶林、落叶松等，且该地区生长着蒙古扁桃和雪莲等珍稀植物；蒙古高原主要土地覆盖类型为草地，草地区域大约共有 2 800 多种植物组成，该区域主要包括草甸草地、典型草地和荒漠草地 3 个子区域。典型草地区域分布着各种针茅植物，荒漠草地区域主要生长着蒙古茅草、戈尔嘎诺夫旋花等植物。戈壁地区气候干燥，降水量稀少，土地覆被较薄弱，大部分区域为裸地，少部分区域（与草原地区过渡的边界）主要生长着胡杨、沙枣、看卖娘等植物。

从遥感解译结果看，裸地和草地是面积最大的两种类型，其中裸地的面积约占蒙古国土地面积的47.83%，是面积最多的土地覆盖类型；草地的面积次之，约占总面积的42.85%。蒙古国的土地覆盖分布呈现明显的南北差异，南部以裸地为主，地表植被和草地覆盖较少；北部地表水资源相对丰富，草地覆盖较多。裸地和草地具有明显的分界线，其中，裸地分布比较集中连片，主要分布在蒙古南部和西部；草地分布广泛，具有明显的地域性，并在中部地区形成一条明显的荒漠草地条带。

5. 动植物资源

由于气候和地形的多样性，蒙古高原的动植物资源丰富多样，分布也因区域差异呈现出明显的分区特征。蒙古高原的大部分地区为典型的温带草原，主要植被由草本植物和少量灌木组成，具有较强的抗旱和耐寒能力。常见的草原植物包括羊草（*Stipa*）、针茅（*Artemisia*）、冰草（*Agropyron*）等，这些植物构成了大面积的草地，是草食性动物的主要食物来源。在这个区域，蒙古野驴（*Equus hemionus*）、蒙古瞪羚（*Procapra gutturosa*）、草原狼（*Canis lupus chanco*）等大型哺乳动物以及蒙古百灵（*Melanocorypha mongolica*）、草原雕（*Aquila nipalensis*）等鸟类广泛分布。草原区是蒙古高原生物多样性最为丰富的区域之一，面临的主要威胁是过度放牧和草原退化。

蒙古高原的西部和南部为干旱的荒漠和半荒漠地区，这里气候极端，植被稀少，但适应干旱环境的植物依然生存繁茂，如骆驼刺（*Alhagi*）、梭梭（*Haloxylon*）、沙冬青（*Ammopiptanthus*）等。这些植物不仅适应了严酷的自然条件，还在防风固沙中发挥重要作用。动物方面，荒漠区分布着戈壁熊（*Ursus arctos gobiensis*）、戈壁马鹿（*Cervus elaphus*）等稀有物种。此外，骆驼（*Camelus bactrianus*）等耐旱性强的动物也广泛分布于此。这个区域的生态系统脆弱，主要面临气候变化和人为开发的威胁。

蒙古高原的北部和东部为高山和丘陵地带，这里海拔较高，气候寒冷，植被以针叶林和高山草甸为主。常见的树种有落叶松（*Larix*）、云杉（*Picea*）、冷杉（*Abies*）等。山地森林区也是许多珍稀野生动物的栖息地，包括雪豹（*Panthera uncia*）、盘羊（*Ovis ammon*）、北山羊（*Capra sibirica*）等，这些动物擅长在崎岖的山地环境中活动，具有很强的生存能力。随着气候变暖和人类活动的扩大，山地森林区的生态系统也面临一定的压力。

蒙古高原的湿地主要分布在湖泊和河流沿岸，这些湿地不仅是高原地区重要的水源地，还为许多鸟类提供了理想的繁殖和栖息地。黑颈鹤（*Grus nigricollis*）、丹顶鹤（*Grus japonensis*）等珍稀鸟类在这里筑巢繁衍。湿地周边的植物资源也十分丰富，包括芦苇、莎草等耐水湿植物。然而，由于气候变化和水资源过度利用，湿地生态系统的面积正在缩小，许多依赖湿地生存的动植物面临生存压力。蒙古高原野生动物资源比较丰富，其中野驴、野马、戈壁熊、野骆驼、羚羊等是世界濒临绝迹的一级保护动物。

6. 矿产资源

蒙古高原拥有丰富的矿产资源，是该地区经济的重要支柱之一。高原的地质构造复杂，金属矿产、能源矿产和非金属矿产广泛分布，种类繁多。金属矿产方面，蒙古高原以铜、金、铁、钼为主，其中蒙古国的奥尤陶勒盖（Oyu Tolgoi）铜矿是世界上最大的铜金矿床之一；我国内蒙古自治区的白云鄂博矿床则以铁矿和稀土资源闻名。高原的煤炭资源极为丰富，尤其是内蒙古的鄂尔多斯盆地和蒙古国的塔温陶勒盖煤矿，煤质优良，具有重要的经济价值。此外，蒙古高原还蕴藏着石油和天然气资源，主要分布在我国内蒙古自治区的鄂尔多斯盆地及蒙古国的东戈壁地区。同时高原的萤石和石灰石资源也为化工和建材行业提供了丰富的原材料。尽管蒙古高原矿产资源丰富，但其开发面临环境保护和可持续发展的挑战，在未来的开发过程中，需要平衡资源利用与生态保护之间的关系，以确保区域的长远发展。

7. 自然灾害

蒙古高原位于亚欧大陆内部，气候条件严酷，极端天气频发，因此自然灾害多样且频繁，主要包括寒潮、沙尘暴、干旱、洪水和雪灾等。寒潮是冬季常见的灾害，伴随着极端低温和强风，对牧业和人类生活造成重大影响；春秋季节的沙尘暴由广阔的沙漠和戈壁地区产生，严重影响空气质量和交通安全；干旱是高原的另一大灾害，降水稀少导致草场退化、水源减少，严重影响农业和牧业发展；虽然降水量总体偏少，但局部的暴雨和雪融水常常引发洪水灾害，威胁基础设施和居民安全；冬季的雪灾不仅阻碍交通，还会导致牲畜觅食困难，给牧业带来巨大损失。此外，长期的气候变化和人类活动导致的沙漠化问题加剧，使得蒙古高原生态系统更加脆弱，增加了自然灾害的发生频率和影响。

1.1.3　蒙古高原的人文特点

1. 民族

蒙古高原主要包括蒙古国和我国内蒙古自治区。蒙古国从民族构成上是一个以蒙古族为绝对主体的国家。蒙古民族约占蒙古国总人口的97%左右。人口主要由占绝大多数的喀尔喀人所构成，而其他的巴牙惕人及布里亚特人等，可以说得上是蒙古族的民系，使用不同于喀尔喀人的蒙古方言。少数民族有哈萨克族等突厥系民族，另外还有中国籍蒙古族的华裔和俄罗斯裔。我国内蒙古自治区是一个多民族共存的地区，其中主要的少数民族有蒙古族、回族、满族、朝鲜族、达斡尔族、鄂温克族、鄂伦春族、东乡族、土家族、俄罗斯族、锡伯族等。蒙古国的官方语言为喀尔喀蒙古语，当地居民有95%的人使用。文字为斯拉夫蒙古语。我国内蒙古自治区的主要语言是汉语和蒙古语。

2. 人口

2023年，蒙古国总体人口约348.1万人，主要为喀尔喀蒙古族人，占比约80%。蒙古国地广人稀，人口密度为2人/km²，且国内人口分布极其不均，近60%的人口生活在以乌兰巴托为主的大城市中。我国内蒙古作为少数民族自治区，截至2023年年底，全区常住人口2 400万人，其中少数民族占比约22.3%，以蒙古族和回族为主，蒙古族总人口约420万人，占比17.5%。我国内蒙古自治区的面积略低于蒙古国，但人口数量远超蒙古国，人口密度高达约20.35人/km²。两个区域均以畜牧业和矿业资源为主导产业，其中蒙古国矿业产值占国内工业产值的70%以上，是蒙古国经济发展的重要支柱，而近年来我国内蒙古自治区则由第一产业向第三产业转移。

3. 经济活动

蒙古高原的经济活动以传统的游牧畜牧业为基础，同时采矿、旅游和工业化进程也在不断推动区域经济的发展，这些产业的协调发展，正在塑造蒙古高原的现代经济结构。游牧畜牧业是蒙古高原的传统经济支柱，主要养殖牛、羊、马、骆驼等牲畜。畜牧产品包括肉类、奶制品（如奶酪和酸奶）和皮革。虽然蒙古高原的农业面积相对有限，但在一些地区，尤其是气候较为适宜的地方，小麦、大豆和土豆等作物种植业也在逐渐发展。蒙古高原富含矿产资源，包括煤、铜、金、稀土元素等。近年来，采矿业迅速发展，成为重要的经济来源。蒙古高原工业化水平虽然较低，但在城市地区，轻工业如食品加工和纺织业逐渐发展。基础设施建设如公路、铁路和能源设施正在改善，以支持经济增长。随着经济的发展，金融、商业和教育等服务业在城市化进程中逐步扩展。此外，蒙古高原以其广袤的草原、湖泊和山脉吸引了大量游客，旅游业也在逐步发展。

4. 节庆习俗

蒙古高原的节庆习俗深受游牧文化的影响，体现了蒙古民族的传统价值观、生活方式和自然环境。主要节日包括那达慕（Naadam Festival）、牧民节（Tsagaan Sar）、夏季节（Ulaanbaatar Summer Festival）等。那达慕，又称"纳达姆节"，是蒙古族最重要的传统节日，通常在每年的7月11日至13日举行。节日源自古代蒙古部落的军事训练和庆祝丰收的仪式，现已演变为展示蒙古族文化和传统的重要活动，主要项目有摔跤、赛马、射箭等。牧民节又称"白节"，是蒙古族的新年庆祝活动，通常在农历正月初一举行。它标志着冬季的结束和春天的到来，是蒙古族最重要的节日之一，主要活动有祭祖仪式、传统食品、家庭聚会。夏季节是蒙古首都乌兰巴托举办的一系列庆祝活动，通常在每年7月举行，旨在庆祝夏天的到来和城市生活的繁荣，主要活动包括音乐和舞蹈、市场和展览、体育赛事等。夏季节不仅是娱乐和休闲的时刻，还促进了乌兰巴托的城市文化发展，展示了蒙古族在现代社会中的适应和创新。蒙古高原的节庆习俗深深植根于游牧文化和自然环境中，展现了蒙古族的传统价值观和生活方式。从那达慕的传统竞技到牧民节的家庭团聚，这些节日活动不仅庆祝自然和社会的变化，也加强了蒙古族群体的凝聚力和文化传承。

1.2　蒙古高原生态屏障建设研究进展

蒙古高原作为中蒙俄经济走廊的核心区域，围绕该区域的资源、环境、生态、灾害等研究始终是热点（图1.4）。本节仅选取自然资源、生态环境、区域可持续发展三类案例进行剖析，揭示该区域利用遥感观测、野外实验和调查统计等大数据研究概况，及其生态脆弱区识别进展。

粮食消费	自然道路	产草量
土地退化	水资源	毒杂草
荒漠化	沙尘暴	蒸散发
盐渍化	碳储量	冻土
生态脆弱区	畜牧业	耕地……

图1.4　蒙古高原资源环境生态灾害研究热点

1.2.1　蒙古高原自然资源格局分析

1. 土地覆盖

土地覆盖数据是地球表层覆盖要素的综合表达，具有时间和空间属性，通常涉及森林、草地、水体、建筑、裸地等类型。土地覆盖数据的获取可为区域的可持续发展、生态环境质量评估、自然资源管理、气候变化研究等方面提供基础科学数据支撑。

Wang等（2022）针对蒙古高原的土地覆盖情况，采用面向对象的遥感解释方法，建立了基于遥感的土地覆盖分类规则和参考阈值范围。以30 m分辨率获取蒙古国1990年、2000年、2010年和2020年精细化土地覆盖数据。研究基于蒙古国土地覆盖条件，建立了遥感土地覆盖分类体系，包括11类，为森林、草甸草原、典型草原、荒漠草原、裸地、沙地、沙漠、冰、水、耕地和建筑。该研究指出，近年来，蒙古国典型草原面积呈波动式下降趋势，荒漠草原呈现波动式增长趋势。森林一直相对稳定，空间分布没有明显变化。耕地面积总体减少但后期增加明显，建筑面积持续增加。接着，以上述数据为基础开展了蒙古高原可持续性发展研究。研究发现，近30年来，蒙古高原土地覆被变化率为0.16%，但不同土地覆被类型和联合国可持续发展目标（SDGs）的变化趋势不同。耕地（SDG2相关）在过去五年中呈现增长趋势，与最初明显的下降趋势显然不同。水资源状况（SDG6相关）呈明显下降趋势，对干旱、半干旱地区构成重大威胁。建筑面积（SDG11相关）持续增加，但近年来长期上升趋势有所放缓。森林面积（SDG15相关）有所下降，但最近有所恢复（Zhang et al.，2022）。

尽管已有多种全球尺度的公开土地覆盖数据得到广泛应用，但是蒙古高原特有的土地覆盖类型尚未在这些数据集上体现，难以实现蒙古高原土地覆盖变化精确评估和深入研究。因此，亟需开展长时序的蒙古高原高分辨率数据的研发。

2. 草地资源

产草量是草地资源的重要指标，是指在一定时间内单位面积上植物生物量的产量，通常以质量或能量的形式表示，反映了区域内生态系统的生产力水平。在农牧业生产中，合理管理产草量，对于保障畜牧业的稳定发展和生态环境的可持续利用至关重要。

目前常用的产草量估算方法主要包括直接测量法、植被指数法、综合模型法以及深度学习法等。直接测量法是通过直接对草地上的鲜草采样称重获得产草量数据，该方法精度较高，但需要耗费巨大的人力物力，不适用大范围产草量监测。基于遥感手段的监测方法依据模型参数的不同，分为植被指数法、综合模型法以及深度学习法。深度学习法作为新兴的产草量估算方法，能够结合多种影响因子，自适应地学习和适应不同的草地或牧草地环境，构建出精度高、鲁棒性强的产草量估算模型，且模型能够随着数据样本量的增加逐步提高准确性和稳定性，具有良好的可扩展能力。

基于遥感数据的模型拟合是蒙古高原大面积草地生产力估算的主要方法。Gao等（2023a）利用NDVI3g数据集产品及气象数据，采用线性回归模型对内蒙古1982~2015年植被生产力的影响机制进行研究。Lei等（2022）利用气象台站数据，基于Biome-BGC模型对不同情景敏感度模拟实验，研究近50年干旱对内蒙古高原草地生产力的总体影响。Li等（2023）基于多种机器学习算法，结合多源遥感数据，对蒙古高原近22年的产草量估算，分析产草量时空变化特征，获取2000~2020年蒙古高原草地产草量数据。

虽然草地产草量研究随遥感技术的发展取得许多进展，但不同区域草地生产力影响机制不同、植被类型和结构的复杂性、地面实地调查难度高等多种问题仍待解决。而蒙古高原由于面积辽阔，现阶段仍缺少充足的草地实地调查数据和长时序、大尺度的草地产草量数据。未来，需要通过建立覆盖广泛的监测网络和无人机监测技术，获取更详细的植被信息和气候信息，提高对草地产草量的监测和估算水平。

3. 水体资源

蒙古高原长期发育有色楞格河（Selenge River）、库苏古尔湖（Hovsgol Nuur）、呼伦湖（Hulun Lake）等水域。这些河流以及湖泊为该地区提供了重要的淡水资源。这些河流也对邻近的地区，如中国北部和俄罗斯贝加尔湖地区，起到了重要的水源供应作用。蒙古高原的水资源对于该区域及周边地区的生计、经济、生态系统和可持续发展具有极其重要的意义，在农业、畜牧业、生态系统健康、能源生产、气候调节和旅游业等方面发挥关键作用。

在地表水研究方面，针对蒙古国细小河流提取困难等问题，以及深度学习模型难以在线部署的计算等问题，Li 先后在蒙古国图拉河区域以及蒙俄跨境区域的贝加尔湖流域开展地表水体提取研究。研究提出高精度的 Pixel-based CNN 水体提取模型 (Li et al.，2021)，并结合谷歌地球引擎接口实现深度学习模型在线部署，应用于贝加尔湖流域和蒙古高原的地表水水体提取研究中 (Li et al.，2022)。发现从西北向东南，蒙古高原地表水面积呈现先减小后增加的趋势，蒙古国的中部和南部地表水匮乏。Gao 等 (2023b) 等结合 GRACE 卫星实现了 1991～2021 年的蒙古高原水储量监测。研究发现，蒙古高原的陆地水储量在 2012 年之前经历了持续下降，之后经历了波动反弹。陆地水储量最显著的恢复主要发生在蒙古高原地区的北部。

2021 年蒙古国发起了一项全国性运动，即到 2030 年种植"十亿棵树计划" (1 billion trees)，这是蒙古国对联合国可持续发展目标承诺的一部分，也是应对荒漠化、森林砍伐和粮食安全问题的一种方式。但是，蒙古国乃至蒙古高原的地表水分布极不均匀。及时开展蒙古高原地表水和地下水资源调查研究，可以更有效地对种树计划进行科学指导，帮助确保种植树木的成功并最大限度地实现社会、经济和生态效益。

1.2.2　蒙古高原生态环境质量监测

1. 荒漠化

荒漠化是指包括气候变异和人类活动在内的种种因素造成的干旱、半干旱和亚湿润干旱地区的土地退化，可导致生物多样性减少、土壤肥力下降、沙尘暴、粮食短缺、贫困以及威胁人类健康等。在 2015 年，联合国大会将防治荒漠化列入《2030 年可持续发展议程》的 17 个可持续发展目标之一，并在 SDG15.3 中明确提出"恢复退化的土地和土壤，包括受荒漠化、干旱和洪水影响的土地，并努力到 2030 年实现土地退化零增长的世界"。蒙古高原是全球荒漠化治理的重点地区。自 1990～2015 年蒙古国土地变化趋势以明显的土地退化为主 (Wang et al.，2020)。在气候变化及过度放牧、矿山无序开采等不合理人类活动的联合影响下，区域内草地退化、土壤荒漠化问题越发严峻 (Guo et al.，2021)。

卫星遥感技术是当前监测荒漠化的主要手段 (Xu et al.，2024)。目视解译的精度高，但费时费力，难以实施大面积长时序的监测；与目视解译相比，传统监督/非监督方法作为自动影像分类方法，节约了时间、人力成本，且非监督分类不受人为因素干扰，可自动形成具有独特光谱特征的集群，但分类集群与实际荒漠化类别匹配难度较大。传统监督分类方法仍需人工选择训练样本，尽管结果精度较高，但训练样本的选取受人的主观因素较大，同时对于"同物异谱"和"同谱异物"的影像也难以区分，会造成误分、漏分。荒漠化指标法灵活方便，目前主要以植被指标为主，并结合地表反照率与地表温度等进行荒漠化识别。而土壤有机质、土壤水分、土层厚度等土壤指标作为荒漠化程度的重要表征，受技术手段的限制，难以获得高精细的土壤空间分布数据，从而无法应用于大尺度、高精细的荒漠化信息提取中。

随着人工智能技术在遥感领域的深入发展，机器学习和深度学习算法开始应用于大尺度荒漠化监测当中（Fan et al.，2020；Meng et al.，2021）。然而荒漠化涉及过程复杂，特征指标和机器学习算法的选取将在很大程度上决定荒漠化监测结果的精度，尤其是在地理环境条件差异较大的情况下更为明显。因此，对于大尺度区域荒漠化信息精细提取，有必要综合多种荒漠化特征指标和机器学习算法的表现，进行特征指标与机器学习的优化组合，从而提高荒漠化监测精度。

2. 沙尘暴

蒙古高原常年盛行西北风，地表覆被差异较大，旱涝、冰冻雪灾频繁，尤其是春季沙尘暴肆虐。其中，蒙古国有一半地区年沙尘天数多于20天，以与我国接壤的南部地区最为严重。由于气候变化和放牧等人类活动扰动，至2016年蒙古国约有72%的土地出现不同程度的沙漠化。蒙古高原是亚洲沙尘暴多发源地之一，其中我国西部的阿拉善高原、蒙古国的戈壁地区及我国内蒙古西部的沙漠地区与该区域多发的沙尘暴有密切关系。2021年、2023年春天的多场沙尘暴，对我国及东北亚周边国家的生态环境造成直接影响。

沙尘信息获取通常有基于传统地面气象观测和遥感监测两种方法。在蒙古高原区域，传统地面观测站监测具有观测时间序列长的优点，但存在偏远地区数据获取和数据共享不及时等问题，如蒙古国南部偏远戈壁地区和西部阿尔泰山区等，对其研究造成了一定困难。遥感监测方法则可以弥补这一点（Zhang et al.，2023），现有数据源上都有MODIS数据、风云卫星数据、Himawari-8卫星数据等。其中，MODIS数据具有波段范围多、数据更新频率高、数据量多和发射时间久等优点，适用于蒙古高原长时间序列的研究（Qian et al.，2022；王宁等，2022）。

面向更多需求，不仅要监测沙尘分布的范围，还要加强遥感监测与地面气象台站监测的结合，增加对沙尘浓度的时空分析，并针对性关注强沙尘分布的时空特征。结合沙尘浓度分析，可以更深入地研究沙尘路径运移规律，从而实现沙尘暴的实时动态监测。在方法上，由于蒙古高原时空尺度均较大，可考虑结合机器学习等模型一体化的技术，来实现沙尘暴更精确和快速提取，进一步提高沙尘暴监测效率。要加强未来应用，联合相关沙尘暴监测机构，促进地方沙尘暴灾害防治工作。同时进一步加强中蒙以及周边日、韩、俄的国际合作，共同防治蒙古高原沙尘暴灾害，减少损失，促进蒙古高原地区可持续发展。

3. 冻土退化

在过去的几十年，气候变暖和人为影响，导致蒙古高原多年冻土出现土地温度升高、活动层增厚、多年冻土南界北移、地表形变冻融等退化问题。蒙古高原地区持续增温，将导致地面冻结指数下降、地面解冻指数上升、林线北移。此外，蒙古高原森林砍伐和严重森林火灾也加剧多年冻土退化。多年冻土区工程建设会破坏工程区内植被和土壤，导致工程区地温的升高、活动层厚度加深、地下水位上升等，使工程区内出现冻胀丘、冰椎、流涎冰等现象。蒙古高原多年冻土区会出现威胁管道安全的冻胀、融沉、冻胀丘等冻土次生地质灾害，以及由管道修建和运营所带来的热融灾害（陈珊珊等，2018）。

有学者在蒙古高原多年冻土退化的研究中，采用钻孔等实测方法以及结合光学遥感数据的模型模拟等遥感方法，进行多年冻土退化监测。有学者使用 InSAR 技术，对蒙古高原多年冻土退化进行研究。多年冻土退化监测的进展主要分为三个方面：冻土分布监测初期，部分学者使用少量的冻土勘探资料和对影响多年冻土形成和发育的气象条件及地形条件的认识，进行初步的人工勾绘制图，误差较大。随着科技进步，遥感技术应用到多年冻土监测中，早期利用遥感技术监测多年冻土的研究多采用可见光多光谱卫星传感器，但可见光遥感卫星本身回访周期较长，而且易受到云层的影响，无法获得多年冻土活动层冻融的起止日期等信息。随着冻土经验模型和物理模型的迅速发展，用于建立多年冻土分布统计模型的遥感信息指标更为丰富，尤其是遥感反演的地表温度数据产品，极大地促进了多年冻土空间分布监测与识别的精度（Ran et al.，2018）。

相比于青藏高原和环极地多年冻土区，蒙古高原多年冻土的监测尚未得到广泛关注，且缺少实测数据和相关遥感数据的支撑。需要建立遥感和地面结合的"空-天-地"综合监测技术网络，对蒙古高原多年冻土区展开研究。应加强开发能够长期监测寒区冻土监测，获取多年冻土区气温、降水量、地表温度、雪深、气压、风速、风向、太阳辐射的数据。利用地球物理勘探系统，探明多年冻土区地质地层信息。同时，结合遥感反演、模型模拟、无人机航拍等手段，获取多年冻土环境因子信息，提高对多年冻土区生态、资源、环境、灾害方面的格局与变化监测，并为多年冻土区可持续发展提供科学支持。

1.2.3　蒙古高原可持续发展监测

1. 畜牧业

统计资料显示，2022年蒙古高原牲畜总量已达到约1.48亿头（只）。作为世界草原畜牧业生产的主要区域之一，精确掌握牲畜的空间分布特征对于蒙古高原的生态安全维护具有重要意义。传统的牲畜统计数据通常以表格的形式存储，无法提供牲畜地理空间分布信息。因此，畜牧业格网化技术应用而生，通过人口、土地利用、气候等多源数据提取环境因子，构建与牲畜密度之间的空间化模型，进而反演牲畜在一定时间和空间上的分布情况，更加详细地掌握牲畜的空间分布信息。

遥感技术的发展为不同尺度的牲畜空间分布监测提供了重要手段。目前采用多元线性回归模型和机器学习算法，通过构建牲畜统计数据与环境因子之间的关系，实现牲畜统计数据从行政单元到格网尺度的转变（李兰晖等，2023），赋予牲畜统计数据地理空间意义。联合国粮食及农业组织推出了"世界网格化畜牧业"（gridded livestock of the world，GLW）项目，基于多元回归方法将牲畜密度与模拟因子联系起来，分别开发了2002年（GLW1）和2006年（GLW2）的全球牲畜密度分布数据集（Robinson et al.，2007，Robinson et al.，2014）。近年来，随着复杂地理计算技术的出现，以随机森林模型为代表的地理模拟方法为解决牲畜的地理再现问题提供了新的思路。Gilbert 等 (2018) 结合环境因子使用随机森林获取了空间分辨率约为 10 km 的全球牲畜分布数据 (GLW3)，进一步提高了模拟精度。

　　未来研究中可尝试探索有效针对蒙古高原地区牲畜空间化研究的模型算法，通过构建空间化模型，更加详细地揭示牲畜的地理空间分布特征；根据蒙古高原区域特征进行分区建模，提升模拟精度，为蒙古高原地区相关研究提供更加精细的数据源。进一步结合多源遥感数据选取丰富的因素优化模型，进行长时序动态变化监测，以因子的动态变化揭示牲畜的动态变化，为蒙古高原的草原畜牧业可持续发展提供基础依据。

2. 草地生态系统碳库

　　陆地生态系统碳库是指在碳循环过程中，不同生态系统中存储碳的部分，主要包括地上生物量、地下生物量、凋落物和土壤有机质碳库四大部分。草地作为蒙古高原分布最大的植被类型，通过光合作用将大气中的 CO_2 储藏在生态系统中，对全球气候变化和陆地碳循环具有重要的影响。一般草地碳库主要包括植被生物量碳库和土壤碳库两部分，且由于草地地下生物量比地上生物量多，因此草地生态系统的碳绝大多数储存在土壤中。

　　近几十年来，学者主要基于地面生物量调查、涡度相关通量监测、大气监测反演和遥感估算模型模拟等方法进行全球草地碳库、草地固碳能力的估测。在蒙古高原区域，Li 等 (2020) 通过在内蒙古锡林郭勒典型草地进行地面调查发现，由于灌木的入侵和草地退化，导致土壤碳库对碳封存的能力下降，从而削弱了该区域草地生态系统的固碳能力。You 等 (2023) 基于涡度相关观测资料，采用随机森林方法估算了内蒙古草原碳通量，结果表明内蒙古草原是一个弱碳汇。Wang 等 (2023) 通过建立涡度通量塔，观测研究表明，受土壤水分的影响，蒙古国永久性冻土区草地生态系统是碳汇，而非永久性冻土区草地生态系统是碳源。基于地面调查和涡度相关通量等方法进行蒙古高原草地固碳能力的研究，在区域尺度上结果比较准确，但是基于遥感估算和大气反演对大区域大尺度草地固碳能力的研究具有不确定性 (Xin et al.，2020)。

　　2000 年以来，蒙古高原大部分区域植被有所恢复，植被固碳能力增强 (尹超华等，2022)。但是在气候变暖和人类活动双重影响下，目前对蒙古高原草地生态系统的碳库大小、分布、驱动因素的认识不足，且基于不同方法估算的结果具有较大的不确定性。未来应加强蒙古高原草地生态系统的调查和监测，基于多源数据，结合多种方法，准确评估蒙古高原草地生态系统的固碳能力。

3. 生态脆弱区识别

　　监测生态屏障脆弱性与重建退化的生态系统功能，是生态屏障建设的任务目标之一，生态屏障脆弱区精确划分是其基础与前提。生态功能区划是根据区域的物理环境和生态系统服务功能，以及生态环境保护和社会经济发展的需求，在空间上划分生态功能 (傅伯杰等，2001)。进入 21 世纪，生态功能分区的研究开始迅速发展，研究尺度从国家到省、市、县域均有涉足。

常用的生态区域划分所采用的专家集成方法，在确定大尺度地域分异框架方面表现出分区定性较确切等优势。然而，专家集成方法易受先验知识的制约，导致其在分区指标和具体界线走向等问题的确定具有较强的主观性，且不同方案之间的定义差异较大（罗琦等，2020）。在地理学计量地理学革命兴起之后，同时伴随着在计算能力大幅提升的背景下，数理方法和统计学技术逐渐在生态区域划分研究中受到广泛的关注，如聚类回归分析、判别分析以及主成分分析。近年来，研究者尝试将更多新的理论和智能化大数据处理技术手段融合进来，如地理信息系统分析技术、人工神经网络与多源地理数据融合技术等（Lin et al.，2017）。许多研究将新的评价因子引入生态服务功能评价任务中，以获得更加全面准确的分区效果。崔宁等（2021）以内蒙古高原达里湖流域为研究对象，基于流域生态特征和主要生态环境问题，将流域生态系统区域划分为极重要敏感区、一般重要敏感区和低重要敏感区。李慧蕾等（2017）以我国内蒙古自治区为研究区，定量评价了县域生态系统的供给服务、调节服务和配套服务，并利用SOFM网络进行了生态功能区划。

现有蒙古高原生态屏障研究多为局部区域内的生态系统服务功能与生态功能区划分，或单一生态指标诸如荒漠化演变的全域研究，使用方法仍多以空间统计分析方法为主。目前应用于生态功能分区的人工神经网络算法包括SOFM网络的构建也带有一定经验性要求。泛蒙古高原大尺度区域综合性评价生态系统服务功能与生态功能分区的智能化、自动化研究亟需开展。由于生态屏障格局演变机制不明确，缺乏深入的生态系统服务管理认识，当前能够为生态屏障治理决策支持的精准空间信息仍然有限（王晓峰等，2019；陈宜瑜，2011）。近年来，多模态数据融合、众源地理大数据协同分析、学科交叉等趋势，可以充分发挥多源多重覆盖观测数据的互补性和冗余性优势，成为蒙古高原生态服务功能分区与生态服务功能评估领域的新机遇。

1.3　蒙古高原生态屏障建设面临的技术挑战

1.3.1　科研信息化深度融合

在大数据驱动下，信息化已经融入到各大学科中。资源科学和人类生活联系紧密，运用信息化技术可以提高大数据的处理速度，可快速实现资源的定性和定量分析，为科学研究和人类日常生活提供了便利。英国从2001年启动了第一期e-Science计划，主要开发通用网格中间件，利用分布于整个互联网的异构资源（包括计算集群、存储设备、科学仪器等），通过建成一个同构环境，使得这些资源能够为分布于各地的用户提供协同式服务，以达到在整个广域网范围内的计算资源共享。自e-Science概念提出以来，与地学相关的e-Science研究在美国与欧洲有着快速的发展与应用。美国NSF启动的Hubzero平台方便用户发布和共享自己的科研工具软件、信息资料，在线协同开发工具和在线讨论，使得基于Web的科技信息工作流协作平台方便高效。中国科学院基于PDA技术与Web技术建立了地学考察路线选择与综合管理信息化工具平台。利用多种网络技术将特定区域的生态-水文定点监测系统、无线传感器网络连接到数据库、模型库、高性能计算及可视化环境，形成了水文-生态从数据观测、采集、处理、分析、模拟、计算、可视化、发布等研究一体化的数据集成环境。这主要体现在以下三方面。

(1) 蒙古高原大区域数据获取和处理问题。研究涉及的大数据来源多样，时空尺度复杂，且蒙古高原范围辽阔，如何整合协调这些大区域数据资源是一个关键问题之一。以往借助 Google Earth Engine (GEE) 平台，可以直接获取无云的 Landsat 影像，但是无法解决其他多样化数据，例如无现成的中国国产卫星数据的问题。各学科研究领域的学者通常是把这些数据下载到本地进行处理，但受限于网络带宽和存储资源，以及难以估量的人力成本，无法形成蒙古高原可计算的数据资源供应能力。针对这一难题，将试图打通国内外资源环境领域数据库，通过云端部署集成各类数据，解决遥感影像需本地下载的问题；在线搭建算法，针对科研用户，仅需要掌握基本编程语言就可以调用相应函数实现用户需求，并利用云服务器的强大计算能力，极大地提高遥感影像处理的效率；同时平台将部署一些自动化工具包，只需一键即可生成结果。

(2) 蒙古高原深度学习样本获取问题。在各类蒙古高原基础资源环境信息获取中要应用深度学习方法来提高处理的水平和效率。深度学习是一种较好地建立因变量与自变量关系的技术，但它需要大量的样本数据来训练模型，才能有可靠的结果。针对蒙古高原样本稀疏的问题，需要借助大量历史数据集成和挖掘技术，通过学术文献、考察报告、历史数据库、开放数据集、遥感影像等多来源信息，采集大量的样本，形成丰富的样本库，显著扩充平台内部样本数量，为用户提供复用。同时，采用迁移学习方法，利用历史采集的同类型区的样本来训练深度学习模型的主体网络，然后基于构建的样本库对细节网络进行修正，提供较为准确的标签样本。进而，采用众包等方法获取关键资源环境参数标签，并存储在云平台中供重复使用。

(3) 蒙古高原大数据平台调用协同问题。蒙古高原生态屏障建设涉及资源、环境、生态、灾害、可持续发展等多个维度的应用需求，其在模型调用和应用场景示范支撑方面存在着频繁的协调调用问题。同时，本区域涉及多个国家跨境区域合作问题，也存在着不同国家科学家协调一致、共同开展研究的协同问题。针对此难题，建议在统一云端大数据计算框架下，通过模型部署、组装、批处理和近实时计算等过程的高度自动化处理，来提供协同支持。同时为中、蒙、俄等多方科学家提供交互平台，充分利用协同创新平台的数据和算法集合能力，实现跨境协同。

1.3.2　多模态数据获取与处理

资源环境本底数据是进行各项科研活动的基础，传统的资源环境野外科学考察，是获取国家和区域资源环境本底数据的重要手段。野外科学考察付出大量的人力、财力和时间成本等，得到的本底数据来之不易，非常宝贵。例如，覆盖蒙古高原和俄罗斯西伯利亚和远东地区的"中国北方及其毗邻地区综合科学考察"项目，由9个专题考察组成，包括遥感宏观调查、土壤考察、水资源考察、水环境与水生生物考察、湖泊考察、林草生态系统与自然保护区考察、社会经济调查、人居环境调查、样带气溶胶与土壤呼吸定点考察，其中关于资源环境本底数据的获取主要还是依靠野外实地考察的方式，遥感宏观调查仅是作为一种辅助调查手段。野外科学考察获取的是"点"上的或小尺度局部区域上的资源环境本底数据，具有一定的局限性，且受人力、财力、时间等成本的限制，往往无法形成连续的监测。随着遥感技术的发展，特别是高分辨率遥感数据的发展，以及人工智能算法在遥感领域的深入研究和广泛应用，使得遥感信息反演和提取的精度不断提高，资源环境遥感反演产品精细化水平也逐步提高。但是人力成本依然较大，仍然缺少自动化的、融合多种数据源、满足多尺度应用需要的高精细度产品供应能力。

随着信息、光电传感领域新技术的快速发展，以及无人机的普及，遥感成像呈现出多模态的新趋势，在保持原有遥感影像数据源的基础上，越来越多的高时空甚至实时传感和立体传感的数据得以汇聚和集成利用。在多模态可利用数据不断增加的背景下，数据批量化处理、实时化处理在线数据是全球研究前沿热点。在全新的地理大数据框架下，天空地一体化的多模态数据获取与融合及众源地理大数据处理的理论思想，具有与传统生态遥感学与生态服务功能研究显著不同的全新模式和发展趋势。未来，可将地理和遥感信息科学与生态科学结合起来，将多模态数据的信息处理方法与大尺度的生态脆弱性评估相结合，利用具有空间信息表达优势的遥感数据以及新兴的多模态数据融合分析技术。结合新兴的多模态数据处理方法，使用传统遥感数据结合其他多模态数据源如LiDAR、无人机拍摄影像、语音、视频、社交媒体文本数据等，智能自动化的进行生态指标提取，系统、定量地评估区域的生态系统脆弱性程度，辅助进行大尺度区域生态脆弱区的识别。利用不间断的长时序多模态数据，按需揭示特定时空范围的生态脆弱区的空间分布，并获得其动态特征，有助于深刻揭示其形成机制，进而为综合评估提供科学依据。

众源地理大数据来源渠道丰富，具有数据量大、数据冗余明显、信息筛选繁杂等特点。如何从海量的众源地理大数据中筛选出研究者需要的生态信息，服务当地居民的诸如农业和工业生产、生态环境监测等同样是未来的研究热点。近年来，志愿者地理信息数据受到了广泛研究关注。通过公众在线协作的方式，公众可以任意地采集获取多模态的带地理坐标的信息，结合开放获取的高分辨率遥感影像及具有个人空间认知的地理知识，提供公众自主创作维护的地理信息。例如，在蒙古高原区域内，可从海量的公民科学(citizen science)数据与众源地理大数据中提取出牧民、牧户、牧场的个体信息，为社区和牧区尺度提供实时的区域生态系统功能评估与分区服务。未来，传统的生态遥感数据可以与新兴的众源地理大数据和公民科学数据结合，降低以往大量牧户调查的成本，提高生态脆弱识别和评估的海量数据来源和解译能力。同时，引入的公民科学数据可为生态服务功能遥感监测数据指标进行修正勘误，从而加强生态脆弱区识别成果的验证和真实性评估。

1.3.3　在线计算技术瓶颈

数据量的快速增加，明显加强了对数据处理的技术需求。研究者已经开始借助谷歌地球平台等在线实时数据处理平台，直接获取处理多幅不同来源的卫星影像，但现有的在线计算平台无法解决其他多模态数据协同分析问题，例如社交媒体数据、语音、视频与无人机影像数据等。这些多模态数据具有海量、庞杂的数据特点，但受限于网络带宽和存储资源，现有的研究多以本地计算为主，也带来了较大的人力时间成本，无法形成规模的共享计算的数据资源能力。研究适宜的在线算法框架及多模态数据库架构，结合并行计算、云服务等支持，以构建在线实时的数据资源计算能力，提高生态屏障大数据协同分析处理的效率。未来需要构建实时智能处理技术体系，为生态屏障脆弱性协同计算奠定系统和平台基础。

近年来，研究人员基于 30 m、10 m 及更高分辨率卫星遥感（Landsat、Sentinel 1/2 及中国 GF1/2 以及 SPOT、QuickBird 等）以及高光谱卫星遥感数据，开展了面向土地利用/土地覆被、植被群落特征的土地高精度专题信息提取和土地分类探索。目前，应用深度学习技术，研究人员已经在自然地表土地利用/覆被分类和功能区识别中取得重要进展。研究界已经提出了多个针对土地利用/覆被的深度学习框架（如 Tensorflow、PyTorch、Keras 等），这些框架为深度学习的应用提供基础代码和模型，极大地降低了深度学习应用和开发的门槛。同时，在深度学习研究中，也有多个针对不同任务性质的关键算法，包括针对目标识别任务的 FasterR-CNN/YOLO/RetinaNet 算法、针对图像语义分割的 U-Net/SegNet/DeepLab 算法，以及针对实例分割的 MaskR-CNN/SOLO 算法等。在上述研究中，需要重点关注的一个问题是：高分深度学习网络方法面临样本训练库难以准确建立、训练时间较长、训练模型容易过拟合等问题。遥感技术与地面实测的结合是蒙古高原地区关键地表生态环境参量的主要手段。许多学者利用样点监测数据，开展了蒙古高原的资源环境要素监测（Li，2019；Lamchin et al.，2016）。但只是得到局部范围的反演结果，缺乏机器学习和智能计算能力，使得研究成果无法扩展到更大地理区域。

许多地球科学和生态学软件均可用于生态系统评估任务，并可以辅助识别脆弱区域，生成各项基本生态指数，如谷歌地球引擎、TIMESAT、水土评估工具（SWAT）、生态系统服务和权衡的综合评估（InVEST）、生态系统服务的社会价值（SOLVES）、资本创造选项的演变（ECCO）等，然而能够直接自动、智能识别生态脆弱区的模型、软件和平台仍然缺乏。未来，研制具备多时空尺度的自动化的生态脆弱区识别软件将十分重要，以促进不同时空尺度的生态脆弱区快捷智能评价。根据研究需要，工具可支持的时间范围可以从每月、每季度、每年到数十年不等；在空间范围上，则可满足全球、国家、地区或地方层面的不同研究需要。

第2章 深度学习支持下的大范围水体
提取方法研究

水体是一切生命赖以生存的重要自然资源之一，地表水在陆地水循环和生态系统平衡中起着重要作用。但是，随着全球人口和经济的快速增长，水资源短缺和水污染等问题日益突出，地表水循环和水环境面临着严峻的挑战。联合国可持续发展目标6(SDG 6)指出，要为所有人提供水和环境卫生并对其进行可持续管理。作为"2030年可持续发展议程"(https://sdgs.un.org/zh/2030agenda)的一部分，SDG目标6.6旨在保护和恢复与水有关的生态系统，包括山地、森林、湿地、河流、地下含水层和湖泊。这意味着需要采取一系列措施来保护和管理地表水资源，以确保它们的可持续利用和保护。地表水在陆地水循环和生态系统平衡中起着重要作用，它不仅提供社会、经济和环境服务，还为动物和植物提供重要资源。随着全球社会和经济的快速发展，地表水在世界范围内发生了重大变化，1993年至2007年间，全球平均最大水范围减少了6%(Prigent et al.，2012)。地表水分布的变化机制复杂，一方面，地表水具有季节性的动态特征；另一方面，地表水也会因为人类活动而收缩、扩张、改道等。地表水分布的时空变化，对于植被生长、环境变化、农业发展以及人类活动的影响显著。

及时获取地表水的时空分布，对于防灾减灾、应对全球变化、生态环境治理以及农畜牧业发展至关重要。快速高效生成地表水体覆盖产品可有效监测区域的水资源变化，反映地表水的变化趋势，对水资源可持续管理具有至关重要的作用。遥感技术的快速发展为全球或区域尺度的水资源变化监测提供了全新的技术手段。遥感技术以其覆盖面广、时效性强、信息量大，以及不受地理环境影响等优势，可以在较短时间内实现大范围的水资源变化监测。

遥感监测水体在不同领域均得到了发展和应用。在环境监测和管理方面，通过遥感技术获取和分析地表水体信息，可以为水资源的定量分析、水环境的监测、水污染的预警和治理提供重要的数据支持(李云梅等，2022)。在水资源管理方面，遥感影像地表水体提取，可以为水资源的调度和规划提供重要的数据支持，有利于合理利用水资源、促进环境保护和可持续发展。遥感影像地表水体提取对自然灾害的监测和预警也具有重要意义。洪涝、干旱、海啸等自然灾害对人类生命财产安全和社会经济发展都带来了严重的影响。通过遥感技术获取和分析地表水体信息，可以对自然灾害的预测、监测、评估和应急响应提供及时、精确的数据支持。在农业生产方面，利用遥感影像地表水体提取技术，可以快速准确地提取农田中的水体信息(王爱华，2008)，帮助农民选择合适的灌溉方式和种植农作物，提高农业生产效率。在生态环境保护方面，遥感影像地表水体提取可以帮助监测水体的变化情况（李晓东，2022），及时发现和解决水体污染和生态破坏问题，促进生态环境的恢复和保护。

在领域应用的驱动下，迅速发展的云存储和云计算平台，使得全球或区域尺度的地表水体快速变化监测成为了可能。随着各类遥感数据源的免费对外开放，基于遥感云计算平台，充分利用所有开放可用的遥感观测和改进过后的地物提取算法，来实现大区域长时间序列的水资源连续变化监测，已成为新的发展前沿。然而，遥感大数据和云计算、深度学习处在快速发展过程中，两者之间还处在相对独立的发展阶段。现有的遥感云计算平台都以常见的机器学习方法为主，深度学习受资源配置和模型多样性等问题，难以供大量用户使用。跨境、大尺度区域获取动态水体信息受不同时空、场景、地物类型的影响，大范围长时序水体自动化提取面临艰巨挑战。

本研究针对快速、自动化的大范围地表水体提取这一问题，探索适用于中高分辨率的Pixel-based CNN地表水体提取模型，优化模型参数结构，并在模型的自动化部署环节提出解决方案，结合模型和自动部署方法，开展长时序的大范围地表水体提取试验，完成蒙古高原范围近10年30 m分辨率的水体分布数据产品。首先利用本地计算环境在色楞格河流域开展水体模型的适应性研究，研制出一套适合地表水体提取的通用深度学习模型，为水体的长时间序列监测提供科学方法。接着，在贝加尔湖流域进行模型的云端部署研究，将训练后的模型转译成GEE可以理解的函数接口，在GEE端实现深度学习模型的在线计算。最后，在蒙古高原大范围开展应用，综合模型以及部署方式，在线获得蒙古高原近十年序列的水体空间分布数据产品。具体研究内容介绍如下。

（1）以ROI为标签的地表水体提取机器学习方法的有效性研究。针对水体精细提取难题，提出一种针对ROI（region of interest）的Pixel-based CNN的地表水体提取模型，提高水体分类精度，减少其被云、云影影响导致误分类的情况。开展本方法与传统NDWI、MNDWI阈值法，深度学习中的U-net模型、Pixel-based DNN模型对比，分析不同模型方法在数据参数量、实践效率、验证和预测精度上的差异，证明Pixel-based CNN作为地表水体提取方法的有效性。

（2）深度学习赋能GEE的水体自动化提取方法研究。采用本地深度学习训练和GEE云端大数据智能计算相结合的方法，利用Python端的深度学习框架和GEE模块，实现深度学习模型解析和转译。将其中的参数和权重与GEE建立对应关系，对谷歌地球引擎赋予深度学习计算能力，从而利用GEE的高计算力实现快速地表水体提取，在GEE上可快速自动化部署深度学习模型，实现长时间序列的贝加尔湖流域水体的自动化提取。解决本地算力、磁盘空间不足与影像资源匮乏的问题，大幅提升水体数据产品的处理效率。

（3）蒙古高原2013～2022年逐年生长季地表水分布数据集的构建。应用上述方法，完成蒙古高原2013～2022年逐年生长季地表水分布的获取，形成空间分辨率为30 m的数据产品，并进行精度验证。将数据集存储为TIFF格式，再以5°×5°×10年的形式分块存储，最后发布在科学数据银行中。通过大尺度的应用和水体系列产品的生成，证明深度学习支持下的大范围地表水体提取方法的可行性和先进性。

2.1　数据源与技术路线

2.1.1　研究区与数据源

选择蒙古高原为研究对象开展地表水体提取研究，共有三个研究区域主体，分别为图拉河区域、贝加尔湖流域和整个蒙古高原。

1. 图拉河区域

本研究选取蒙古国色楞格河流域内的图拉河（Tuul River）流域（图2.1）开展模型适应性研究。图拉河（46°35′33″～48°57′13″ N，102°48′5″～108°8′40″ E）位于蒙古高原中北部，发源于肯特山脉，流经蒙古国首都乌兰巴托、中央省和布尔干省，经色楞格河汇入贝加尔湖（Dorjsuren et al.，2021）。图拉河全长约704 km，流域面积为49 840 km² （Soyol-Erdene et al.，2019），其中从Gachuurt到Songino的乌兰巴托河段长度约为35 km，集水区面积为53.2 km²（Munkhuu et al.，2019）。该研究区的土地覆盖类型主要有草地、林地、耕地、建筑区以及水体（Wang et al.，2022）。草地覆盖最广，林地主要位于乌兰巴托以及中央省东北部，耕地分布在中央省西北部，建筑区主要位于首都乌兰巴托，水体以图拉河为主。

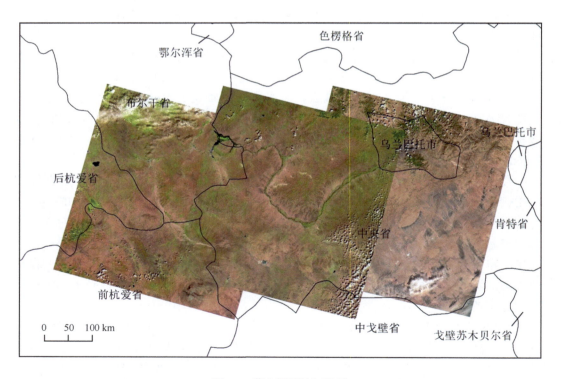

图2.1　蒙古国图拉河流域

数据选取的是三景 Landsat 8 OLI(operational land image)影像，条带号分别为 133027、132027 和 131027(表 2.1)，对应时间分别为 2020 年 5 月 7 日、2020 年 8 月 18 日和 2020 年 7 月 24 日(图 2.2)。数据集通过对条带号为 131027 的影像作为训练集，条带号 131027、132027 和 133027 用作验证和精度评价。Landsat 8 OLI 影像是从 USGS 官网 (United States Geological Survey;http://earthexplorer.usgs.gov/)上获取得到的云量小于 10% 的影像。虽然对云量做了约束，但是获取的影像依旧有云存在。影像 133027 的西北部布尔干省区域，影像 132027 的东南部中央省区域以及影像 131027 的乌兰巴托以北区域均有大面积云出现。

表 2.1 影像数据信息

数据源	分辨率	行号	列号	训练/预测
Landsat 8 OLI	30 m	131	027	训练和预测
		132	027	预测
		133	027	预测

2. 贝加尔湖流域

贝加尔湖流域北跨俄罗斯，南至蒙古国，流域总面积约为 57 万 km²，俄罗斯联邦和蒙古国各占流域总面积的一半左右。贝加尔湖是世界上最古老、最深(1 637 m)和最大的淡水湖，它存储了全球约 20% 的未冷冻淡水，同时栖息着 1 500 多种特有物种。研究区的内陆海拔较低，外部特别是西南部海拔较高(图 2.2)。贝加尔湖作为整个区域低海拔区域，由蒙古国色楞格河及其他共 336 条大小河流注入，并由叶尼塞河支流安加拉河流出。区域内主要河流有安加拉河、色楞格河等。流域气候多样，总体属于温带大陆性气候。特殊地形和海拔变化造成了区域内气候的差异。山区气温低，年降水量相对较高；平原区气候干燥，年降水量较少。冬季较长，夏季短暂，温度波动大。贝加尔湖的存在对流域气候产生了重要影响，湖水的蒸发和冬季结冰使得湖区气温较周边地区稳定，为区域的气候提供了一定的调节作用，减缓了气候的干旱和寒冷程度。贝加尔湖和周边地区的自然景观和文化遗产吸引了大量游客和研究人员，成为俄罗斯和蒙古的重要研究基地。然而，该地区也面临着环境保护和可持续发展的挑战，如水污染、自然资源过度开采等问题。

表 2.2 所示为本研究的主要数据来源。数据选取的是 Landsat 8 OLI 影像(https://developers. google. com/earth-engine/datasets/catalog/LANDSAT_LC08_C02_T2_L2)，以及 NASA 的数字高程模型(digital elevation model，DEM)数据(https://developers. google. com/earth-engine/datasets/catalog/NASA_NASADEM_HGT_001)，分辨率均为 30 m。其中 B1-B7 波段和 DEM 数据，主要用于选取和构建对水体信息比较敏感的特征波段，作为地表水体提取模型的输入特征。表中的最大值和最小值表示的是波段在 GEE 端存储的数值范围。质量评估波段(quality assessment，QA)(https://www.usgs. gov/core-science-systems/nli/landsat/landsat-collection-2-quality-assessment-bands)则用于影像去云和水体标签构建。Landsat 8 数据一期覆盖影像为 65 景，9 期数据共 585 景。

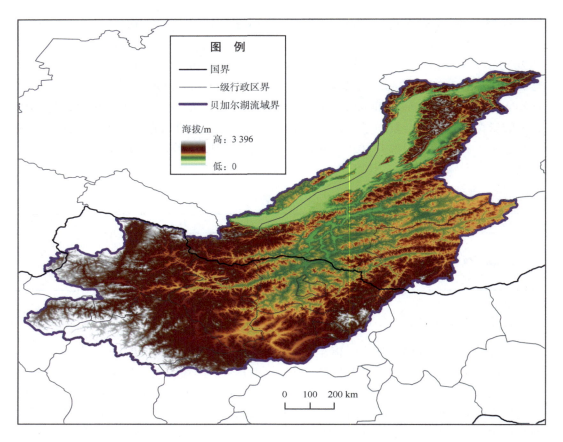

图2.2　贝加尔湖流域地理位置

表2.2　影像数据源

数据来源	波段	最小值	最大值	空间分辨率/m	波长/μm
Landsat 8	B1	1	65 455	30	0.435～0.451
	B2	1	65 455	30	0.452～0.512
	B3	1	65 455	30	0.533～0.590
	B4	1	65 455	30	0.636～0.673
	B5	1	65 455	30	0.851～0.879
	B6	1	65 455	30	1.566～1.651
	B7	1	65 455	30	2.107～2.294
	QA	0	65 535	30	/
NASADEM	Elevation	−512	8 768	30	/

3. 蒙古高原

地表水体提取应用研究区域选择的是蒙古高原。蒙古高原的范围包括蒙古国、中国的内蒙古自治区以及俄罗斯部分区域，本研究选取该范围开展模型方法的应用研究。蒙古高原属于大陆性气候，干燥少雨，主要的灾害类型有洪水、沙尘暴等，气温变化较大。一般分为四季，但是季节之间的转换非常突然。春季和秋季干燥和风大，夏季温暖多雨，冬季则干冷少雪，西部及北部的山地区域有常年积雪覆盖。蒙古高原植被类型有草地、灌木、林地等，主要分布在草原、沙漠和山地区域。

　　由于蒙古高原地域辽阔，考虑到不同场景、地形的影响，将研究区域进一步划分为北部山地区、南部荒漠区和东部平原三部分（图2.3）。对研究区的三部分单独选择训练样带训练模型，样带选择信息如图2.4所示。蒙古高原一期全覆盖影像需Landsat 8影像216景，训练样带共选择训练区域影像71景，覆盖不同地表和海拔区域，能够有效表征多种场景下的影像信息。

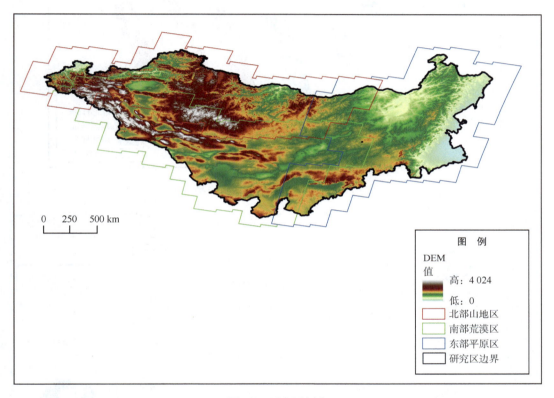

图2.3　研究区划分

　　影像数据源与表2.2一致，Landsat 8的地表反射率数据、NASA DEM均为GEE上可访问的数据集。其中Landsat 8影像数据主要用于选取、构建对水体敏感的特征波段，NASA DEM主要用于分区以及减少地形造成的山地阴影干扰。

2.1.2　研究技术路线

　　本研究基于GEE遥感大数据云计算平台和本地深度学习计算环境，探索深度学习支持下的大范围地表水体提取方法。技术路线如图2.5所示，主要分为三部分内容。第一部分是以ROI为标签的地表水体提取机器学习方法的有效性研究，通过对比五种地表水体提取模型和方法，找到地表水体提取精度最高的模型。第二部分为深度学习赋能GEE的水体自动化提取方法研究,利用python和GEE,力图解决以CNN架构为原型的深度学习模型在线部署问题,为后期大规模应用奠定基础。第三部分为蒙古高原2013～2022年逐年生长季地表水分布数据集的构建,结合模型和在线部署方法,完成蒙古高原的地表水体提取应用。

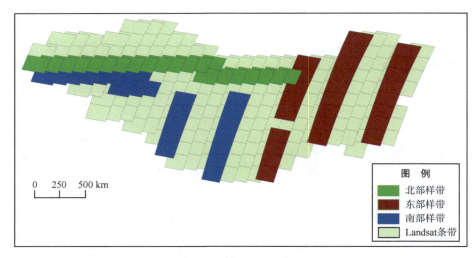

图2.4　蒙古高原卫星条带信息

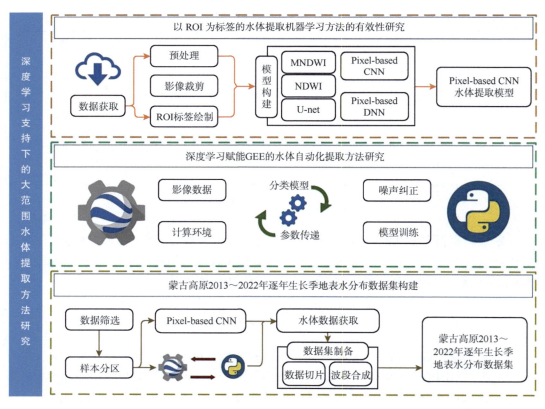

图2.5　地表水体提取技术路线

2.2　基于 ROI 标签的水体提取模型的有效性研究

本节主要对蒙古国图拉河区域开展地表水体提取模型的对比研究。针对高分影像成本高、覆盖度低，低分影像覆盖度高但空间分辨率低等问题，Li 等 (2021) 等提出一种针对 ROI (region of interest) 的 Pixel-based CNN 的地表水体提取技术，将其应用在中高分辨率的 Landsat 影像中，与传统 NDWI、MNDWI 阈值法，深度学习中的 U-net 模型、Pixel-based DNN 模型作对比。从参数适宜性、训练时间效率、验证和训练精度等多个方面分析不同模型，发现最优方法。

2.2.1　研　究　方　法

本节通过对比 NDWI、MNDWI、U-net、Pixel-based DNN 和 Pixel-based CNN 五种方法的水体掩膜，分析其在遥感影像中的地表水体提取效果。图 2.6 展示的是地表水体提取模型对比方法的技术路线图。首先需要下载影像，进行光谱重建等预处理工作。接着，对 NDWI 和 MNDWI 相应的影像波段进行计算，然后设定合适的阈值。U-net、Pixel-based DNN、Pixel-based CNN 这些基于深度学习模型的方法则需要对影像数据裁切，再进行水体和非水体的标注，接着建立不同的模型训练，并预测得到地表水体提取结果。最后，在试验影像中选取验证点，对以上涉及的方法和模型进行验证，评估这些方法的提取效果。

2.2.2　数　据　预　处　理

1. 光谱重建

遥感数据预处理是不同时空遥感数据可相互对比分析的前提，其中最主要的就是光谱重建，其目的是将影像记录值转换为有实际物理意义的反射率数据。若采集到的影像为 TOA (top of atmosphere) 数据，则需要通过光谱重建 (辐射校正) 来消除 TOA 影像数据中受到大气、云层、地表等因素影响的噪声、辐射偏差等，使得数据更加准确可靠。光谱重建分为辐射定标和大气校正，校正后得到反射率 (spectral reflectance, SR) 数据，值在 0～1 之间。若采集到的影像为 SR 影像，为方便在数据库中存储，影像数据会以辐射分辨率为 2^{16} bits 即 65 536 bits 的无符号整型进行存储，影像值在 0～65 535。为了增强模型的泛化能力，首先需要将影像数据进行归一化处理，以平衡不同特征的权重，从而避免数据精度溢出，提高模型的迭代效率。

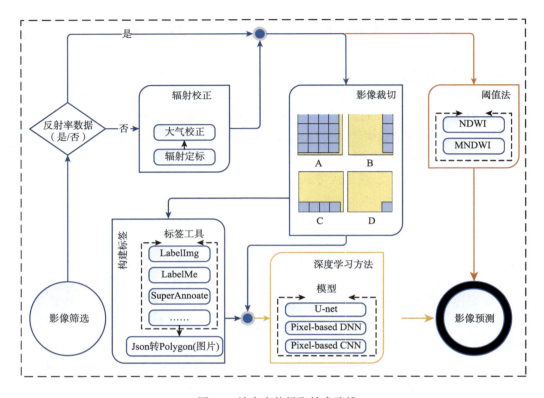

图 2.6 地表水体提取技术路线

2. 标签制作

遥感影像应用监督分类器的前提是数据样本的保障，需要进行数据标注。精确的标注样本便于机器学习和深度学习等算法的训练和应用。然而，由于遥感影像数据量通常较大（Landsat 8 OLI 影像长宽为 7731×7841），标注难度较高。因此，本研究选择利用 ROI（region of interest）的方式进行水体标注。ROI 是一种在遥感影像中选择特定的区域，对其中的地物或目标进行标注的方法。相较于对整幅图像进行像素级别的标注，ROI 标注可以聚焦于感兴趣的地物或目标，可减少标注难度和工作量。尤其在中低分辨率的遥感影像中，水体边界常常模糊、不精确，导致难以完全分割出来，使用 ROI 标注可关注那些确定的目标地物，忽略不确定的地物，可以提高标签数据的准确性。本研究将一景影像裁切之后保留了 200 张 512×512 尺寸的非全背景图像（非全为 0，即只保留有水体的图像）。利用标注工具 SuperAnnoate 勾画 ROI，标注示例如图 2.7 所示。"water"标签代表水体，"others"代表非水体。因为河流比较细碎，标注相对比较困难。为了使得水体和非水体的训练 ROI 数量相协调，非水体选择的是该图片中的典型区域（尽可能包括该区域的所有类型地物）。

图2.7　标注示例

3. 数据增强

因为标签数据数量不一致，"others"像元数量远大于"water"标签数量。在这种情况下（两类别存在数量级别的差异），在loss进行梯度下降的过程中，会趋向于只训练"others"而忽略"water"标签产生的损失。因此，为协调两类别的数据量，对ROI标签为"water"的像元进行数据增强，数据增强的方式主要包括旋转、缩放、平移、镜像等。数据增强之前"water"和"others"的数据量分别为5 969、697 453，增强之后数据量分别为65 659、697 453。增强之后水体和其他地类的样本数据量级差被缩小，能够减少因样本不平衡带来的有偏训练问题。

2.2.3　分类器构建

1. 阈值法分类

在传统机器学习分类方法中，采用NDWI和MNDWI阈值法提取水体。

NDWI公式如下（McFeeters，1996）：

$$\mathrm{NDWI} = \frac{\mathrm{Green} - \mathrm{NIR}}{\mathrm{Green} + \mathrm{Nir}} \tag{2.1}$$

式中，Green是OLI传感器中Band 3；NIR是OLI传感器中的Band 5。

MNDWI公式如下（Xu，2006）：

$$\mathrm{MNDWI} = \frac{\mathrm{Green} - \mathrm{MIR}}{\mathrm{Green} + \mathrm{Mir}} \tag{2.2}$$

式中，Green是OLI传感器中Band 3；MIR是OLI传感器中的Band 6。

2. 深度学习方法

本研究采用语义分割模型 U-net、Pixel-based DNN 以及基于 Pixel-based CNN 方法提取水体。样本类型实际上涉及 3 类地物，"water""others"以及未标注像素（标签值分别为 01、10、00）。因此，在训练过程中需要将标签中的水体和其他以多分类的形式处理（忽略待分类地物），选择 Softmax 作为激活函数，采用的损失函数为交叉熵损失函数。

Softmax 激活函数：

$$\hat{y}_1 = \frac{\exp(o_1)}{\sum\limits_{i=1}^{2}\exp(o_i)}, \quad \hat{y}_2 = \frac{\exp(o_2)}{\sum\limits_{i=1}^{2}\exp(o_i)} \tag{2.3}$$

式中，$\hat{y}_1$、$\hat{y}_2$ 分别表示水体和非水体的预测值，且 $\hat{y}_1 + \hat{y}_2 = 1$。$o_i$ 为 Softmax 激活之前的数值，通过 Softmax 函数后将线性函数非线性化，同时也把预测值进行归一化。

交叉熵损失函数

$$L = -\frac{1}{N}\sum_i \left[y_i \ln \hat{y}_i + (1 - y_i)\ln(1 - \hat{y}_i) \right] \tag{2.4}$$

式中，L 为损失值；N 为迭代次数；i 表示第 i 个样本；y_i 为实际标签值（0 或 1）；$\hat{y}_i$ 为预测结果。当标签值都为 0 时，损失函数为 0，故对损失不作贡献，所以未标注的像素（值为 00）地物对损失没有影响。

（1）语义分割。语义分割模型以 U-net 神经网络模型（Ronneberger et al.，2015）为例。U-net 是一种端到端的图像分割技术。它采用了编码器 - 解码器的结构，并在解码器中采用了跳跃式连接，以保留更多的高层语义信息。U-net 的解码器部分与编码器部分对称，由多个上采样和卷积层组成。上采样层用于将特征图恢复到原始分辨率，卷积层用于学习特征的空间关系。在解码器的每一层，U-net 采用了跳跃式连接，将当前层的输出与编码器中对应层的输出进行拼接，以保留更多的高层语义信息。首先将影像裁切之后的 512×512 大小的图像以及标注 ROI 的标签图像批量导入，经过卷积、池化操作后提取影像特征（编码），再通过上采样、拼接、池化恢复图像（解码），最后通过 Softmax 判断恢复后图像各个类别的归属概率，与标签图像做交叉熵。

（2）Pixel-based DNN 模型。Pixel-based DNN 模型即深度神经网络模型。在该模型中，ROI 像素点都被看作是一个单独的训练样本，从而实现对每个像素进行分类。该模型与传统方法一致，是仅利用遥感影像的光谱特征实现的分类技术，但是通过损失函数和后向反馈过程，Pixel-based DNN 可以自动学习特征和表征，能自动学习特征与目标间的非线性关系，避免了人工特征提取的工作。本研究将 ROI 标签中有标记像元的 7 个波段反射率值作为输入，再经过三个隐藏层（层数分别为 16、64、128 个神经元），输出层为两个神经元，最后通过 Softmax 判断该中心像元的各类别归属概率，与标签像元做交叉熵。

（3）Pixel-based CNN 模型。Pixel-based CNN 模型是一种基于卷积神经网络的图像分类和分割方法。该模型架构通过遍历整幅图像（512×512@7）进行迭代训练。首先将 ROI 标签中有标记像元的周围 7×7 邻域内的像元作为输入（因为有 7 个波段，所以输入形状为 7×7@7），经过两次 3×3 的卷积之后形状和通道数为 3×3@32，将其与输入的中间 3×3 区域拼接后形状为 3×3@39，再进行一次卷积和拼接之后形状为 1×1@71，最后用 1×1 的卷积和 Softmax 函数判断该中心像元的各类别归属概率，与标签像元做交叉熵。因为图像在经过 3 次 2×2 卷积，遍历整张裁切后的图像（512×512），尺寸会变成 506×506。因此，需要在预测之前对影像数据添加一个 3 层 zero padding，确保影像尺寸一致。与 Pixel-based DNN 模型相比，它在输入特征提取和卷积过程中，采用了卷积神经网络的思想，从而可以更好地提取图像的纹理特征，模型也采用裁剪和拼接的方式尽可能地保留图像的光谱特征信息。

2.2.4　模型对比分析

1. 地表水体提取结果

图 2.8 展示了 NDWI、MNDWI、U-net、Pixel-based DNN 以及 Pixel-based CNN 等方法的地表水体提取结果。在第 1～2 行的遥感影像中，同时存在云和细小河流。这种情况下，U-net 效果最差，河流没有很好提取出来；Pixel-based DNN 方法略优于 U-net，但总体效果也不太好；NDWI 和 MNDWI 虽然能很好地保留水体，但是云体也被保留了下来，不能很好地去除云体干扰；Pixel-based CNN 效果最好，既消除了云体的干扰，也完整地提取了水体。第 3～4 行的遥感原始影像中没有水体。这种情况下，NDWI 和 MNDWI 表现效果最差；Pixel-based DNN 和 U-net 方法效果一般；Pixel-based CNN 方法提取结果最优。第 5～6 行选取的则是乌兰巴托城市区域，因为云层遮挡了河流主体，所以河流的掩膜是间断的。同样也是 Pixel-based CNN 掩膜结果最好，说明该模型在建筑区的抗干扰性最强。第 7～8 行选取的是存在小型湖泊的影像，NDWI、MNDWI 的效果不佳（主要是由于阈值设定问题，如果把阈值改为 0，效果会好很多）；从湖泊水的提取效果来看，水体掩膜都比较好，但是 Pixel-based CNN 方法能更好地区分山地阴影和水体。

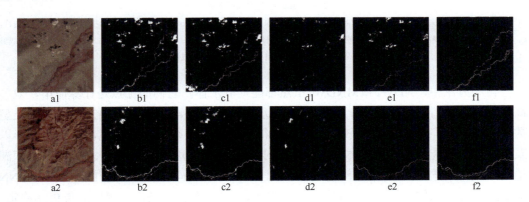

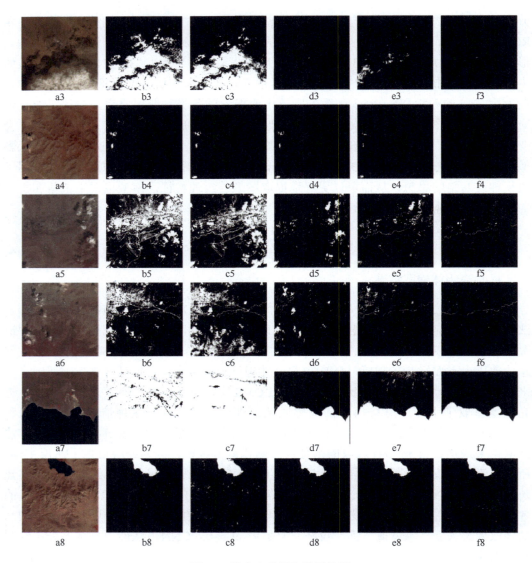

图2.8　地表水体提取效果分析

a1～a8：裁切影像假彩色合成（RGB：NIR、R、G）线性拉伸可视化图片；b1～b8：NDWI地表水体提取结果（阈值-0.11）；c1～c8：MNDWI地表水体提取结果（阈值-0.15）；d1～d8：U-net水体分割结果；e1～e8：Pixel-based DNN地表水体提取结果；f1～f8：Pixel-based CNN地表水体提取结果

　　传统方法中，NDWI和MNDWI虽然都能提取水体，它们的优点是计算简单、效率高，不需要进行裁切和标注，适用于单一水体类型的提取。但是这种方法对水体类型的变化和光照条件的影响比较敏感，不能很好地适应复杂的水体环境，在云、云影以及建筑区并不能有效地与水体区分开，同时不同场景的阈值设定是一大难点（大面积湖泊场景的阈值与细小河流的阈值有区别）。U-net、Pixel-based DNN、Pixel-based CNN的深度学习方法的优点，是可以适应不同的水体环境和光照条件，提取效果更加稳定。它们可以通过调整模型结构和超参数来提高地表水体提取的准确性。但是它们需要大

量的训练数据和计算资源，同时也需要进行复杂的模型调参和优化。比较看来，经相同ROI样本的训练后，可以分析得出代表语义分割的U-net模型在细小河流的地表水体提取表现效果最差，但是大面积的湖泊提取效果较好。Pixel-based DNN模型虽然在细小河流的提取效果上表现得比U-net模型要好，但是提取的完整度不高，有河流断裂和提取不出来的现象；同时虽然能规避云体，但是云影和建筑依旧难以与河流水体相区分。Pixel-based CNN模型提取效果最好，保证了细小河流的完整度和连续性，云、云影和建筑区也未误提成水体，大面积河流的提取效果也比较好。

在模型参数方面（表2.3），Pixel-based CNN的训练参数总共为37 666个，Pixel-based DNN的参数总共为9 794个，U-net的参数为492 560个（训练参数491 568个）。U-net训练参数量最大，Pixel-based CNN居中，Pixel-based DNN最少。在训练时间上，Pixel-based CNN每次迭代需要6秒也保持居中，Pixel-based DNN耗时最短为1秒，U-net训练时间最长为35秒。在精度上，迭代训练50次之后，Pixel-based CNN精度达到99.90%，相对最高；Pixel-based DNN精度次之，达到96.98%；U-net精度最低，为93.70%。

表2.3　模型参数精度信息对比

项目	Pixel-based CNN	Pixel-based DNN	U-net
总参数量	37 666	9 794	492 560
训练参数量	37 666	9 794	491 568
非训练参数量	0	0	992
迭代次数 (epoch)	6 s 8 ms	1 s 2 ms	35 s 571 ms
训练精度 /%	99.90	96.98	93.70

Accuracy的计算公式如下：

$$\text{Accuracy} = \frac{\text{TP} + \text{TN}}{\text{TP} + \text{TP} + \text{FP} + \text{FN}} \tag{2.5}$$

式中，Accuracy为水体分割精度；TP(true positive)是标签、预测都为"water"的像元数量；TN(true negative)是标签、预测都为"others"的像元数量；FP(false positive)表示的是标签为"water"、预测为"others"的像元数量；FN(false negative)表示的是标签为"others"、预测为"water"的像元数量。

利用ArcGIS软件对三景试验影像均匀选取验证点，共选取328个验证点，水体和非水体验证点数量均为164个。利用ArcGIS中的Spatial Join对矢量化之后的水体掩膜文件处理，验证精度如表2.4所示。Pixel-based CNN模型无论是精度、MIoU、TWR、FWR、Kappa的验证中都优于其他方法。

表2.4　验证结果

方法	NDWI	MNDWI	U-net	Pixel-based DNN	Pixel-based CNN
Accuracy/%	80.79	85.97	75.30	89.33	**92.07**
Recall/%	**100.0**	98.36	94.62	99.23	98.59
MIoU/%	66.91	75.09	59.16	80.56	**85.25**
TWR/%	61.59	73.17	53.67	79.26	**85.37**
FWR/%	38.41	26.83	46.34	20.73	**14.63**
Kappa/%	0.62	0.72	0.51	0.79	**0.84**

计算公式如下：

$$Recall = \frac{TP}{TP + FN} \times 100\% \tag{2.6}$$

$$MIoU = \frac{1}{k+1}\sum_{i=0}^{k}\frac{TP}{FN + TP + FP} \times 100\% \tag{2.7}$$

$$TWR = \frac{TP}{FP + TP} \times 100\% \tag{2.8}$$

$$FWR = \frac{FP}{FP + TP} \times 100\% \tag{2.9}$$

$$Kappa = \frac{p_o - p_e}{1 - p_e} \tag{2.10}$$

$$p_o = Accuracy = \frac{TP + TN}{TP + TP + FP + FN} \tag{2.11}$$

$$p_e = \frac{(TP + TN)\times(TP + FP)+(FP + FN)\times(TN + FN)}{N^2} \tag{2.12}$$

2. 提取结果分析

解译的主要标志有形状、大小、颜色和色调、阴影、位置、结构、纹理、分辨率等信息。在传统依赖于机器学习的方法中，由于大多数情况下不同地物呈现的光谱特性不同，颜色和色调往往是决定地物归属的最重要标志（Pereira and Setzer，1993；Wen et al.，2020）。但是地物也存在"同物异谱""异物同谱"（Zhang et al.，2005）的现象，其他标志性解译特征容易被忽略，在易于混淆的地物分类过程中，这些特征往往起到关键性作用。在本章的研究中，水体和云、云影以及建筑区阴影的波谱特征较为相似，因而只利用影像的波谱特性是难以区分的。语义分割大多是通过下采样提取特征再上采样恢复图像实现图像分割的（Long et al.，2015；Ronneberger et al.，2015；Badrinarayanan et al.，2017），其在医疗影像上被广泛应用（Ronneberger et al.，2015），因为医疗影像中人体器官结构位置相对固定，且存在前后景的差异，而遥感影像的地物则没有该特点。Pixel-based DNN 过度依赖波谱信息，在信息不足时，难以有效区分水体与暗像元，若训练过程中暗像元较多，则会导致大部分水体难以被提取出来（图2.11）。Pixel-based CNN 模型与语义分割相比参数量大大减小，训练更加容易，其将该区域不断卷积（从7×7到5×5到3×3再到1×1）达到分类的目的。整个7×7区域用于卷积学习特征，辅助该区域的中心像元完成分类，同时 Concatenate 步骤兼顾了区域的纹理、形状特征和中心的色调、颜色特征。

图2.9是 Pixel-based CNN 技术应用在 ROI 标签上的地表水体提取训练的迭代曲线，可以看出，在50次迭代过程中，Loss 从 0.1716 下降到 0.0031，迭代前3次 Loss 下降速度最快，迭代10次之后 Loss 下降速度减缓，但是一直平稳下降。Acc 一直处于上升状态，前6次迭代 Acc 提升速度快，随后速度逐渐放缓趋于平稳，Acc 由 94.30% 提升到 99.90%。可以得出，Pixel-based CNN 方法是一种以 ROI 为标签的高效、稳定的地表水体提取技术。

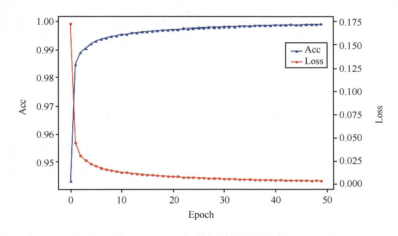

图2.9 Pixel-based CNN 迭代曲线

图2.10展示的是利用 ArcGIS 可视化之后 Pixel-based CNN 方法的地表水体提取效果。结果显示，图拉河整体上比较完整。河流蜿蜒曲折，穿过首都乌兰巴托向西南方向行进，再转向西北方与布尔干省和中央省省界重合。

Pixel-based CNN 方法能够有效提取细小河流的水体信息。与传统的方法相比，Pixel-based CNN 方法利用了卷积神经网络的特点，即可以自动学习图像的纹理特征，也能综合利用影像的波段信息。在一定程度上能减少暗像元的干扰，但在地表水体提取之后仍然存在一些噪点，需要进行后期滤波等操作来平滑和改善分类结果。另外，蒙古国试验区地物比较简单，相对于更加复杂的土地表面，在更加复杂的地表覆盖类型下，Pixel-based CNN 方法的地表水体提取效果仍需进一步验证。在影像输入过程中，直接选取 Landsat 8 的七个波段作为输入不一定是最佳选择，因为存在较多冗余信息。因此，在之后的研究中，可以引入特征工程技术，增添特征信息，去除冗余波段，提高地表水体提取精度和推广性。可以寻找适合大多数卫星影像的多尺度、可见光波

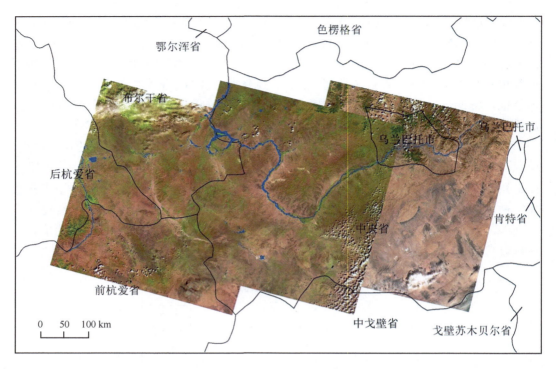

图2.10　三景影像地表水体提取结果

段地表水体提取方法。结合多尺度、多源影像数据的地表水体提取方法也可以有助于扩展该技术的应用范围，以提高地表水体提取模型的鲁棒性和准确性，使其适用于更多类型的遥感图像数据，从而更好地揭示水体的空间分布特征。

2.3　深度学习模型赋能GEE的自动化水体提取研究

谷歌地球引擎（GEE）提供了传统遥感影像数据处理能力，但是不支持对于深度学习模型的计算和应用。本研究采用本地深度学习训练和GEE云端大数据智能计算相结合的方法，对谷歌地球引擎赋予深度学习计算能力，使GEE可以快速自动化部署深度学习模型（Li et al.，2022）。对地表水体提取的精度进行评价，分析贝加尔湖研究区年际地表水的变化情况。

2.3.1　模型训练及部署流程

本节基于GEE遥感大数据云计算平台和本地深度学习计算环境，研制适合于大数据获取和人工智能计算相结合的遥感影像水体提取技术。如图2.11所示，研发技术路线主要分为遥感数据获取、深度学习模型构建与噪声纠正、深度学习模型在线部署三大部分。利用该方法，可以将本地深度学习训练和在线云计算相结合，达到快速自动化获取训练模型权重，并在GEE中实现大范围、批量部署。其中，第一部分是在GEE

端实现的平台数据选择，为第二部分提供必要 Landsat 影像、初始标签以及 DEM 数据；第二部分是在本地完成，主要是对影像进行特征选择和特征波段构建，对初始标签进行噪声纠正，再将特征波段与水体标签结合对 Pixel-based CNN 模型进行训练；第三部分是对上述地表水体提取模型进行解析，通过 gee-python 接口实现模型转写，使得模型参数可以部署到云端实现大范围、快速的地表水体提取。

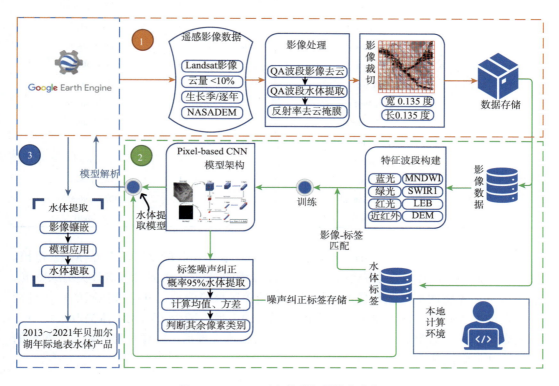

图 2.11　GEE 云平台模型部署技术路线

1. 遥感数据获取

在遥感数据获取环节，首先是获取各波段的反射率数据。在 GEE 中反射率数据存储为 01～65 455 的无符号整型数据（表 2.5），要获得真实反射率数据，需要乘上 2.75×10^{-5} 再减去 0.2。接着通过对 Landsat 8 OLI 影像中的质量评估波段进行按位运算，获取初始的水体标签数据。质量评估波段是 NASA 通过 FMASK（function of MASK）算法评估的各个像素质量的波段（Qiu et al.，2019），其最开始在 2014 年应用在 Landsat 8 卫星影像中，后来拓展到 Landsat 5 和 Landsat 7 卫星中。QA 波段的二进制位数含义表示如表 2.5，可以看到 QA 波段中涵盖了云、雪、云影、水等信息。表 2.5 中 QA 波段中的第 7 位是水信息，可以按位提取该波段中的粗略水体分布情况，这为水体影像标签的构建提供了初始标签。

表2.5　QA波段各位数信息

二进制位数	含义	二进制位数	含义
Bit 0	填充（fill）	Bits 10～11	云影（cloud shadow）
Bit 1	稀薄云（dilated cloud）	0	无（none）
Bit 2	（cirrus（高置信度））	1	低（low）
Bit 3	云（cloud）	2	中等（medium）
Bit 4	云影（cloud shadow）	3	高（high）
Bit 5	雪（snow）	Bits 12～13	雪/冰（snow/ice）
Bit 6	云或扩张云（cloud or dilated cloud）	0	无（none）
0	设置（set）	1	低（low）
1	未设置（not set）	2	中等（medium）
Bit 7	水（water）	3	高（high）
Bits 8～9	云（cloud）	Bits 14～15	（cirrus）
0	无（none）	0	无（none）
1	低（low）	1	低（low）
2	中等（medium）	2	中等（medium）
3	高（high）	3	高（high）

　　QA波段的第1～4位记录的像元是云体信息，表示该时段该区域上方存在云遮挡，而被云覆盖的区域往往会丢失很多地面信息，云阴影的存在也会对水体分类造成影响。通过按位运算将同一区域影像的云以及云影覆盖区域掩膜掉，并将被掩膜的影像进行多时段的叠置处理，从而尽可能获得区域无云的影像，减少了地表水体提取过程中云和云影的干扰。如图2.12所示，经过去云-叠置镶嵌处理后，影像可视化效果、数据的可用性都得到提升。

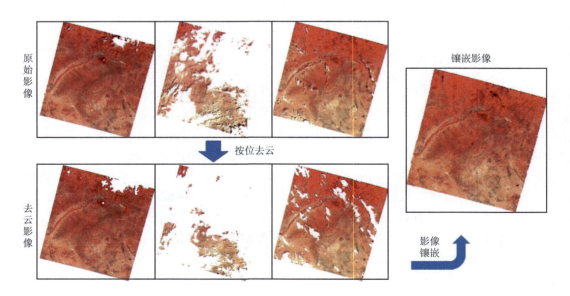

图2.12　去云基本流程

2. 特征波段构建

深度学习模型的有效性通常取决于输入的训练数据集的特征，因此遥感图像特征的选择决定了图像分类的效果。训练对水体敏感的指数和波段可以有效提高水分类的准确性。因此，在地表水体提取过程中选择了对水更敏感的蓝光、绿光、红光、近红外、MNDWI、短波红外 1（SWIR1）、线性增强波段（LEB）和 DEM 波段。数据来源见表 2.2。DEM 的引入，可以更好地消除由山影引起的水分类错误。通过对 MNDWI 指数进行线性增强卷积运算来获得 LEB。图 2.13 显示了用于获得线性增强波段的四个卷积核，它在垂直、水平和斜 45°方向上对 MNDWI 数据进行了四次卷积线性增强处理。卷积后，计算每个像素的最大值，以获得该像素周围八个邻域中的 LEB。图 2.14 显示了MNDWI 和 LEB 之间的比较，其中第一列是假彩色合成图像，第二列是 MNDWI 图像，第三列是 LEB。LEB 可有效增强特征波段的线性特征。

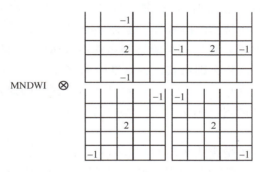

图 2.13　线性增强卷积核

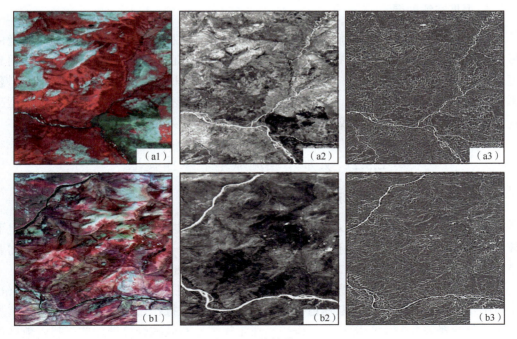

图 2.14　线性增强

3. 深度学习模型构建与标签噪声纠正

采用所构建的Pixel-based CNN模型，并修改模型的输入参数为可见光、近红外、MNDWI、短波红外、线性增强波段以及DEM。这样能够增强水体的可分离性，提高分类精度。Pixel-based CNN模型是一个兼顾像元纹理特征与光谱特征信息的地表水体提取模型。该模型通过遍历整幅图像进行迭代训练。首先将特征波段像元的7×7邻域作为输入，经过两次3×3的卷积后，将其与输入特征中间3×3的区域拼接；再进行一次卷积和拼接，最后用1×1的卷积和Softmax函数判断该中心像元的各类别归属概率。将归属概率与标签像元做交叉熵得到交叉熵损失，通过梯度下降对参数进行迭代优化从而降低损失。

模型构建完成后，将其应用于QA波段中初始水体标签的噪声纠正。QA波段的水体信息是FMASK算法采用局部动态阈值实现的，存在水体连续性差、受云和云阴影影响的问题。因此需要对QA波段进行降噪处理。本节在局部区域水体的反射率分布呈正态的假设下，对上述特征波段进行了正态分布拟合，即利用Pixel-based CNN模型对初始标签进行30次训练，使得模型能够初步获得水体信息的特征。这时得到的水体归属概率如果大于95%，那么则将其认为是准确的水体标签，再对这些确定后的水体标签计算特征波段的均值（μ）和方差（σ）。对其余待定区域的像元进行判断，若其落在（$\mu-3\sigma$，$\mu+3\sigma$）的置信区间内，则认为这些像元也是水体；反之为其他。如此循环迭代三次。

通过以上方法得到了噪声纠正后的水体标签和特征影像。初始化Pixel-based CNN模型后，对纠正后水体标签训练，则得到区域的地表水体提取模型。

4. 模型在线部署

通过上述方法得到了贝加尔湖流域的地表水体提取模型，但是大范围遥感影像的模型应用也是一大难题。传统方法需要个人先下载全部的遥感影像，再把模型应用到逐个影像中。当面对大尺度、长时序的应用时，影像获取困难、计算机性能低速度慢、影像镶嵌等问题则体现出来。本节对训练完成的模型进行自动化解析，将本地模型架构、参数权重赋予GEE，集成GEE相对应的计算模块，实现模型在线部署。

2.3.2　贝加尔湖流域地表水体提取

1. 遥感数据准备及初始标签获取

首先采用深度学习模型对贝加尔湖流域遥感影像进行训练，实现地表水体提取效果，因此需要影像数据和标签作为模型训练的依据。一期贝加尔湖全覆盖影像需要65景OLI影像，列号跨度从128至138，行号则跨20至28。

图2.15为研究区全域影像叠置显示效果。主要限制月份为北方生长季6~8月份，再对筛选之后的数据按像元取均值。特别是在进行卷积操作过程中，接缝、边界信息会对水体分类产生较大的影响。月份控制在生长季能有效减轻接缝处的干扰。数据按

像元位置进行均值或中值处理，将65景影像镶嵌为一张图像。依托GEE云计算平台的计算能力，使得贝加尔湖流域大范围影像的一次性输入成为可能。在数据预测过程中，减少循环迭代的冗余运算，去除了不同影像重叠区域的重复计算，提高产品产出效率。

图2.15　去云叠加影像

训练样本选取的是2020年131和135两列样带，共14景影像。图2.16展示了131列和135列的地理空间位置，这两列数据处于贝加尔湖流域的主要区域，覆盖了部分贝加尔湖和色楞格河的细小支流。14景影像呈南北走向，覆盖范围广，涉及地表类型较多，有利于模型在训练过程中学习到不同场景下的信息，包括大面积湖泊、细小河流及其他地表的特殊属性。

对样带内的影像，首先将数据转投影到EPSG：4326（WGS84）坐标系下，使得其与NASA DEM数据投影坐标匹配，并利用质量评估波段获得去云影像和初始标签影像。然后，按照0.135度裁切，获取行列均为502个像素。获得包含OLI 7个波段和高程数据的影像集以及对应的初始水体标签数据集。最后，对初始水体标签数据集做噪声纠正处理，得到标准水体标签库。

标签噪声纠正前后数据对比如图2.19所示。其中第一列为图像标准假彩色合成结果，第二列为QA波段得到的初始标签数据，第三列则为噪声纠正之后的数据。A～C显示了山区水体的提取，可以看出，QA波段倾向于将山影误分类为水。这种情况在噪声校正后得到改善，说明标签噪声纠正后山影造成的干扰有所减轻。D～F是细河流的标签，QA波段对提取细河流的效果较差，并且存在河流断裂甚至遗漏的问题。经过噪声校正后，提取了被低估水体像素，进一步提高了精细水体的连续性。经过上述方法，共获取数据图像集对应标签各368张，转换为Pixel-based CNN可参与训练的数据量为9 053万个。

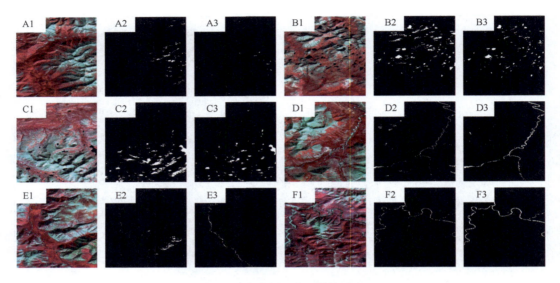

图2.16　噪声纠正前后标签对比

2. 模型训练及预测

初始化Pixel-based CNN模型，将得到的368张影像数据进行特征选择，构建蓝、绿、红、近红、MNDWI、SWIR1、LEB以及DEM共8个特征的输入图像。将其和368张标签进行格式转化，构建470万个输入为7×7×8（行列数为7，通道数为8），输出为1×1×2（标签数据进行one-hot编码）大小的深度学习训练样本。循环迭代10次。图2.17显示了训练迭代曲线，其中图（a）显示了10次迭代中每张图像的精度和损失，图（b）显示了模型10次迭代的F1分数。准确率稳步提高，损失逐渐减少，第10次训练准确率超过98.66%，表明上述七个特征有助于模型训练和提取水体，是更好的水分割特征。图2.17（b）中的F1分数是二分类模型准确性的统计度量值，它综合考虑了分类模型的精度和召回率，F1分数越高表示模型质量越高。通过分析迭代曲线，发现第二次迭代后，准确度和损失没有显著变化，而F1得分最高。因此，在本研究中，选择从第二次训练迭代中获得的模型作为地表水体提取的分类模型。

Pixel-based CNN模型是利用Keras搭建的。其主要结构和参数对应模块如表2.6所示，将模型中的input、conv2d、concatenate以及slice分别与GEE中的ee.Image、ee.Kernel.convolve、ee.Image.cat和ee.Image.select模块相匹配对应。在python中建立了模型的转换函数，该函数可以将以CNN为基础深度学习架构的模型转换为GEE格式。本章模型和方法的代码也已在GitHub中开源（https://github.com/CaryLee17/water_gee）。

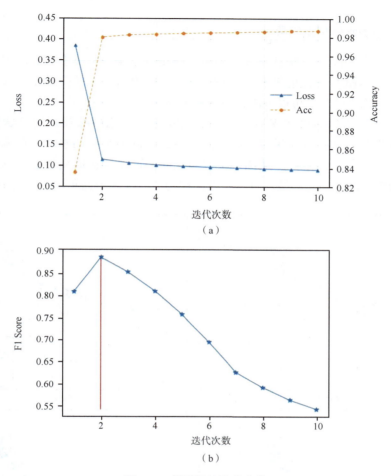

图2.17　模型训练迭代曲线

表2.6　模型传递参数

层名称	输出形状	参数	连接层	GEE 模块
input_1（InputLayer）	［(None，7，7，8)］	0		ee.Image
conv2d（Conv2D）	(None，5，5，16)	1 168	input_1［0］［0］	ee.Kernel.convolve
conv2d_1（Conv2D）	(None，3，3，32)	4 640	conv2d［0］［0］	ee.Kernel.convolve
tf_op_layer_strided_slice	(None，3，3，7)	0	input_1［0］［0］	ee.Image.select
concatenate（Concatenate）	(None，3，3，39)	0	conv2d_1［0］［0］	ee.Image.cat
			tf_op_layer_strided_slice［0］［0］	
conv2d_2（Conv2D）	(None，1，1，64)	23 104	concatenate［0］［0］	ee.Kernel.convolve
tf_op_layer_strided_slice_1	(None，1，1，7)	0	input_1［0］［0］	ee.Image.select
concatenate_1（Concatenate）	(None，1，1，71)	0	conv2d_2［0］［0］	ee.Image.cat
			tf_op_layer_strided_slice_1［0］［0］	
conv2d_3（Conv2D）	(None，1，1，128)	9 216	concatenate_1［0］［0］	ee.Kernel.convolve
conv2d_4（Conv2D）	(None，1，1，2)	258	conv2d_3［0］［0］	ee.Kernel.convolve

Total params: 38514

Trainable params: 38514

Non-trainable params: 0

3. 年际地表水体提取结果

图2.18展示了2013～2021年逐年地表水体提取结果。整体上来看，本节的人工智能和遥感大数据融合方法能够有效提取出大面积的湖泊，如贝加尔湖和库苏古尔湖。同样，细小的色楞格河也可以被清晰地展示出来。

选取了细小的色楞格河支流以及贝加尔湖弯曲河流错综复杂的色楞格河三角洲（图2.19）的地表水体提取结果。色楞格河是贝加尔湖最重要的水源，在流经色楞格河三角洲之后，汇入贝加尔湖。从图中可以看出，提取了弯曲而精细的色楞格河，该方法能够识别细小河流的连续性，且三角洲区域的分支流和小面积湖泊也被提取出来。

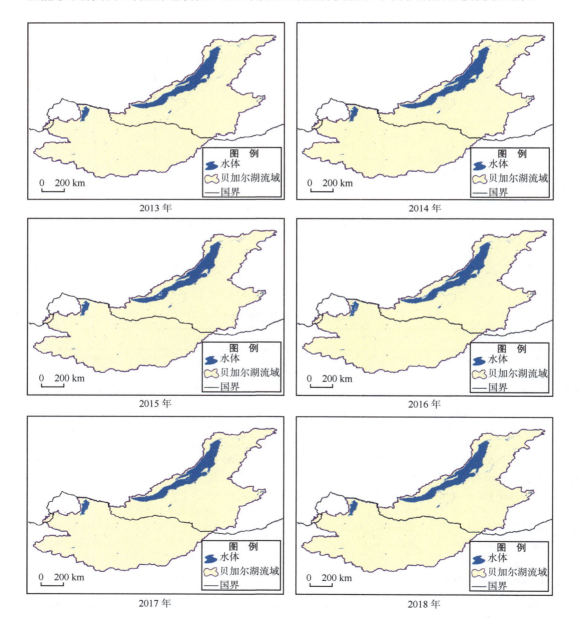

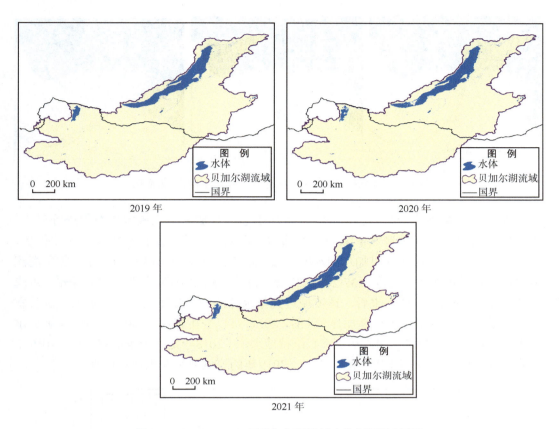

图2.18　2013～2021年贝加尔湖流域水体年际时空变化

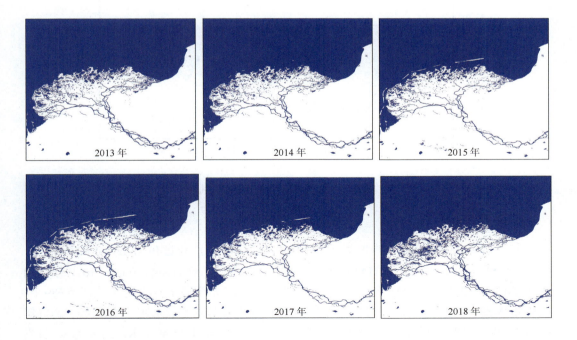

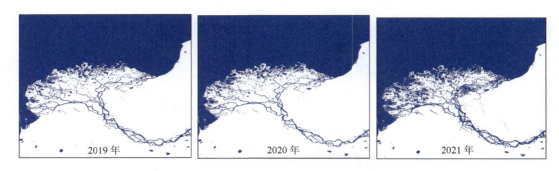

图2.19　2013～2021年色楞格河三角洲的年际水体变化

选取了俄罗斯发布的贝加尔湖综合管理信息与贝加尔湖流域水体面积进行对比。该数据出自俄罗斯联邦自然资源与环境部的"贝加尔湖状态及保护措施"年度报告，报告包含1980～2019年的贝加尔湖水位信息。本研究统计了2013～2021年贝加尔湖流域水体面积，水体面积范围为37 201～37 993 km²，水体面积均值为37 532 km²，占流域总面积的6.6%。总体上来看，该流域近几年水体面积变化不大。与"贝加尔湖状态及保护措施"年度报告进行叠加显示（图2.20），可以分析得出，2013～2015年贝加尔湖水位一直降低，2015～2017年则一直维持低水位，2018年是一个水位突增年，2019年又降到低水位。这与本研究提取的2013～2019年的流域面积变化基本一致。

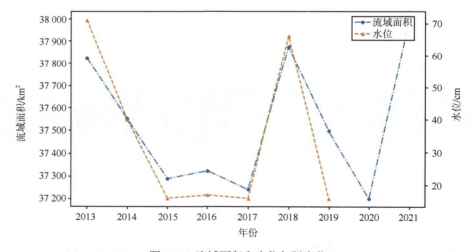

图2.20　流域面积和水位年际变化

4. 精度评价

基于Google Earth高分辨率影像选择验证点，以分别验证Pixel-based CNN模型、QA波段和基于Otsu阈值法的MNDWI提取的水体精度。在Google Earth Pro上分别选择了2013年、2017年和2021年的验证点。共选择了4 798个验证点，阴影验证点689个，其中水体验证点2 262个，其他验证点1 847个。混淆矩阵列于表4.3中。2013年、2017年和2021年，本章方法的三年精度分别为92.9%、92.7%和92.4%，Kappa系数分别为

0.86、0.85和0.85。QA波段和基于Otsu阈值法的NDWI的精度低于本章的噪声校正深度学习法。从表2.7可以看出，与QA波段和MNDWI阈值方法中的水体信息相比，Pixel-based CNN模型获得的水体产品能够减少阴影的干扰，改善将水体误分类为阴影的情况。与其他方法相比，MNDWI阈值方法更容易将阴影误分类为水。因此，使用阈值方法进行水分类需要克服在水和阴影之间定义阈值的困难。统计了3年的Acc、Recall、MIoU、TWR、FWR和Kappa的平均值，发现本章的方法在这些指标下表现更好。综上，Pixel-based CNN赋能GEE的方法，在地表水体提取效果和规避错提阴影像素方面取得了较好的效果。

表2.7　水体分类混淆矩阵

项目	预测值 / 真实值	水体	非水体		总和	年份
			水体	非水体		
Pixel-based CNN	水体	637	11	11	659	
	非水体	89	213	611	913	
QA波段	水体	617	27	9	653	2013
	非水体	109	197	613	919	
MNDWI	水体	632	37	18	687	
	非水体	94	187	604	885	
总和		726	846		1 572	
Pixel-based CNN	水体	671	13	9	693	
	非水体	94	222	594	910	
QA波段	水体	675	32	13	720	2017
	非水体	90	203	590	883	
MNDWI	水体	663	42	13	718	
	非水体	102	193	590	885	
总和		765	838		1 603	
Pixel-based CNN	水体	679	13	17	709	
	非水体	92	217	605	914	
QA波段	水体	664	29	29	722	2021
	非水体	107	201	593	901	
MNDWI	水体	667	43	27	737	
	非水体	104	187	595	886	
总和		771	852		1 623	
项目		QA	MNDWI	Pixel-based CNN		
Acc/%		90.73	90	**92.73**		
Recall/%		86.45	86.74	**87.84**		
MIoU/%		81.47	80.36	**85.06**		评价指标
TWR/%		93.40	91.61	**96.42**		
FWR/%		6.60	8.39	**3.58**		
Kappa/%		0.81	0.8	**0.85**		

2.3.3　讨论和分析

本节提出的人工智能与大数据融合的自动化地表水体提取方法，以 Pixel-based CNN 模型为地表水体提取模型，构建了本地深度学习环境和模型结构解析程序。将解析的权重和模型的每层网络都与 GEE 平台中的方法协调结合，实现了自动化标签噪声纠正、快速部署训练权重预测水体。以贝加尔湖流域为例，利用样带作为训练数据，预测、提取了流域范围内 2013～2021 年地表水分布。

表 2.8 对传入波段权重的第一次卷积参数进行统计。8 个波段的权重信息相差不大，权重最高的为 LEB 波段，占 13.85%；滤波段权重最低，但是也达到了 11.61%；说明传入的波段信息对地表水体提取都有较为有效的作用。其中，LEB、MNDWI 以及近红外波段位列前三。这也表明，这三个波段在贝加尔湖流域地表水体提取过程中起着重要作用，也印证了 MNDWI 作为地表水体提取指数的优越性。可以发现，深度学习有助于发现高效的特征信息，这有利于去探索对水体抑或是其他信息的特征构建方式。通过后向传播的数据驱动实现知识挖掘，比如在分析权重时，可以将神经网络中权重占比远小于其他特征波段的冗余信息去除，也可以在神经网络提取特征信息的过程中发掘一些有意义的特征，并探索这些特征的运行机理。

表 2.8　不同波段权重对比

波段	蓝光	绿光	红光	近红外	SWIR1	MNDWI	LEB	DEM
权重	11.34	11.12	11.60	12.31	11.63	12.95	13.27	11.55
占比 /%	11.84	11.61	12.11	12.85	12.15	13.52	13.85	12.06

深度学习赋能 GEE 的水体自动化提取方法降低了数据获取的难度，去除了影像筛选、下载、切片等的冗余操作，可批量获取去云影像，大大提升了模型在云端的快速部署能力。表 2.9 展示了本地深度学习方法与深度学习赋能的 GEE 在线云计算方法在效率上的对比。可以发现，在影像数据获取、数据预处理、深度学习预测以及影像后处理方面，深度学习赋能的云端 GEE 深度学习方法大大降低了时间和人工成本，只需要 1～2 小时便可获得一期贝加尔湖全流域的地表水体分布情况。

表 2.9　本地计算环境与 GEE 云计算环境的效率比较

项目	本地深度学习	效率	云端 GEE 深度学习	效率
影像筛选和下载	云量、月份筛选，数据下载，有云区域填充	完成 1 期 65 景无云影像需要 10 天左右时间，且需要本地磁盘要 100 GB 左右	QA 波段去云，月份筛选	秒级
影像预处理	反射率计算，影像裁切成规则尺寸	1～2 天	反射率计算，无云影像镶嵌	秒级
深度学习预测	逐个裁切影像预测	3～4 天	深度学习权重对一期镶嵌影像预测	1～2 小时
影像后处理	拼接，处理接缝	1～2 天	—	—
模型部署总耗时	15～18 天		1～2 小时	

2.4　蒙古高原地表水分布数据集生产

本节主要开展地表水体提取模型在蒙古高原的应用，总体实现前文研究的地表水体提取模型方法及其云端部署应用。采用本地深度学习训练和谷歌地球引擎分布式计算相结合的方法，对GEE赋予深度学习计算能力，使GEE可以快速自动化部署深度学习模型。基于此，完成蒙古高原2013～2022年逐年生长季地表水分布的获取（李凯等，2023）。

2.4.1　数据采集和处理

1. 数据预处理

遥感影像受到云雾的干扰，短时间内难以合成大范围的无云影像。因此，本研究选取蒙古高原植被生长较为旺盛的6～8月进行无云影像的合成。依据Landsat 8影像中的质量评估波段中云体信息，对影像数据进行掩膜处理，获得多景无云的遥感影像。将去云后的影像在时序上做均值叠加处理。叠加处理采用均值合成，可以减少不同时段成像异常值的影响，从而减少叠置区域的辐射差异。最后合成一幅6～8月的无云影像。2013～2022年每年一期无云影像共10期。在波段选择上，考虑到水体的反射率信息，选择了可见光、近红外、MNDWI、短波红外、线性增强波段和DEM波段作为特征波段。

如2.1节所述，考虑到蒙古高原在不同场景、地形下的地表状况有所差异，将蒙古高原划分为北部山地区、南部荒漠区以及东部平原三部分（图2.3）。独立选择样本进行训练和模型的预测，共选择影像71景Landsat影像作为三个研究的训练样本。

2. 模型训练

模型选择提出的Pixel-based CNN地表水体提取模型，作为预训练模型。该模型可兼顾考虑影像的像元和纹理特征，且具有参数量小、易于训练的特点。通过按位运算提取Landsat影像中质量评估波段中的粗略水体信息，再利用模型进行标签噪声纠正获得参考水体标签数据。构建可见光、近红外、MNDWI、短波红外、线性增强波段、数字高程模型合成的特征数据，与参考水体标签数据联合参与模型训练。水体模型的训练根据训练样本的选择分为北部、南部、东部三个独立的模型。

3. 模型在线部署

训练后的三个地表水体提取模型分别应用于蒙古高原的适用区域。通过Python解析提取模型权重信息，利用GEE的接口传入权重信息，进行卷积、裁剪、拼接等操作的转译，使得Pixel-based CNN模型可在GEE云端部署。之后对三个部分的水体信息进行镶嵌，合成整个蒙古高原的地表水体提取数据。虽然使用6～8月Landsat影像合成一期遥感影像，但是因为该时段云的体量较大，每年都或多或少会存在云体造成的空洞现象，即使镶嵌之后依旧存在少部分空洞。对于这些空洞，采用该年QA波段的水体数据进行填补。完成蒙古高原2013～2022年水体数据产品的制作，数据产品的空间分辨率为30 m。原始格式数据量较大，考虑到用户计算机内存限制，将2013～2022年水体数据按照经纬度每5°进行裁剪，共获得28个5°×5°的小瓦片影像。影像有10个通道，分别对应2013～2022年该区域的水体数据（表2.10）。

表2.10   数据集基本信息

数据集名称	蒙古高原2013～2022年逐年生长季地表水分布数据集
数据时间范围	2013～2022年
地理区域	蒙古高原（中国内蒙古自治区和蒙古国）
空间分辨率	30 m
数据量	399 MB，压缩后88.1 MB（原始格式189 GB）
数据格式	*.tif
数据服务系统网址	http://dx.doi.org/10.57760/sciencedb.j00001.00665

2.4.2　数据产品描述

本数据集为栅格数据类型，地理坐标系统为WGS84，数据保存为tif格式。数据通过ScienceDB存储库方式存储。因为原始格式数据量较大，为增强数据的可读性，将2013～2022年10年的水体数据合成为多波段的水体数据产品，波段索引与年份相对应。最后，在空间上将水体数据产品按照5°×5°的形式切分成28个瓦片影像存储，即每个文件的大小为5°×5°×10通道。数据文件的命名格式中各字符的具体解释如图2.21所示，"MP"为蒙古高原的简称，"water"指本数据为水体分类数据产品，"ExxxNyy"表示每个瓦片影像的左下角经纬度。

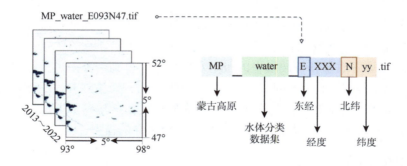

图2.21   文件命名格式

图2.22左右两侧分别展示了内蒙古海拉尔河以及蒙古国西北部科布多省与扎布汗省交界处水域的时序变化情况。海拉尔河全长708.5 km，流域面积5.45万 km²，是滋养呼伦贝尔大草原的"母亲河"。海拉尔河的洪峰主要发生在5月融雪期以及8月夏雨期，2013年夏季海拉尔河遭遇暴雨，导致水位上涨，洪水淹没面积较多。图2.22右侧的两大湖泊分别为哈尔湖和吉尔吉斯湖。该区域为蒙古国的大湖盆地，盆地内分布300多个湖泊，土地覆被类型以荒漠草原、沙漠以及裸地为主。

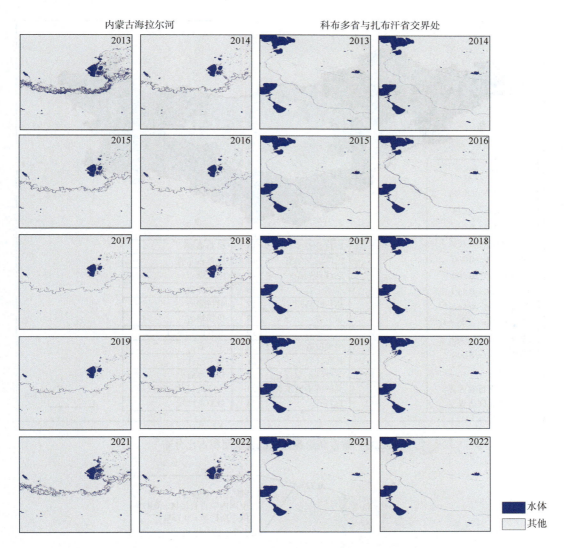

图2.22　中国内蒙古海拉尔河和蒙古国西北部科布多省与扎布汗省交界处水域时序变化图

　　图2.23为研究区按照省域划分后的地表水面积占该区域总面积的比值分布图。蒙古高原中部戈壁区域地表水分布较少，东西两侧地表水相对较多，整体来看，从西北向东南水量占比呈现先降低再升高的趋势，整体分布不均。经统计发现（图2.24），蒙古高原地表水面积占总面积的0.72%，地表水分布匮乏。蒙古国占比为其总面积的0.9%，中国内蒙古自治区为0.47%，俄罗斯部分为0.73%。

　　蒙古高原地表水面积呈波动变化，在2020年前地表水面积总量总体呈下降趋势，2021年和2022年地表水面积迅速抬升至近10年来的最高值。蒙古国的变化趋势与蒙古高原一致。蒙古高原俄罗斯区域的地表水面积在2022年则达到近10年的最低值，我国内蒙古自治区在2017年以后地表水面积开始缓慢增加（图2.25）。

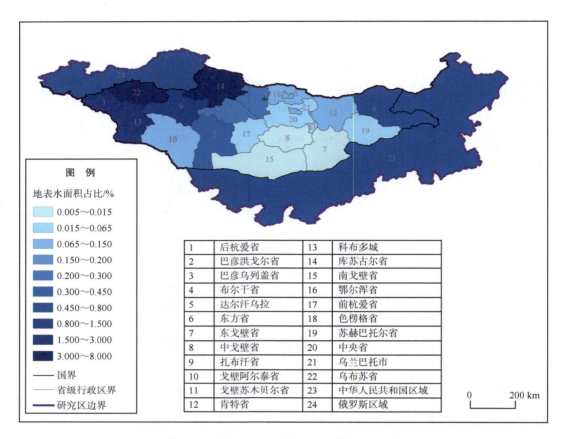

图2.23　蒙古高原各区域地表水面积占比分布

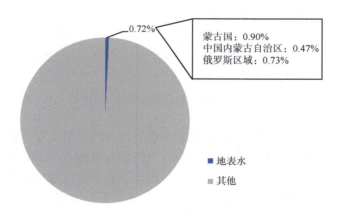

图2.24　蒙古高原地表水面积占比

　　本数据集可适用常规地理信息系统或遥感数据处理软件打开，如QGIS、ArcGIS、ENVI等。本数据集空间分辨率为30 m，可直接用来表征蒙古高原近10年的水体变化情况，为蒙古高原资源、环境、生态、灾害等科学研究提供重要基础和本底数据。同时可以结合栅格矢量转换、形态学分析等方法，为进一步揭示蒙古高原水文水资源格

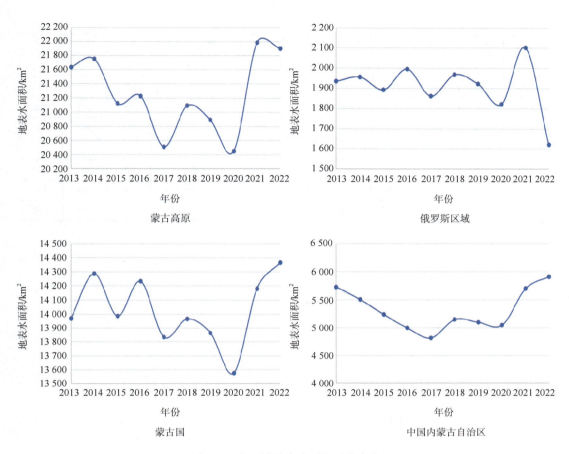

图2.25　各区域地表水面积时序变化

局与变化、气候变化区域影响与响应、与水相关的防灾减灾和畜牧业调控等研究提供支持。该模型方法也可为深度学习方法在长时序水文水资源环境监测中提供借鉴，也可为土地覆盖分类、地表参量反演等应用做支撑。

2.4.3　产品质量控制

在 Google Earth 中，分别针对不同年份人工选择验证点。每年筛选500个验证样点，其中水体限制样点数量为200个，非水体为300个（涵盖蒙古高原的多种地类以及山体阴影区域等）。因此10年共有5 000个样点，水体样点2 000个，非水体3 000个。将验证样点按点取值获得混淆矩阵，判读混淆矩阵如表2.11所示。经过验证，10年分类精度均保持在86%以上，总体验证精度为88.0%，10年平均Kappa系数为0.75（图2.26）。研究区处干旱半干旱区域，辐射差异小，地类相似度较高，同时水资源分布及不均匀水体样本占比小，这是导致水体错分的主要原因。受制于Landsat影像分辨率的影响，部分宽度≤30 m的细小河流存在漏提的问题。

表2.11　混淆矩阵

项目	水体	其他	水体	其他	水体	其他	水体	其他	水体	其他	总数
年份	2013		2014		2015		2016		2017		
水体	180	20	175	25	176	24	170	30	177	23	200
其他	33	267	35	265	35	265	40	260	38	262	300
总数	213	287	210	290	211	289	210	290	215	285	500
年份	2018		2019		2020		2021		2022		
水体	179	21	170	30	183	17	178	22	179	21	200
其他	39	261	34	266	33	267	41	259	38	262	300
总数	218	282	204	296	216	284	219	281	217	283	500

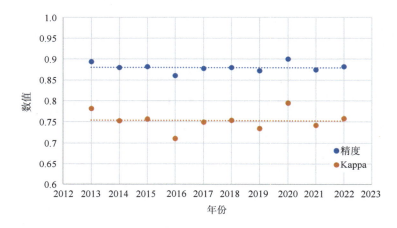

图2.26　历年精度和Kappa系数

2.4.4　应用可行性分析

1. 应用价值

蒙古高原是中国北方重要的生态屏障，也是亚洲乃至世界生态系统的重要组成部分，其水体的赋存状态和时空变化，对于延缓和阻止该地区及周边地区的荒漠化进程、改善生态乃至全球碳循环都有着重要的意义。湖泊、河流等地表水体是蒙古高原农业生产、畜牧业用水、工业制造的重要水源，在人们的生产生活中占有举足轻重的地位，对发展区域经济、维持生态系统平衡起到了不可或缺的作用。本数据集可为蒙古高原的水体时序、空间分布变化研究提供数据保障。通过对水体的时序变化趋势进行分析，可以确定年际水体面积的变化趋势。在空间上对水体进行认识和理解，有助于分析蒙古高原的水资源分配情况。

近年来，蒙古高原湖泊数量和面积急剧减少，草场退化严重。然而，畜牧业是蒙古国和我国内蒙古自治区的主要产业，草场的减少势必会影响畜牧业的发展。利用本数据集和气候环境要素，结合水汽输送等气候学分析方法，可量化畜牧业和水体变迁的关系。另一方面，畜牧业活动会增加水体中的污染物，如粪便、化学肥料和农药等，这些污染物会影响水质，过度放牧也会导致水体流量减少，影响水体的生态环境。利用本数据集和实测数据结合，可以针对不同河段的河流湖泊污染情况进行分析，为放牧模式提供建议。

此外，该数据集还可以用于研究蒙古高原的自然灾害，如洪水和干旱。通过分析数据集中水体的变化情况，可以确定蒙古高原的水灾和干旱的潜在风险区域，从而帮助决策者采取相应的应对措施。还可以分析水体的变化趋势，以预测未来的水资源情况，从而帮助应对自然灾害和气候变化。该数据集也可以结合栅格矢量转换、形态学分析等方法进行深入研究，例如研究河道变迁对农田作物的影响。在洪涝灾害方面，可以用于洪灾前后的对比，分析洪水的淹没面积。

综上，该数据集具有一定的应用价值，可应用于蒙古高原资源、环境、灾害等方面的研究。该数据集提供的基础和本底数据，可以帮助研究人员更好地理解蒙古高原的水文水资源格局与变化、水污染水环境、与水相关的防灾减灾等研究，从而促进蒙古高原的可持续发展。

2. 可推广性

GEE 是一个基于云计算的地球观测数据分析平台，整合了多源遥感数据和地理空间数据，提供了高效的数据存储、处理和分析能力。利用深度学习赋能 GEE 实现地表水体提取，其方法的先进性主要体现在以下几个方面。

(1) 提高地表水体提取的精度和效率。传统的地表水体提取方法，通常需要对大量的遥感数据进行处理，对于大规模的数据集，需要耗费大量的计算时间和人力成本。本研究的深度学习联合 GEE 的技术，可以凭借 GEE 的高性能计算能力和模型方法，对深度学习模型进行解析、转写和应用，能更快速、更准确地识别和提取水体信息。

(2) 实现水体的自动化和大范围提取。该方法从数据采集、样本获取、噪声纠正、模型训练再到模型部署，各环节人工参与度小，大大提升了水体的自动化提取能力。相较于传统方法要下载大量影像数据和繁重的预处理工作，本研究的方法可在线应用海量影像数据，可以将模型应用到大范围区域。

(3) 模型方法的可移植性。本研究基于 Keras 构建的 Pixel-based CNN 模型是以卷积神经网络为基础架构的模型。因此，可以替换代码 (https://github.com/CaryLee17/water_gee) 中的模型路径和相关参数，将其应用于其他以卷积神经网络为基础架构的模型中。再者，该方法也不局限于地表水体提取，可以为其他研究方向提供思路，实现大范围深度学习应用的部署。

该方法的原理可用于定性化的分类产品借鉴，如森林、裸地等土地覆盖类型的分类。在数据样本支持下，也可用于区域荒漠化、盐渍化的分级。该方法也可拓展到一些定量化的资源生态参量的反演工作，如李梦晗等 (2023) 利用本方法的原理，联合实测产草量数据和遥感影像数据，实现了蒙古国 2017～2021 年的产草量估算。该方法也有望延伸到雷达卫星的应用中，如构建基于雷达影像的地表水体提取模型，对灾前灾后水体空间分布进行叠置分析，实现洪水淹没区域提取。结合多源影像、社会数据，定量化评价洪水带来的环境、经济等方面的影响。

综上所述，本研究提出的方法可以将深度学习模型部署在GEE端，可快速实现大范围的遥感专题制图。该方法具有自动化、效率高、可移植等特点，可以为定性和定量产品的蒙古高原地表水数据产品生成提供借鉴。

2.5　本章小结

本研究针对传统方法难以大范围获取遥感影像中的水体分布问题，提出Pixel-based CNN地表水体提取模型，实现了谷歌地球引擎和深度学习模型间的协同调用，获得了蒙古高原近10年的水体空间分布数据产品，主要研究结论如下。

（1）提出基于卷积神经网络架构的Pixel-based CNN地表水体提取模型。构建兼顾考虑水体遥感影像纹理特征和影像像元光谱信息的Pixel-based CNN地表水体提取模型，并与NDWI、MNDWI、U-net、Pixel-based DNN模型进行对比。以ROI为标签的Pixel-based CNN方法是一种有效的地表水体提取技术，其不论是在训练速度、训练以及验证的精度、模型的适用性方面都优于其他方法。该方法也有着参数量小、易于训练的优点，能够在少量ROI样本中快速迭代，训练精度达99.90%，试验区影像总体验证精度为92.07%。

（2）提出本地深度学习训练联合GEE平台云端部署的大范围地表水体提取方法。本研究提出人工智能与大数据融合的自动化地表水体提取方法，并以贝加尔湖流域为例，提取并分析了流域范围内2013～2021年的年际地表水的分布变化。结合本地训练和大数据平台的实时预测，通过自动化解析本地模型权重，将该权重和模型赋值转写给GEE，实现了深度学习模型在GEE平台的自动化部署，解决了GEE难以应用深度学习算法的问题。时间效率上，大大提升了水体产品获取的效率，将传统本地深度学习需要半个多月才能完成的任务缩小到1～2小时。本研究将GEE平台的适用范围从传统机器学习领域延伸到深度学习领域，有助于促进大尺度地表水体提取的应用。

（3）高效完成蒙古高原2013～2022年逐年生长季地表水分布数据集构建。利用Pixel-based CNN模型和深度学习在线部署方法快速、自动化地获取了蒙古高原水体分布数据，完成蒙古高原范围2013～2022年逐年生长季地表水数据集产品，计算效率和数据精度均较高。经过验证，10年分类精度均保持在86%以上，总体验证精度为88.0%，10年平均Kappa系数为0.75。该数据集采用的模型方法可以自动化、高效地在云端进行水体制图，为干旱半干旱地区大范围、长时序、高效率的水体的自动化处理提供了可能，也可将其拓展到其他大范围区域的定性、定量化产品生成。

第3章 基于机器学习的蒙古高原产草量反演估算

草地作为陆地生态系统中的重要组成部分，在维护生物多样性、调节气候、维护土壤质量等方面发挥着不可替代的作用（张艳珍，2017；周锡饮，2014）。草地作为面积最大的地球陆地资源，覆盖了全球陆地面积近25%。草原作为草地的主要类型，每年吸收二氧化碳碳吸收量为0.5 Pg，占全球陆地生态系统吸收量的四分之一（刘黎明等，2002）。同时，草原具有保持水土、涵养水源、防风固沙等多种生态功能，在全球生态环境中有举足轻重的地位（李月，2021；钟毅，2023）。在经济效益方面，草原作为可再生资源，一直是农业资源的重要组成部分，更是畜牧业发展乃至牧民生存的物质基础。

蒙古高原作为世界上最大的温带草原和目前保存最完整的草原之一，拥有近150万 km^2 的草地面积，包括草原、草甸、草丛等多种草地类型，因此一直是草地研究的重点区域（刘帅等，2009；邵亚婷等，2021）。蒙古高原整体海拔较高，降水量较少而蒸发量大，生态系统结构简单且较为脆弱（Li et al.，2023）。近年来，全球变暖导致的气候环境变化、牧民过度放牧，加之自然资源开采后生态修复不够完善，导致蒙古高原近70%的面积受到不同程度的影响，还有近10%区域发生荒漠化现象（毕哲睿，2020；郭晓萌，2023；Li et al.，2023）。长期以来，蒙古高原畜牧业仍是传统的游牧方式为主，牧民根据季节变化迁徙，寻找适合放牧的区域。受人类活动影响，许多以草地为主要自然资源的区域出现了严重的退化现象，造成草地生产力下降，毒杂草泛滥，严重威胁到生态环境的安全和经济资源的供给（任晋媛，2023；Zhang et al.，2022）。

蒙古高原主要可分为蒙古国和中国内蒙古自治区。其中中国蒙古高原作为我国北方重要的生态屏障，拥有草地8 800万 hm^2，占我国草地总面积20%，也是我国重要的畜牧业养殖基地（秦福莹，2019）。早在20世纪70年代前，中国蒙古草原承载力仍未饱和，直至80年代后新中国人口激增带来了巨大的牛羊肉等畜牧业产品需求，导致畜牧量激增，草地超载现象愈发严重，生态环境持续恶化。蒙古国作为以畜牧业和矿业为支柱产业的国家，其经济发展长期依赖于畜牧种群数量增长和矿产资源开发，会对生态环境造成巨大破坏（温都日娜，2018）。

草原产草量作为衡量草地生产力的重要指标，不仅用于评估草地生态系统的稳定性与可持续性，而且能够为畜牧业的精准调控、草畜平衡的科学管理提供决策支持（张惠婷，2023；王佳新，2021；Jiang，2013）。蒙古高原幅员辽阔，地物类型丰富，直接采取现场测量产草量的方法需消耗大量的人力物力。结合多类型、广面域、长时序的卫星影像数据，构建卫星影像获得的地物光谱反射率和产草量线性转换模型（刘伟东等，2000；王纪华等，2001），并间接估算蒙古高原的产草量成为研究热点问题（Siebke et al.，2009）。快速、准确地构建长时序的蒙古高原地物类型统计和产草量遥感时序估算模型（王明玖和马长升，1994；徐希孺等，1985），并结合畜牧数据对蒙古高原的草畜平衡状况作出合理评价（金云翔等，2011），是蒙古高原畜牧业可持续发展和草地资源精准管理所面临的紧迫需求，研究意义重大。

本研究以蒙古高原区域产草量为研究对象，利用陆地资源遥感卫星影像数据、气象监测卫星遥感影像数据、地面实测数据等多源数据，基于遥感反演技术和卷积神经网络方法，构建长时序、广面域、高精度的产草量估算模型，获取2000～2022年逐年蒙古高原产草量估算产品，结合蒙古高原畜牧数据对草畜平衡状况进行评价，为蒙古高原畜牧业的可持续发展和草地资源管理提供决策支持。主要研究内容包括以下三方面。

（1）蒙古高原地物类型数据集制备。基于动态样本迁移算法与随机森林算法，选取陆地资源遥感影像为数据源，结合蒙古高原多种土地覆盖数据集制作训练样本，对蒙古高原2000～2020年土地覆盖进行分类，分析近20年地物类型流转状况。

（2）蒙古高原草地产草量遥感产品反演。将陆地资源遥感卫星影像数据、气象监测卫星遥感影像数据、地面实测数据等多源遥感数据与实测土地覆盖数据结合，对比多种机器学习算法，对蒙古高原草地产草量时空格局变化进行分析，并利用Mann-Kendall等多种分析法对其草地影响机制进行探究。

（3）耦合蒙古高原产草量和畜牧数据的草畜平衡动态评价。基于蒙古高原产草量和畜牧统计年鉴数据，结合草地承载状况指数为评价指标，选择典型草地覆盖区域，构建蒙古高原2018～2022年近5年间草地承载状评价模型，并对区域内畜牧业发展提供建议。

3.1 研究区概况与数据源

3.1.1 研究区概况

蒙古高原位于亚洲中北部，东接大兴安岭，西至阿尔泰山，北自萨彦岭、雅布洛诺夫山脉，南至阴山山脉。在本研究中，选择包括蒙古全境21个省份、中国内蒙古自治区和俄罗斯图瓦共和国部分地区的区域作为蒙古高原研究区（如图1.2所示）。研究区总面积约301万km²，位于北纬37°～53°、东经84°～126°之间。

3.1.2 数 据 源

1. 遥感数据

研究选取的遥感卫星影像为Landsat 8，选取其中的可见光6个波段，空间分辨率为30 m的数据参数，如表3.1所示。通过筛选获取研究区内云量小于10%的数据，并使用CFMASK掩膜算法消除了影像中的云、水汽和阴影等无关因素的干扰。由于

Landsat 8卫星发射于2013年，缺少2000年和2010年数据，因此选择当年的Landsat 5对应波段数据替代。

表3.1　遥感影像波段

传感器	光谱带	波长/μm	分辨率/m	时间（年.月.日）
OLI	Band2	0.450～0.515	30	2020.5.1～2022.10.31
	Band3	0.525～0.600		
	Band4	0.630～0.680		
	Band5	0.845～0.885		
	Band6	1.560～1.660		
	Band7	2.100～2.300		

　　归一化植被指数、增强型植被指数数据均来自谷歌地球引擎（GEE）提供的MOD13Q1数据集，时间分辨率为16天。采用最大值合成法生成自2000年以来的蒙古高原的夏季（6～8月）NDVI、EVI数据，该方法可以削弱云和气溶胶等大气噪声引起的数据突降（刘铮，2021）。土壤调节植被指数（soil adjusted vegetation index，SAVI）由GEE平台提供的MOD09A1数据集经波段计算获得，时间分辨率8天。地表温度（land surface temperature，LST）数据来自GEE平台提供的MOD11A2数据集，时间分辨率8天，经过数据处理后生成蒙古高原夏季日平均地表温度数据（单位：℃）。降水数据来自NOAA（https://www.ncei.noaa.gov/）提供的PERSIANN-CDR数据集，空间和时间分辨率分别为0.25º和1天，经处理后获得蒙古高原夏季降水总和数据。该数据集是利用GridSat-B1红外卫星数据的PERSIANN算法，基于神经网络算法提取，数据精度高，在干旱区有良好的应用基础。所有的遥感数据处理均在GEE中完成，所有栅格数据投影均采用WGS84投影。产草量反演所用遥感数据见表3.2。

表3.2　产草量反演所用遥感数据

名称	空间分辨率/m	时间分辨率/天	数据来源
NDVI	500	16	MOD13Q1
EVI	500	16	MOD13Q1
SAVI	500	8	MOD09A1 Band Calculate
LST	1 000	8	MOD11A2
Precipitation	0.25°	1	PERSIANN-CDR

2. 土地覆盖数据

　　研究使用的土地覆盖参考数据有以下三个来源：ESRI2020、ESA_WorldCover以及Dynamic World。这些数据用于蒙古高原2020年土地覆盖训练样本点提取。ESRI2020是ESRI公司利用哨兵2号卫星影像，基于深度学习模型制作的全球土地覆盖产品，空间分辨率10 m。该产品从全球2万多个地点取样进行精度验证，总体精度达到85%。

ESA_WorldCover 是欧洲空间局联合多家科研机构根据哨兵 1 号和哨兵 2 号影像制作的全球 10 m 土地覆盖产品，将地物分为 11 类，总体精度为 74.4%。Dynamic World 是谷歌利用 GEE 和人工智能平台技术制作的近实时 10 m 土地覆盖数据集。该数据集结果并非各地物类型，而是像素属于各地类的概率；本研究选用的是 Dynamic World 在蒙古高原夏季 6～8 月份土地覆盖数据。

3. 实测产草量样方数据

研究采用的产草量样方数据由中国科学院地理科学与资源研究所王卷乐课题组于 2006 年、2013 年、2018 年、2019 年和 2020 年的植被生长季（6～8 月）采集。在植被类型均一的 50 m×50 m 样地内，随机选取 3 个 0.5 m×0.5 m 的样方，将 3 个样方内的鲜重数据均值作为该样地的实测产草量。样方在实验室环境下测定其鲜重，选取的样地尽可能代表该区域的植被生长状况。经数据筛选处理，共获得 327 个产草量样点数据。将采样点坐标信息导入 ArcGIS，生成采样点矢量文件。

4. 畜牧数据

研究采用的蒙古国畜牧业数据来自蒙古国统计信息处发布的统计数据（https://1212.mn/mn），内蒙古畜牧数据来自内蒙古统计局（http://tj.nmg.gov.cn/）发布的内蒙古统计年鉴数据。

3.2　蒙古高原土地覆盖分类与时空变化分析

蒙古高原土地覆盖包括森林、草地、水体、裸地、冰川等多种类型。现有蒙古高原的地表覆盖类型遥感产品都是从已发布的全球范围产品中截取，在区域尺度上精确完成蒙古高原土地覆盖的分类产品较为稀缺，尤其是缺少长时序的土地覆盖分类产品及其地物类型流转分析。本章研究主要基于陆地资源卫星影像数据，构建动态样本迁移的蒙古高原土地覆盖物分类样本和模型，合理化分析地物分类的精度后，并时序分析 20 年间地表覆盖类型转移过程。

3.2.1　土地覆盖分类思路

蒙古高原土地覆盖分类主要包括以下几个技术流程（图 3.1）：首先，基于 GEE 云计算平台筛选时间和云量适宜的蒙古高原遥感影像，基于 QA 波段和 CFMASK 掩膜算法对数据预处理，并计算训练的特征波段；其次，将多个土地覆盖参考数据叠置构建模型训练样本，并进行光谱相似性计算获取其他年份训练样本，训练获得土地覆盖分类模型；最后，将模型上传 GEE 云平台解析，获得蒙古高原近 20 年土地覆盖分类结果。

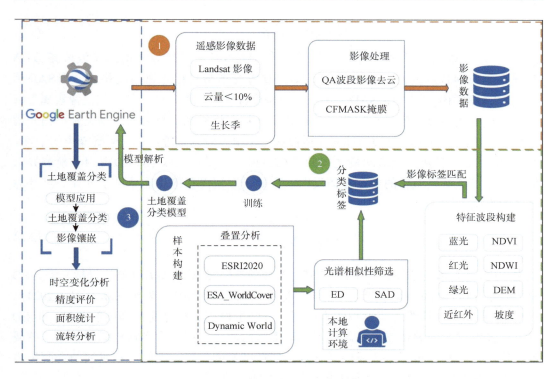

图3.1　土地覆盖分类技术路线

3.2.2　动态样本迁移算法

样本迁移本质是在数据源领域中找到与目标领域相似的数据，并把数据扩张数倍，与目标领域的数据进行匹配，目的是通过迁移源领域的知识来更好地适应目标领域的特征。样本迁移学习主要是用于解决标签数据相对较少或不存在的情况，通过对模型进行微调或其他适应性策略，使模型适应目标领域特征，从而使其在目标领域上更好地泛化和适应。

由于高质量训练样本是土地覆盖制图的基础，而实地收集训练样本难度较大，本研究采用一种样本迁移算法对获取的2020年样本点进行迁移（Huang et al.，2020）。选用光谱角距离（spectral angle distance，SAD）与欧几里得距离（Euclidean distance，ED）测量目标年份与参考年份之间的光谱差异，这两个数据都被证实是光谱相似性检测的最佳方法。其中SAD是通过计算两个光谱之间的夹角度量光谱相似性，夹角越小，表示两个光谱越相似（Lü et al.，2013）。其计算公式如下：

$$\theta = \cos^{-1} \frac{\sum_{i=1}^{N} A_{i(t_1)} B_{i(t_2)}}{\sqrt{\sum_{i=1}^{N} (A_{i(t_1)})^2 \sum_{i=1}^{N} (B_{i(t_2)})^2}} \tag{3.1}$$

$$SAD = \cos\theta \tag{3.2}$$

式中，θ是光谱角；A是在t_1时刻的参照光谱；B是t_2时刻的目标光谱；i是波段指数；N是频带数。SAD范围处于0到1之间，如果参考光谱与目标光谱角度相同，则SAD值为1。在遥感图像分类中，SAD常用于计算每个像素的光谱角度，从而判定像素属于哪一类。对于地物分类任务，SAD可以帮助识别具有相似光谱特征的地物类别。当光谱曲线存在较大噪声时，SAD可能对光谱曲线的平滑性较为敏感，容易受到噪声的干扰。

ED则是计算两个光谱向量之间的直线距离。在遥感领域中，ED可用于检测异常值，例如在监测环境中的异常光谱反射，有助于发现潜在的生态或环境变化。其计算公式如下：

$$ED = \sqrt{\sum_{i=1}^{N}\left(A_{i(t_1)} - B_{i(t_2)}\right)} \tag{3.3}$$

式中，ED是光谱间的欧氏距离；A是在t_1时刻的参照光谱；B是t_2时刻的目标光谱。ED范围处于0到1之间，如果参考光谱与目标光谱相同，则ED值为0（Sun et al.，2021）。ED对于光谱波形的绝对值大小较为敏感，有助于检测到整体光谱强度的差异。但ED只考虑光谱向量的整体差异，忽略了光谱形状的变化。在光谱形状相似但存在平移或缩放情况下，欧几里得距离可能会导致相似性度量的误判。因此，本研究结合两种方法对光谱相似性评价（其中迁移后样点如图3.2所示）。

图3.2 动态迁移样点示意图

3.2.3 动态样本迁移模型训练样本集制作

将已经下载的ESRI2020、ESA_WorldCover以及Dynamic World土地覆盖数据，借助GEE平台及ArcGIS软件进行裁剪、重投影等预处理，获得多个2020年研究区土地覆盖参考数据。

　　首先确认研究区所需的土地覆盖类型分类体系。本研究主要是对研究区内草地生产状况进行分析，结合研究区内实际用地情况及遥感影像分辨率，构建适用于蒙古高原特征的土地覆盖分类体系，将研究区内土地覆盖分为林地、草地、农田、建成区、裸地、冰雪以及水体7类。然后，将ESRI2020、ESA_WorldCover以及Dynamic World土地覆盖数据合理转化为蒙古高原特征明显的土地覆盖分类。结合裁剪、重分类等操作，完成蒙古高原内对应的分类体系进行转化，其中每个土地覆盖产品分类系统的转化对应关系如表3.3。

表3.3　分类体系转化表

对应编号	土地覆盖类型	ESA	ESRI	Dynamic World
1	森林	10	2	1
2	草地	20、30	11	2、5
4	农田	40	5	4
5	建成区	50	7	6
6	裸地	60	8	7
7	冰雪	70	9	8
8	水体	80	1	0

　　土地覆盖产品分类系统的转化对应关系建立后，结合以下步骤，详细介绍训练样本集的建立过程。

　　(1) 获取样本重合区域。对上述分类体系转换后的ESRI2020、ESA_WorldCover以及Dynamic World土地覆盖数据产品进行空间叠加分析，获得空间分辨率为10 m的土地覆盖叠加产品；并利用重分类方法，提取出土地覆盖叠加数据中高质量样本区，即三种土地覆盖数据产品分类一致的区域。该区域被多个产品分类相同，置信度较高，因此将该区域作为训练样本点的提取区域。

　　(2) 获取训练样本。将筛选后的土地覆盖叠加区域转化按类别转化为矢量数据，并根据每种类别的矢量面积大小占重叠区域总面积大小的比例创建随机样点，共计创建样点35 000个。之后将各样本点的地类信息作为属性添加至样本点文件中，用作土地覆盖训练样本。

　　(3) 2020年土地覆盖制备。将选取的训练样本数据上传至GEE平台，并将2020年5月1日至2020年10月31日的Landsat 8影像作为数据源，并利用QA波段对影像进行去云处理。将Landsat 8的6个可见光波段作为分类特征，并加入了NDVI、NDWI (normalized difference water index)、DEM (digital elevation model)、坡度等其他特征，以提高分类精度。最终应用随机森林模型将80%的训练样本用作训练集，20%的样点用作验证集。

　　(4) 2000年与2010年土地覆盖制备。将训练样本点进行迁移学习，将样本点2010年与2000年的Landsat 5影像波段与2020年Landsat 8相对应的波段进行光谱相似性比较，选择光谱相似性大于90%的样点作为该年份的训练样本，其中2010年训练样本28 000多个，2000年训练样本23 000多个。

3.2.4　蒙古高原土地覆盖类型分类结果

　　根据构建的动态样本迁移算法,完成对蒙古高原2000～2020年土地覆盖分类,结果如图3.3所示。2000～2020年蒙古高原最大面积的土地覆盖类型一直是草地,广泛地分布在蒙古国北部与中国内蒙古中部区域。

　　裸地主要分布在蒙古国的南部地区,该地区主要以戈壁和荒漠为主;从图3.3中可以分析出,裸地从2000年开始就一直向北扩张,目前逐渐向蒙古国色楞格河流域逼近。

　　森林作为蒙古高原第三大土地覆盖类型,近20年来覆盖面积一直在增长,主要分布在图瓦共和国以及中国内蒙古北部。中国内蒙古从2008年开始实施退耕还林政策,其呼伦贝尔市不仅是森林主要覆盖区,也是森林增长最多的区域(Wu et al.,2023)。

　　农田则一直分布在内蒙古西南部和东南部两部分,主要原因在于内蒙古主要河流水系流经该区域,其中黄河水系遍布呼和浩特市为主的西南部农田,而西辽河水系流经通辽市为主的东南部农田,为农业发展提供了重要基础。

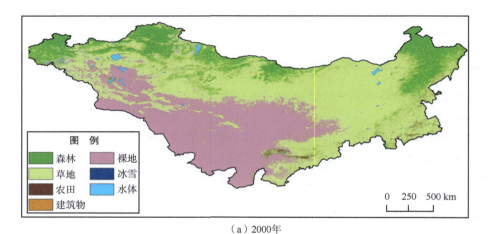

（a）2000年

（b）2010年

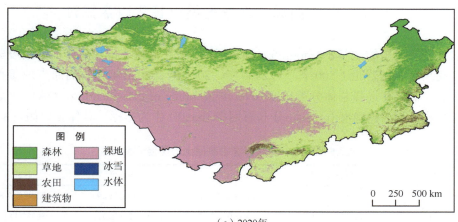

（c）2020年

图3.3　2000年、2010年、2020年蒙古高原土地覆盖分类结果

　　冰雪与建成区作为蒙古高原极少的地物类型，其分布极其稳定，其中建成区主要分布在研究内的主要大城市，如乌兰巴托市、呼和浩特市等；而冰雪则分布在蒙古国西部的山脉之上与河谷之间，常年不变，但从面积上来看，还是在逐年减少（Zhao et al.，2013）。水体也基本常年不变，如库苏古尔湖、乌布苏湖以及呼伦湖等，但2020年水体面积激增，其主要原因可能与高山冰雪融水有关（Wang et al.，2012）。

　　2000～2020年蒙古高原土地覆盖各类地物的面积统计见表3.4。根据分类结果，完成对土地覆盖类型数据产品中不同地物的像元数量统计，并转换到实际土地面积。2000年与2010年草地面积一直占蒙古高原总面积一半以上，但2020年草地占比骤减至47.09%，这与蒙古高原近10年来的土地退化和过度放牧不无关系。裸地作为面积第二大的土地类型，常年占比在30%以上，在2020年时面积最大达到1.04×10^8 hm^2，占比也达到了34.61%。森林作为蒙古高原第三大土地覆盖类型，近20年来覆盖面积一直在增长。而农田在20年间面积增长了近45%，也主要存在于西辽河流域附近。以上四种地物类型占了蒙古高原近98%的土地面积，是蒙古高原主要的地物种类。

表3.4　2000～2020年蒙古高原各地物面积表　　　　（单位：hm^2）

土地覆盖数据	2000年	2010年	2020年
森林	40 204 688.2	42 904 445.4	45 170 003.3
草地	154 299 830.1	152 895 262.3	142 047 555.7
农田	4 824 055	4 011 633.4	6 967 854.9
建成区	1 142.5	1 089.5	1 452.3
裸地	99 414 126.7	99 131 613.5	104 406 275.3
冰雪	273 872.3	225 665.7	148 784.9
水体	2 609 629.3	2 457 634.2	2 885 417.7

3.2.5　蒙古高原土地覆盖类型转化因素探讨

本章模型使用的是基于Google Earth Pro当年实时影像经目视解译后的精度验证样点，每期精度验证点近1 500个，对2000年、2010年及2020年蒙古高原土地覆盖分类进行精度评价，并选择总体分类精度（overall accuracy of classification，OA）、Kappa系数以及草地分类的精确度（precision）与召回率（recall）作为指标，具体参数如表3.5。

表3.5　2000～2020年蒙古高原土地覆盖分类精度

年份	总体分类精度	Kappa系数	精确度	召回率
2000	0.919 375 398	0.858 347 925	0.971 828 09	0.898 512 878
2010	0.923 100 969	0.864 076 227	0.972 183 31	0.885 153 86
2020	0.938 803 06	0.901 656 853	0.932 391 094	0.910 648 816

其中，各年土地覆盖数据OA均高于0.9，Kappa系数均大于0.8，表明数据整体分类精度高，与蒙古高原的实际地物类别几乎完全一致；而草地的精确度较高，召回率也达到0.85以上，说明该模型能够准确地提取蒙古高原的草地范围。

对蒙古高原各年土地覆盖类型进行栅格计算，获取蒙古高原从2000年至2020年各个像元上地物类型情况，对各地物类型变化像元数进行统计，获得蒙古高原20年间土地覆盖变化统计数据。整理计算得到蒙古高原土地覆盖面积转移矩阵，能够准确得到不同地物类型的转移方向及情况，同时还能精确获取土地覆盖流动面积与流转速率等信息。蒙古高原土地覆盖转移矩阵如表3.6与表3.7所示。

表3.6　2000年至2010年蒙古高原土地覆盖转移矩阵　　　（单位：hm²）

2000/2010	森林	草地	农田	建成区	裸地	冰雪	水体
森林	34 197 753.2	3 215 193.8	84 487.4	11.5	5 294.7	202.9	33 127.9
草地	5 487 509.7	135 422 749	2 569 161.8	541.7	8 811 942.4	17 877.5	72 363.7
农田	354 944.4	3 142 690.9	1 451 085.8	12.9	209 86.1	21.1	5 377
建成区	14.13	475	155.73	63.61	470.2	0.17	1.03
裸地	26 774.4	9 234 472.5	58 298.7	460	945 29 732	16 330.6	105 701.2
冰雪	709.3	54 532	7.2	0	25 510.2	181 618.4	2 728.2
水体	36 897.2	214 907.9	6 400.2	16.9	98 160	4 856.2	2 134 716.8

表3.7　2010年至2020年蒙古高原土地覆盖转移矩阵　　　（单位：hm²）

2010/2020	森林	草地	农田	建成区	裸地	冰雪	水体
森林	35 913 317.4	3 687 146.6	40 680.6	105.1	19 002	549.6	77 651.2
草地	6 094 761.3	127 527 388	4 795 332.2	872.2	12 444 674.2	60 340.4	361 537
农田	273 914.1	1 940 700.9	1 907 254	54.5	37 595.8	24.7	10 052.9
建成区	22.86	600.84	9.76	1.71	455.56	0.34	15.41

续表

2010/2020	森林	草地	农田	建成区	裸地	冰雪	水体
裸地	16 846.8	7 011 264.2	511 808.8	426.8	96 196 838.9	37 986	177 551.7
冰雪	644.7	97 436.6	3.3	0	48 470.5	41 020.8	333 31.6
水体	45 651.8	96 392.9	2 585.2	1.3	87 135.1	4 920.3	2 117 329

2000年至2010年间，蒙古高原发生面积最大的土地流转是裸地向草地的转移，该土地转移主要发生在蒙古国的西部，包括乌布苏、扎布汗、戈壁阿尔泰等省份；而草地退化则主要发生在蒙古高原中部地区，包括蒙古国中戈壁、东戈壁省，以及内蒙古巴彦淖尔市和锡林郭勒盟，其主要原因可能跟这些区域草地火灾频发有关（永梅等，2023）。森林面积的增加是草地与农田向其转化的结果，其中在蒙古色楞格河流域与库苏古尔水系大面积草地转变为森林；而内蒙古呼伦贝尔市与赤峰市大面积农田转变为森林，其驱动因素主要是人为影响，与内蒙古自治区2008年实行的退耕还林的政策密不可分。农田作为主要存在于内蒙古自治区的土地覆盖类型，虽然整体面积减少，但内蒙古西辽河流域农田面积显著增加，大面积草地向农田转化，可能与该流域水资源丰富、有利于农田灌溉有关（Sankey et al.，2018）。

整体而言，2000～2010年间，蒙古高原各土地覆盖面积虽然变化不大，但仍发生了较大面积的土地流转状况。其间仅有森林一类的覆盖面积增加，其他地物面积均减少，而冰雪与水体面积一同减少，表明蒙古高原10年间水资源流失较为严重。草地与裸地相互转化，两者面积基本变化不大，裸地则开始向北部扩张。分区域来说，蒙古国整体环境稍有恶化，草地退化现象初显；而中国内蒙古自治区植被生态略有改善（Siqin et al.，2018）。

从2010～2020年间，蒙古高原草地面积大幅减少，相较于2010年草地面积减少7%，其中最主要的原因是草地与裸地之间的流转平衡被打破，大面积草地向裸地转变，甚至超过草地减少面积本身，说明在此期间蒙古高原草地退化现象极其严重。而裸地向草地转化的面积仅占其反向转化的56%，这也导致了裸地面积整体上涨5%；该区域主要集中在蒙古国前杭爱、中戈壁、戈壁阿尔泰与巴彦洪戈尔等省份（田悦欣，2021）。由于温室效应导致的气温增加，蒙古高原冰雪大面积融化，转化为草地、裸地以及水体。同时，蒙古高原水体的增加也使得大量干涸的河道湖泊重新焕发，大面积裸地向水体转化。而建成区则向草地进行转移，其原因可能在于蒙古国西部的人口向中部以乌兰巴托为主的城市迁移，导致西部部分建成区逐渐荒废，进而转化为草地（厉静文等，2021）。

总体而言，2010～2020年间，蒙古高原主要以草地退化和冰山融雪为主要趋势，其中草地退化直接引起了裸地面积激增和草地面积骤减。冰山融雪引起冰雪减少和水体增多，同时水体的增多使得农田灌溉更加便利，农田面积同时骤增，且主要分布在内蒙古通辽市与赤峰市。裸地向北扩张趋势更加明显，而森林面积整体仍保持增长。分区域来说，蒙古国生态环境恶化逐渐严重，而内蒙古生态环境逐渐改善，退耕还林政策取得了重大成效（张文静，2019）。

　　为更加直观地展现2000～2020年这20年间土地覆盖类型转换，并分析其内在因素，制作土地转移桑基图如图3.4所示。草地是蒙古高原土地流转最剧烈的地表类型，大量草地转化为森林与裸地，使得研究区内畜牧条件愈发严峻。而森林与农田面积的增加一方面得益于冰山融雪导致的水资源增多；另一方面也离不开人类活动的影响，两者增加的区域均主要集中于内蒙古水域附近。裸地作为该地区第二大地物类别，近10年的激增反映了区域内生态环境恶化现象。建成区虽总体面积最小，但流转速度最快，其原因主要是蒙古高原城市稀少，且蒙古国西部城市人口迁移导致的城市荒废。冰雪与水体的相互转化过程中，近10年内水体向冰雪转化速率明显低于冰雪消融速度，而10年前两者速度近乎相同，表明近10年内气候变暖等因素使得冰雪消融愈发明显。

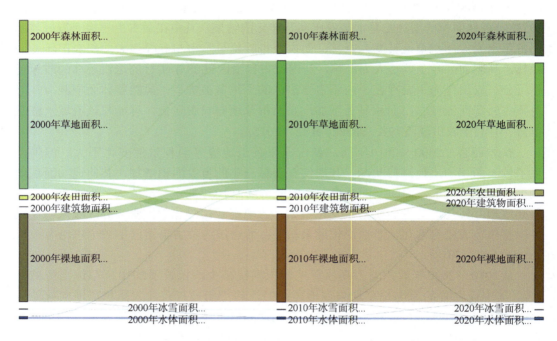

图3.4　2000～2020年蒙古高原土地转移桑基图

3.3　蒙古高原近20年产草量估算与分析

　　产草量作为草地生产力的重要评价指标之一，不仅是了解草地生态系统对气候变化的响应的重要依据，更是草地生态维持和发展的物质基础。蒙古高原幅员辽阔，地物类型丰富，直接采取现场测量产草量的方法需消耗大量的人力物力。结合多类型、广面域、长时序的卫星影像数据，构建卫星影像获得的地物光谱反射率和产草量线性转换模型，并间接统计蒙古高原的产草量成为解决问题的有效方法。将陆地资源遥感卫星影像数据、气象监测卫星遥感影像数据、地面实测数据等多源遥感数据融合，并结合长时序统计的蒙古高原2000～2020年土地覆盖分类数据产品，对多元线性回归、随机森林、K近邻和人工神经网络等四种机器学习算法，对蒙古高原草地产草量时空格局变化进行分析，并利用Mann-Kendall等多种分析法对蒙古高原草地影响机制进行探究。

3.3.1　产草量估算模型构建思路

1. 模型构建思路

产草量估算模型主要包括以下技术步骤：遥感图像获取、训练数据集生成、模型训练、预测和评估，实验流程如图3.5所示。首先，基于数据源获得所需的遥感图像，实测土地等数据，结合上章制作的蒙古高原土地覆盖数据提取蒙古高原草地范围，并使用GEE平台进行预处理，生成所需的训练数据集。对比了四种模型，分别是多元线性回归、随机森林、K近邻和人工神经网络，并选择表现最佳的草本产量估算模型，将其应用于草本产量的估算。

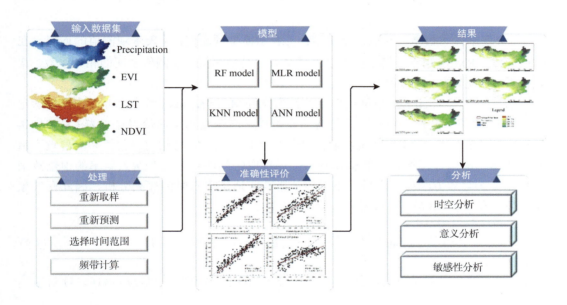

图3.5　产草量估算分析流程图

本研究采用的深度学习框架是TensorFlow（GPU版本），模型优化器选择为RMSprop，并将初始学习率设置为0.001。在人工神经网络（ANN）模型中，神经元数量和隐藏层是最重要的参数，经过多次测试，确定为18个神经元和3个隐藏层（Vawda et al.，2024）。从输入层到输出层的神经元数量分别为（3，8，4，2，1）。网络的每一层选择普通的RELU函数作为激活函数，并对输入变量进行了标准化处理。梯度下降算法被选为网络的优化算法。此外，为了避免过拟合，训练将在模型拟合达到最佳状态时停止。由于训练人工神经网络模型需要大量样本，本研究采用了K折交叉验证（K=10）方法解决数据量不足和参数调整的问题。在K折交叉验证中，将数据集分成k份，每次选取一份作为验证集，剩余k–1份作为训练集，重复进行10次交叉验证过程，每次都将一份数据集作为验证/测试数据仅使用一次。

2. 模型方法介绍

为验证不同遥感模型对草地产草量估算的准确性，本节采用均方根误差（root mean square error，RMSE）和相关系数（coefficient of determination，R^2）来衡量模型的准确性。计算公式如下：

$$RMSE = \sqrt{\frac{\sum_{i=1}^{n}(y_i - f_i)^2}{n}} \tag{3.4}$$

$$R^2 = 1 - \frac{\sum_i (y_i - f_i)^2}{\sum_i (y_i - \hat{y})^2} \tag{3.5}$$

式中，n 表示样本数量；y_i 表示观测值；f_i 表示模型预测值；$\hat{y}$ 表示观测值的均值。在本研究中，RMSE越小，模型的准确性越高。R^2 是预测值与观测值之间的相关系数，R^2 越接近1，模型的准确性越高。

研究采用了 Theil-Sen 中位数斜率估计方法和 Mann-Kendall 趋势分析方法，以确定过去22年间蒙古高原草地产草量趋势的显著性。产草量趋势评价表详见表3.8。Theil-Sen中位数方法是一种健壮的非参数统计趋势计算方法，该方法对异常值和离群点不敏感，能够更准确地捕捉数据的整体趋势，通过取时间序列中任意两点斜率的中位数来拟合趋势。且该方法计算高效，不受极值影响，适用于长时间序列分析，因此在气象学、环境科学等领域被广泛应用。其公式如下：

$$\beta = \text{median}\left(\frac{x_j - x_k}{j - k}\right), \ j = 1, 2, \cdots n; \ k = 1, 2, \cdots, j-1 \tag{3.6}$$

式中，β 为时间序列两点间的斜率；x_j 和 x_k 分别为时间序列中时间点 j 和 $k(j > k)$ 对应的数据值。

Mann-Kendall 趋势分析方法是一种用于检验时间序列数据中趋势的非参数统计方法。该方法适用于各种类型的时间序列数据，包括不满足正态分布假设的情况。Mann-Kendall方法的主要优点之一是它对数据中的缺失值和异常值不敏感，因此在实际应用中具有很强的鲁棒性。该方法的基本思想是比较时间序列数据中相邻观测值的大小关系，并计算出一种称为"符号"的统计量，用以衡量数据中的趋势性。通过对这些符号的累积求和，可以得到一个检验统计量，该统计量的显著性水平可以用来判断时间序列数据中是否存在趋势。对于时间序列数据 $X_i = x_1$，x_2 其检验统计量 S 如下：

$$S = \sum_{i=1}^{n-1}\sum_{j=i+1}^{n} \text{sgn}(x_i - x_j), \ \text{sgn}(x_i - x_j) = \begin{cases} +1 & x_i - x_j > 0 \\ 0 & , \ x_i - x_j = 0 \\ -1 & x_i - x_j < 0 \end{cases} \tag{3.7}$$

当 $n > 10$ 时，检验统计量 S 的方差如下：

$$\mathrm{Var}(S) = \frac{n(n-1)(2n+5)}{18} \tag{3.8}$$

$$Z = \begin{cases} \dfrac{S}{\sqrt{\mathrm{Var}(S)}} & (S > 0) \\ 0 & (S = 0) \\ \dfrac{S+1}{\sqrt{\mathrm{Var}(S)}} & (S < 0) \end{cases} \tag{3.9}$$

式中，n 表示序列中数据点的个数；x_i 和 x_j 分别为时间序列中时间点 i 和 $j(j > i)$ 对应的数据值。

表3.8　产草量趋势评价表

β	$|Z|$	趋势
$\beta > 0$	$|Z| > 1.96$	显著增长
$\beta > 0$	$|Z| < 1.96$	增长
$\beta < 0$	$|Z| > 1.96$	显著减少
$\beta < 0$	$|Z| < 1.96$	减少

3.3.2　模型精度验证

1. 植被指数模型对比

建立单变量模型的目的是选择最有效的植被指数，用于草地产草量反演（即从遥感数据中获取地面草量信息），并优化模型的性能。所有模型使用的样本点数量为327个。在蒙古高原地区，产草量与植被指数之间存在显著正相关性，表明可以使用单一植被指数监测该区域的草产量。然而，草产量与植被指数之间的拟合关系也会极大地影响模型的估算精度，其中线性回归模型的拟合精度明显低于其他三种非线性模型。尽管如此，线性回归模型能够更直观地反映植被指数与草产量之间的相关性。同样地，不同的植被指数在不同地区对草地生产的影响也不同。NDVI 与草产量的相关系数最高，表明在蒙古高原地区，NDVI 能更好地反映草产量的变化。这也反映出，NDVI 幂函数模型在蒙古高原是一种监测草产量的简单有效方法，因此后续选取 NDVI 作为四种模型输入的植被指数。

表3.9　植被指数与产草量拟合模型

指数	模型	公式	R^2	RMSE
NDVI	线性	$y = 0.0012x + 0.4739$	0.3279	108.72
	指数	$y = 0.3568e^{0.0021x}$	0.3847	94.68
	幂函数	$y = 0.1287x^{0.3159}$	0.4159	84.53
	对数	$y = 0.1094\ln x + 0.1357$	0.4037	90.62

续表

指数	模型	公式	R^2	RMSE
EVI	线性	$y = 0.0009x + 0.5123$	0.2877	126.93
	指数	$y = 0.3075e^{0.0018x}$	0.3165	116.63
	幂函数	$y = 0.1139x^{0.3591}$	0.3354	104.91
	对数	$y = 0.1762\ln x - 0.1267$	0.3265	112.57
XSAVI	线性	$y = 0.001x + 0.3862$	0.2749	134.84
	指数	$y = 0.4267e^{0.0024x}$	0.3325	106.58
	幂函数	$y = 0.0965 x^{0.3875}$	0.3684	99.87
	对数	$y = 0.1368\ln x + 0.0726$	0.3819	95.26

2. 四种模型精度验证

在本研究中，ANN模型的准确性（R^2= 0.78，RMSE=48.7 g/m²）和RF模型（R^2= 0.72，RMSE = 55.28 g/m²）明显高于其他两种模型（图3.6），并且两种模型均可用于蒙古高原的草产量估算。K-最近邻模型的准确性略低于上述两种模型，而多元线性回归模型只能表征40%的方差，略高于单植被指数的统计模型。从精度上来看，最终选择使用ANN来估算2000年至2022年间蒙古高原地区的草产量。

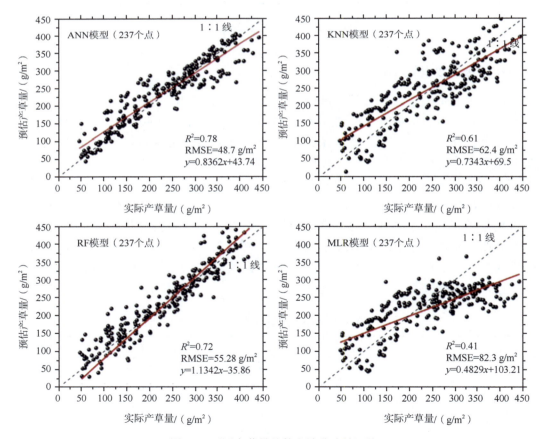

图3.6　不同产草量估算方法准确性评价

3.3.3　产草量时空动态变化

1. 产草量时空格局

蒙古高原 2000～2022 年（共 23 年）草地产草量如图 3.7 所示。其中，各年份草地范围是根据制备的蒙古高原 2000 年、2010 年、2020 年土地覆盖类型数据所得。从整体上将蒙古高原草地生产力分为 5 类：极低（< 200 g/m²）、较低（200～250 g/m²）、中等（250～300 g/m²）、较高（300～350 g/m²）、极高（> 350 g/m²）。在 23 年间，蒙古高原极高生产力的草地主要分布在内蒙古东部区域与蒙古色楞格河流域，这两个区域同时也是蒙古与内蒙古最主要的畜牧区。草地产草量极低区域集中在蒙古国西北部的荒漠区，也是在 20 年间草地退化最为严重的区域。

从 2000 开始，蒙古高原草地生产力整体较为平均，只有少量的生产力极值区域。2001 年蒙古国的草地生产力整体下降，大量中等产草量的草地退化为较低产草量，而中国内蒙古草地生产力基本不变。2002 年蒙古国西部草地生产力退化继续加重，而蒙古国东部与中国内蒙古草地生产力极大改善。2003 年草地生产力整体基本保持不变，

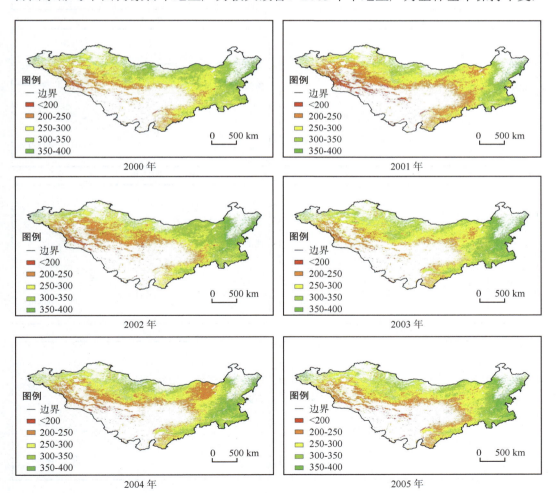

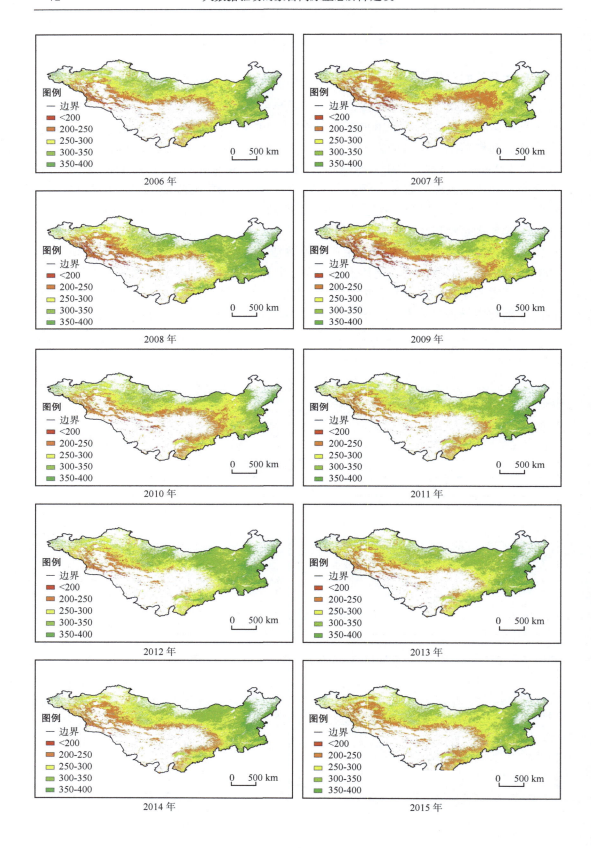

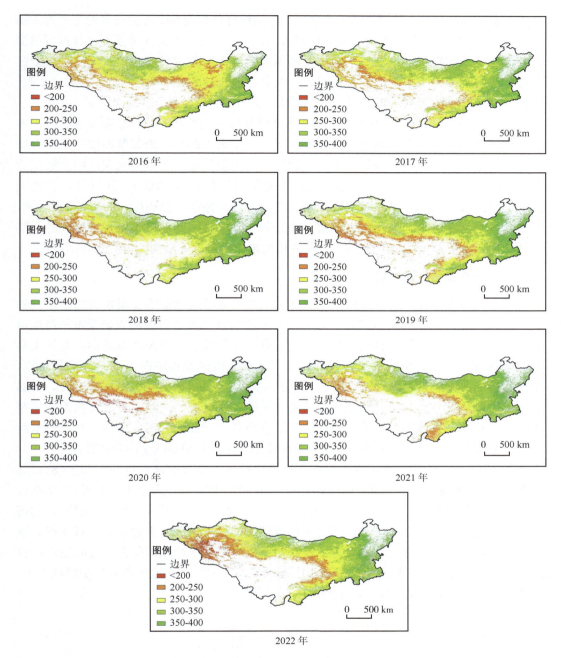

图3.7　2000～2022年蒙古高原草地产草量数据（单位：g/m²）

但中国内蒙古与蒙古国边界草地退化凸显，其原因可能是由于2003年秋季蒙古国东部草原发生大火，并向中国境内侵入，致使边界处草地生产力下降（昙娜，2023）。2004年，受火灾影响边界区域草地生产力退化更加严重（徐书兴等，2021）。2005年与2006年，蒙古高原整体草地生产力开始恢复，内蒙古草地生产力增长较快，出现大量极高生产力区域。2007年，中国内蒙古发生重大气象灾害，大部分地区气温高而降水少，一些地区出现暴风雪、干旱、暴雨洪涝等灾害天气，这极可能致使整个内蒙古草地生产力大幅衰减，而蒙古国基本保持不变。2008年蒙古高原整体草地生产力大量恢复，蒙古国色楞格河流域草地出现极高区域。2009年蒙古国大火侵入内蒙古兴安盟市，可能是内蒙古西南部草地生产力大幅下降的主要原因，而蒙古国西部区域草地也逐渐恶化（包刚等，2014）。2010年整体草地生产力较为平均，除西部草地改善较大外其他区域变化不大。

2011～2020年间，除2016年外，蒙古高原整体草地生产力处于缓慢恢复状态，中国内蒙古开始出现大量草地生产力极高区域，而蒙古国西部和南部草地生产力也有所改善，极低草地生产力区域基本消失。2016年，中蒙边境发生重大火灾，明火面积达200 km^2，致使2016年蒙古高原草地生产力发生退化（昙娜，2023）。2021年，蒙古国色楞格河流域草地生产力大幅增加，大面积较高产草量的草地转化为极高产草量区域，内蒙古西南部区域草地退化较为严重。2022年，除蒙古国西部草地发生退化以外，整体草地生产力基本与2021年相同，西部的草地退化趋势也逐渐向北方扩张。

2. 草地产草量定量统计

从空间角度来说，蒙古高原草地生产力较低与极低区域集中在蒙古国的西部三省（科布多、巴彦乌勒盖、乌布苏）、东戈壁省的北部以及内蒙古锡林郭勒盟市的西部草地。这些区域临近戈壁和裸地区域，气温较高且水源较少，生态环境脆弱，易发生草地退化现象，导致其草地生产力较低。而产草量高值区域集中在内蒙古呼伦贝尔市、蒙古色楞格河流域与东部三省（东方、肯特、苏赫巴托尔）。这些区域降水充分、气温适宜，生态环境系统多样且稳定，是草地生长的主要区域，同时也是蒙古高原上主要的畜牧业基地。整体来看，蒙古高原产草量分布具有明显的空间异质性，其产草量由西南向东北逐渐递增，其原因在于蒙古高原整体气候具有明显的空间异质性。

在2000～2023年这23年间，蒙古高原草地整体产草量服从正态分布（图3.8），其中平均值为287.8 g/m^2，中值约为290 g/m^2，达到了中等生产力水平。标准差为37.1，表明近68%的草地23年平均生产力达到250.7～324.9 g/m^2。有84.1%的草地生产力超过了250.7 g/m^2，说明蒙古高原草地生产力较为稳定，有8成以上的草地区域生产力能达到中等及以上的水准。总体而言，较低和极低产量区域面积仅占蒙古高原草地总面积的15%，近38%的草地生产力处于中等水平，近43%的草地生产力处于较高水平，而达到极高生产力的草地仅占约4.3%。

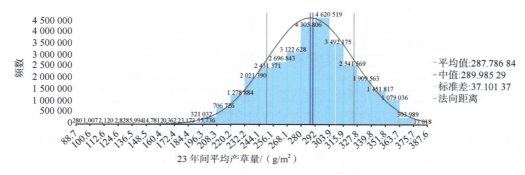

图3.8　23年平均草地产草量正态分布图

　　从整体来看，蒙古高原年均草地生产力有所提升（图3.9）。2000～2022年，蒙古高原的年均产草量在270.1～304.31 g/m² 之间变化，其中在2001年研究区产草量达到最低值270.1 g/m²，而在2018年达到峰值304.31 g/m²。从拟合曲线来看，蒙古高原的年均产草量以每年0.9543 g/m² 的速度增加，这与学者们的研究结果相一致。早期研究发现，由于全球气候变暖及温室效应的影响，北半球高纬度和高海拔地区的草地生产力逐渐增加，这与得到的产草量时间变化相一致。但在2001年、2007年以及2009年存在年均产草量大幅降低的现象，经调查研究发现，其原因是在上述年份中蒙古高原发生了重大灾害导致其产草量骤降。在2001年蒙古高原发生特大雪灾，直接导致蒙古国损失了国内近10%的生产总值，对蒙古国农业和畜牧业造成严重破坏。而在2007年和2009年，蒙古高原东北区域春季降水量相较于同期偏少5至8成，而气温也达到了同期最大值，高温少雨的状况直接导致了其草地生产力的骤减。总的来说，蒙古高原生态环境结构简单，易受极端气候条件影响，但整体生态环境正逐年好转。

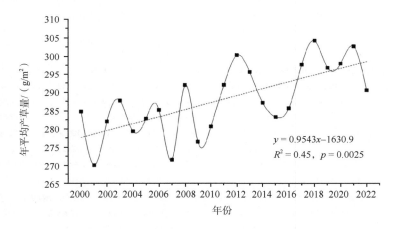

图3.9　蒙古高原年均产草量变化

3. 产草量变化趋势

　　如图3.10所示，从2000～2022年蒙古高原90%以上的区域产草量呈现增加的趋势，其中有近40%的区域呈现显著增加，而这些区域主要分布在蒙古国北部及中国内蒙古东南部。仅有8%左右的区域产草量呈现出下降趋势，其主要分布在蒙古国西部、图瓦共和国中部以及中国内蒙古中部，其中1.43%显著下降区域集中在中国内蒙古及蒙古国中部临近戈壁的草原。

　　对蒙古高原草地为主的区域各个草地生产力趋势占比进行统计，得到结果如图3.11所示，其中蒙古国以省级为单位，中国内蒙古以市级为单位。总体而言，蒙古国主要区域的草地增势要高于内蒙古区域，除库苏古尔省以外，蒙古国大多数省份的增长草地占该省草地面积比重均达到了95%以上，而中国内蒙古大多数区域增长草地占比达到近90%。分区域来看，在蒙古国内中央、肯特、东方三个省份有近98%的草地呈现出增长或显著增长趋势，库苏古尔省呈生产力减少趋势的草地面积占比最高达到了近15%；而巴彦乌勒盖同时是蒙古国草地显著增加与显著减少面积占比最高的省份，

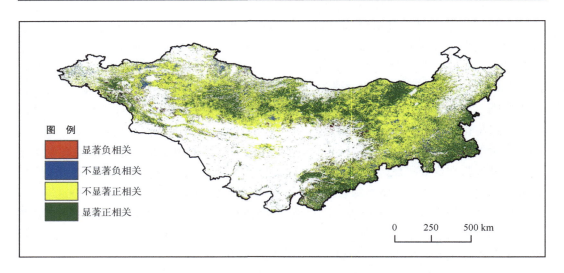

图 3.10　2000～2022 年蒙古高原产草量变化趋势

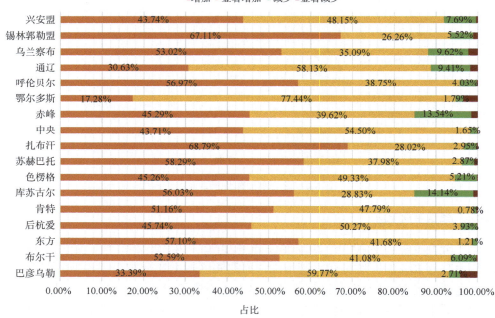

图 3.11　蒙古高原各区域草地生产力趋势占比

表明该省份草地生长状况波动较大，空间差异性较为明显，生态环境具有不稳定性。在内蒙古自治区内，鄂尔多斯显著增加的草地面积占比达到 77.4%，是内蒙古同时也是蒙古高原内草地显著增加面积占比最高的区域，由于该市整体以草地为主，说明近 22 年该市生态环境改善极为明显。赤峰既是内蒙古内草地减少面积占比最高的区域，又是蒙古高原草地向农田转化最为激烈的区域，其原因可能在于该市草地转化为农田后人类活动愈发频繁，导致其草地生态破坏愈发严重，草地生产力下降。而呼伦贝尔作为内蒙古草地增长面积占比最高的区域，其草地生产力的增长离不开森林的影响，自1999年呼伦贝尔大力推行退耕还林政策至今，呼伦贝尔森林面积激增，极大改善该区域生态环境质量，为草地生长发育提供了有利的环境条件。

3.4　蒙古高原草地承载力与草畜平衡

蒙古国是一个以畜牧业为主要经济支柱的国家，其畜牧业发展状况受到自然环境、政策法规、经济发展等多种因素的影响。蒙古国境内广阔的草原和丰富的草地资源为畜牧业的发展提供了良好的条件。随着20世纪末苏联解体，蒙古国社会经济体制和政策发生了剧烈变化。其中《蒙古国财产私有化法》和蒙古国市场经济转型为其畜牧业发展带来了巨大活力，全国畜牧业经济爆发式增长，牲畜头数也在此期间从2000年的3 000万暴增至2022年的7 134万，严重的过度放牧是蒙古国大片草地退化和荒漠化的原因之一。蒙古国政府正在加强对畜牧业的管理和监管，推动畜牧业向科学、规范、绿色发展方向转变；加强国际合作，汲取国际先进经验，促进畜牧业的现代化和国际化进程，提升畜牧业的国际竞争力。在放牧政策上，蒙古国通常采用春冬季固定棚圈放牧，但在自然灾害或牧草不足时会选择长距离放牧，这种放牧政策在恶劣灾害年份会导致局部草地损害更加严重。

内蒙古自治区是我国最重要的畜牧业基地之一，具有丰富的草原资源和适宜的自然条件。近年来，内蒙古的畜牧数量发展状况呈现出稳步增长的趋势。随着政府对畜牧业的支持力度加大和技术水平的提高，内蒙古畜牧业规模不断扩大，畜牧品种逐步丰富，生产水平不断提高。尤其是肉牛、绵羊、马等畜禽养殖规模逐年增加，养殖效益不断提升。同时，内蒙古畜牧业还积极引进和培育优质品种，推动畜牧业产业化、专业化发展，促进了畜牧业的健康、可持续发展。然而，内蒙古的畜牧业也面临着一些挑战，包括草原生态环境恶化、草原草地过度放牧导致的土地退化、畜牧业生产方式落后等。为了促进畜牧业的健康发展，内蒙古自治区政府正在加强畜牧业的管理和监管，推动畜牧业向科学、规范、绿色发展方向转变，努力实现畜牧业的可持续发展。在放牧政策上，内蒙古建立健全了放牧管理制度，制定了放牧许可证制度和放牧行为规范，规范放牧活动。

因此，参考上一节构建的2000～2022年蒙古高原草地覆盖的产草量估算结果，并调查蒙古国和中国内蒙古自治区的区域放牧年鉴数据，时序分析蒙古高原草地承载力和草畜平衡关系，不仅可以保障草原资源的合理利用，还可以为政府制定合理的放牧政策提供数据支持。

3.4.1　蒙古高原畜牧总数统计

根据获取的畜牧数据，分析获得蒙古国与中国内蒙古自治区近23年畜牧总量变化情况，统计结果如图3.12所示。由于缺少图瓦共和国畜牧数据，本章节不对该地区进行讨论。

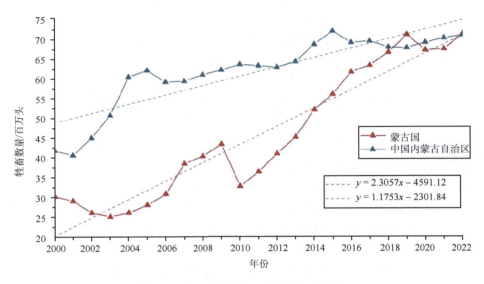

图3.12　近23年蒙古与内蒙古牲畜数量

　　蒙古国与中国内蒙古自治区畜牧数量差异同样明显。内蒙古畜牧数量在2000年就已经达到近4 500万头，在2000年至2005年间显著增加，在此之后畜牧数量的发展逐渐稳定，呈现出稳步增长的趋势。而蒙古国2000年初畜牧数量仅为3 000万头，在2000~2010年间畜牧总数增长较为缓慢，且在2010年畜牧总数骤降。极端灾害事件是导致牲畜数量下降的原因之一。2009冬季发生的严重白灾（刘海新，2020）（蒙古语，意为严酷的冬季条件），导致1 000万头牲畜（占总数23.4%）死亡，严重影响了蒙古国畜牧业发展。在2010~2019年间，蒙古国畜牧数量激增，在此之后逐渐趋于稳定。在整体趋势上，蒙古国畜牧总数增速比内蒙古快近一倍，年均增长量为230.57万头，而内蒙古年均增长量为117.53万头。

3.4.2　蒙古高原畜牧标准单位转换

　　根据畜牧统计数据，蒙古国畜牧业以绵羊、山羊、马、牛、骆驼五种牲畜为主，而中国内蒙古则以牛、马、羊、驴、骡子、骆驼六种牲畜为主。根据中华人民共和国农业行业标准（NY/T 635—2002）对区域内畜牧标准单位进行换算，其中区域畜牧单位的计算是根据该地区年末畜牧存栏头数计算。1头牛等于5个标准畜牧单位，1匹马等于6个标准畜牧单位，1头驴等于3个标准畜牧单位，1头骡子等于5个标准畜牧单位，一匹骆驼等于7个标准畜牧单位，1只绵羊等于1个标准单位，1只山羊等于0.9个标准单位，其中内蒙古畜牧数据未对绵羊和山羊进行区分，1只羊换算为0.95个标准单位。

　　本研究选取蒙古高原的主要草地生产区域作为草畜平衡研究区，包括蒙古国的库苏古尔、乌布苏、巴彦乌勒盖、东方、布尔干、色楞格、扎布汗、肯特、后杭爱、中央、苏赫巴托尔11个省份及我国内蒙古自治区的赤峰、鄂尔多斯、呼伦贝尔、通辽、乌兰察布、锡林郭勒盟、兴安盟7个市。根据我国2018~2022年畜牧数据，对近5年各省（区、市）标准畜牧单位数计算，结果如表3.10和图3.13所示。

表3.10　蒙古高原各省市实际标准畜牧单位数统计

国家	区域	实际标准畜牧单位数/（千头）				
		2018年	2019年	2020年	2021年	2022年
蒙古国	库苏古尔	9 483.96	10 082.73	9 433.97	10 347.45	11 268.4
	乌布苏	4 805.13	5 012.37	5 263.73	5 852.8	5 765.24
	巴彦乌勒盖	3 448.13	3 510.11	3 540.17	3 886.2	3 815.6
	东方	5 220.39	5 747.55	6 165.7	6 968.9	7 808.64
	布尔干	5 948.87	6 575.38	6 170.74	6 698.32	7 431.89
	色楞格	3 159.69	3 406.14	3 691.41	3 952.51	4 119.51
	扎布汗	5 817.33	6 345.68	6 051.92	6 397.51	6 583.98
	肯特	8 179.14	8 573.55	8 324.36	8 922.71	9 361.77
	后杭爱	10 714.02	12 107.65	10 977.67	11 528.89	12 620.81
	中央	7 905.73	8 624.24	8 535.02	8 348.5	9 097.56
	苏赫巴托尔	6 851.17	6 998.02	7 186.34	7 828.16	8 652.77
中国	赤峰	16 929.07	16 372.3	16 452.82	16 695.11	17 253.57
	鄂尔多斯	8 482.59	9 213.55	9 384.56	9 684.55	9 908.21
	呼伦贝尔	12 087.85	12 004.12	11 766.57	12 328.2	12 971.67
	通辽	14 779.59	15 087.98	15 951.88	16 610.07	17 776.86
	乌兰察布	4 769.49	4 630.91	4 889.84	4 949.58	5 018.42
	锡林郭勒盟	11 506.66	11 448.45	11 662.44	12 157.16	12 802.31
	兴安盟	9 942.4	10 592.59	11 275.37	11 185.56	11 429.695

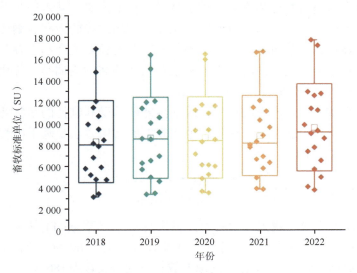

图3.13　2018～2022年蒙古高原各省市标准畜牧单位箱线图

　　蒙古高原实际畜牧单位最高的区域是赤峰市，每年畜牧单位均达到1 600万标准单位以上，其主要原因在于该市畜牧业是以牛为主的大型牲畜为主，其中大型牲畜转化畜牧单位占比46.6%，而牛的畜牧单位占37.4%。通辽市作为畜牧单位第二的区域，整体状况与赤峰市基本一致。巴彦乌勒盖省作为2022年畜牧单位最低的区域，其畜牧业发展受环境因素影响较大，由于该省位于蒙古国西部，临近南部荒漠区域，生态环境较为恶劣、草地面积较少，不利于该省畜牧业发展。后杭爱作为蒙古国主要的畜牧业基地，常年畜牧单位维持在1 100万标准单位左右，一直是蒙古国畜牧单位数最多的省份。

从年际变化上来看，蒙古高原各省市的畜牧单位数呈现出缓慢增长的趋势，其中畜牧单位最低值由2018年色楞格的315万畜牧单位变为2022年巴彦乌勒盖省的381万，增加近21%。最高值由2018年赤峰市的1 692万变为2022年通辽市的1 777万，增长5%。而平均值由833万提升至2022年的965万，增加15个百分点。

3.4.3　蒙古高原草畜平衡关系分析

草畜平衡是草原畜牧业发展的关键，其是指在一定草原范围内，通过合理控制畜牧数量和放牧强度，避免草原过度放牧和过载，减少草原退化和草原生态系统的破坏，使草原资源的供给与畜牧业生产需求之间达到动态平衡的状态。其核心目标是实现草原生态系统的可持续利用和保护，同时保障畜牧业的持续发展和生态安全。草畜平衡在不同阶段呈现多层次特征，概括而言可分为三个层次：首先是产草量与牲畜采食量动态平衡；其次是在满足牲畜采食需求的同时，确保草地生物多样性的良性变化；最后是在草地生态系统层次上实现可持续的健康发展。

草地承载力（grassland carrying capacity，GCC）是评价草畜平衡的重要指标之一，对于实现草原生态与畜牧业生产的协调发展具有重要意义。其本质是草原生态系统的稳定性和可持续性，反映了草原资源对畜牧业生产的适应能力和容纳度。合理利用草地承载力可保障畜牧业的可持续发展，确保畜牧业的长期生产和生存基础，促进畜牧业的经济效益和社会效益；同时可指导畜牧业的布局和结构调整，优化资源配置，提高资源利用效率和生产效率。

草地承载力指草原生态系统在一定时期内能够承受和维持的畜牧业生产活动的数量和强度，等同于理论载畜量。估算草地承载力的常用方法是基于区域内的草地产草量，具体计算公式如下：

$$GCC_i = \frac{\sum AGB_i * A_i * (1 - FU)}{Int * D * 1000} \tag{3.10}$$

式中，GCC_i为i市草地承载力；AGB_i为该市平均草地产草量；FU为解释草料因践踏、分解和其他食草动物而损失的利用水平，在此设置为0.2。Int为一个标准畜牧单位每日草摄入量；D为放牧天数，对于蒙古高原的放牧形式，设置为180天。

草地承载状况是评价草畜平衡的重要指标，其通常是通过计算实际畜牧量与理论载畜量两者的比值，评价草地生态系统与牲畜采食需求的平衡关系。研究基于草地承载状况指数（grassland carrying state index，GCSI），从草地资源供给与消耗角度，对蒙古高原草畜平衡状况进行评价。其计算公式如下：

$$GCSIW_i = \frac{LN_i}{GCC_i} \tag{3.11}$$

式中，$GCSIW_i$ 为 i 市草地承载状况指数；LN_i 为该市实际标准畜牧单位数。根据草地承载状况指数，将蒙古高原各省市草畜平衡状况分为 4 种等级，以区分各区域之间的差异。各等级所对应的草地承载状况指数的范围如表 3.11 所示。

表 3.11　草地承载状态等级划分

草地承载状况指数	＜0.8	0.8～1.0	1.0～1.3	＞1.3
承载状态	轻度承载	正常	超载	过度超载

1. 蒙古高原区域草地承载力计算

蒙古高原草地承载力呈现西部低东部高的空间特征，西部草地承载力基本保持在 1.6 SU/hm² 以下，而东部草地承载力能够达到 2 SU/hm²，从西向东，草地承载力也表现出逐渐增加的趋势。蒙古国整体草地承载力要明显低于内蒙古草地，其中色楞格、东方、肯特三省是蒙古国主要的优质畜牧承载区。内蒙古整体草地承载程度较高，大多数草地承载力在 1.8 SU/hm² 以上，且在呼伦贝尔、锡林郭勒盟、赤峰、通辽等市拥有大面积优质草场，能够满足内蒙古大部分畜牧需求。

蒙古高原大部分区域理论载畜量较为稳定，如通辽、兴安盟、色楞格、赤峰等区域。而鄂尔多斯、苏赫巴托尔、锡林郭勒盟、扎布汗载畜量则发生较大波动。从趋势来看，多数区域理论载畜量呈下降趋势，如苏赫巴托尔、乌兰察布、扎布汗、肯特；其中以苏赫巴托尔与乌兰察布的下降趋势最为显著。锡林郭勒盟作为蒙古高原理论载畜量最高的区域，同时也是草地面积最多的区域，其畜牧业发展一直受中蒙边境火灾频发的影响，导致其理论载畜量波动最为严重，且整体呈现出载畜量下降趋势。

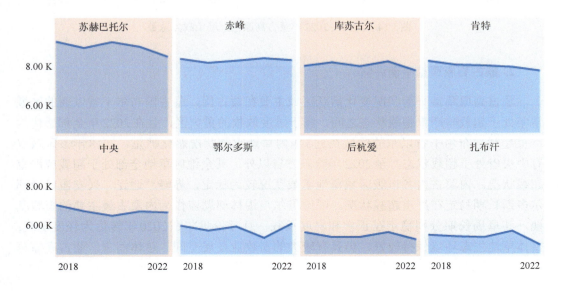

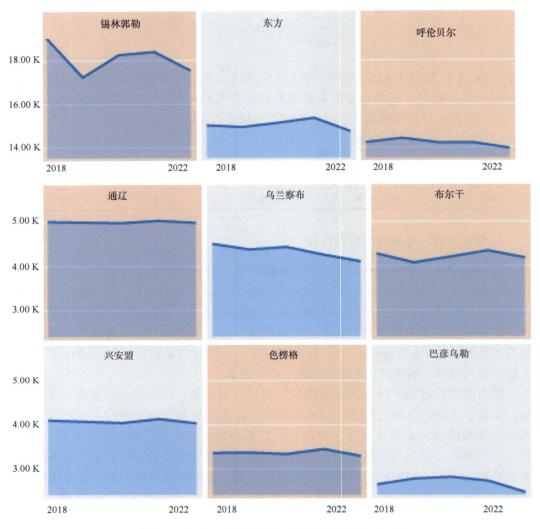

图3.14　2018～2022年蒙古高原各区域承载力总量

2. 蒙古高原草畜平衡评估

蒙古高原草畜平衡状况变化活跃区域主要在蒙古国，蒙古国布尔干省以西的区域常年处于超载与严重超载状态之间，属于过度放牧的重灾区，且在2022年全部恶化为严重超载。布尔干省以东的区域在近5年内草地承载状况恶化严重，2018年该区域仅有中央省处于超载状态，至2022年除东方省以外，其余地区草地全部处于超载或严重超载状况。内蒙古内各市级区域草地承载状况较为稳定，赤峰、通辽、兴安盟以及鄂尔多斯长期稳定在严重超载状况。呼伦贝尔与锡林郭勒盟作为内蒙古最主要的畜牧基地，其草场长期分别稳定在正常和轻度承载，且呼伦贝尔在2020年转化为轻度承载；整体草地生态环境保持较好，仍具有较大的畜牧业发展空间。总体而言，蒙古高原草地承载状况正在不断恶化，其中蒙古国草地承载状况恶化尤为显著，而内蒙古区域草地承载状态变化虽不明显，但GCSI指数仍在增长，需警惕草地超载引起不可逆的草地退化。

3.5　本章小结

本章以蒙古高原土地覆盖、产草量和草畜平衡为主要研究对象，耦合动态样本迁移算法与随机森林模型制备蒙古高原土地覆盖数据，对比多元线性回归、随机森林、K近邻和人工神经网络等机器学习算法，实现2000～2023年蒙古高原产草量估算，最后参考蒙古高原各省级行政单位的畜牧年鉴数据，完成2018～2022年近5年的草畜平衡状况建模评价。结合研究过程，得出以下结论。

(1) 基于陆地资源卫星影像数据与多个已发布土地覆盖产品数据集，采用动态样本迁移与随机森林算法制备2000年、2010年、2020年蒙古高原20年间三期土地覆盖产品数据集。建立土地覆盖类型转移矩阵，获取蒙古高原近20年各种地物类别变化情况，分析地物类别转移规律。根据研究结果分析可得：蒙古高原土地覆盖格局基本稳定，裸地和草地构成其主体，其次是森林、农田与水体，冰雪和建成区比重较小。建成区用地转化比重最高；草地转化面积最大。最近10年研究结果中，冰山融雪现象加剧，大量冰雪向水体转变。与此同时，草地退化现象严重，大面积草地退化为裸地，受退耕还林政策影响，森林面积持续增长。总体上，蒙古高原近20年间土地覆盖类型变化不大，但最近10年内地物转化愈发激烈，生态环境恶化愈发严重，急需采取相应的保护政策。

(2) 结合多种MODIS遥感数据集与降水统计数据，基于已经制备完成的土地覆盖产品数据集与现场采集的土地分类数据，对比多元线性回归、随机森林、K近邻和人工神经网络等四种机器学习模型，估算2000～2022年蒙古高原长时序产草量和空间分布，得到近23年间蒙古高原产草量时空格局变化规律。根据结果分析，人工神经网络模型精度优于其他模型（R^2=0.78，RMSE=48.7 g/m^2），能够准确模拟蒙古高原草地空间分布状况。蒙古高原产草量空间分布表现出显著的异质性，其草地生产力由东北向西南逐渐递减。蒙古高原整体草地平均生产力为287.8 g/m^2，达到中等生产力水准，有近84%面积的草地生产力达到中等及以上，而年均草地生产力则以每年0.9543 g/m^{2}的速度增加。在变化趋势方面，蒙古高原90%以上的草地生产力呈现增加趋势，其中蒙古国中央、肯特、东方三省的草地增长区域面积占比最高，达到省内草地面积的98%；鄂尔多斯市草地显著增长面积占比最高，达到77.4%。最后结合MIV与PFI的模型变量分析法，分析出蒙古高原产草量对NDVI与LST的敏感性较高，在部分区域降水对产草量的影响趋于饱和，而LST是影响草地生产力的最主要因素。

(3) 参考蒙古高原各省级行政区的畜牧年鉴数据，结合已经成功构建的蒙古高原产草量估算值，选取草地承载力与草地承载状况指数，分析从2018～2022年草畜平衡动态关系。蒙古国畜牧数量增长迅猛，达到年均增长率为230.57万头，比中国内蒙古自治区增长率快近一倍。在草地承载力方面，整体分布情况与产草量分布状况相近，大部分草地承载力在1.8 SU/hm^{2}以上，除锡林郭勒盟外各区域草地承载力基本稳定，波动变化不大，但整体呈下降趋势。蒙古高原整体草地承载状况不容乐观，其中内蒙古通辽、赤峰，蒙古国布尔干、后杭爱等区域常年处于严重超载状态，其他区域虽未严重超载，但草地承载状况指数仍在增长，草地承载状况正逐渐恶化。通过对蒙古高原草畜平衡状况分析，针对其区域承载状况不同提出对应建议。

第4章 蒙古高原沙尘暴动态变化监测
与归因分析

沙尘天气是指风将地面尘土、沙粒卷入空中，使空气混浊的一种天气现象的统称。根据《沙尘暴天气等级》，沙尘天气分为浮尘、扬沙、沙尘暴、强沙尘暴和特强沙尘暴5类。沙尘暴是沙尘天气的一种，具体是指强风从地面卷起大量沙尘，使水平能见度小于1 km，具有突发性和持续时间较短特点的、概率小危害大的灾害性天气现象，包括沙暴和尘暴（王炜等，2004；贺沅平等，2021）。其形成主要有自然条件和人类活动干扰两方面。自然条件有风速、降水量、空气湿度及尘源地分布等；人类活动主要会对下垫面情况造成干扰，常见的有过度放牧、乱砍滥伐、过度采矿以及不合理的土地利用方式等，这会破坏下垫面生态条件，形成大面积沙漠化土地，导致土地覆被率的下降，从而加速沙尘暴的形成和发育。

沙尘暴肆虐是我国生态屏障建设面临的重大挑战性问题之一。蒙古高原是亚洲沙尘暴多发源地之一，其中蒙古国的戈壁地区、中国西部的阿拉善高原及内蒙古西部的沙漠地区与中国和蒙古国多发的沙尘暴有密切的关系。如2006年3月9日起，受到蒙古气旋和冷空气的共同影响，我国内蒙古呼和浩特出现沙尘暴并辐射京津地区，形成重度空气污染，局部地区能见度曾一度为零。在2021年春季（3月14～17日，3月27～29日以及4月15～16日）发生的三次较大规模的沙尘暴，对我国及东北亚周边国家的生态环境造成了直接影响，这显然是极端天气事件近年来频发的又一表现，加重了蒙古高原区域沙尘暴的不稳定和灾害风险。

蒙古高原地区一直是沙尘暴研究的热点区域。李媛等基于MODIS数据，采用亮温差指数、归一化沙尘指数以及两种指数耦合方法，对内蒙古地区2021年3月15日的沙尘暴事件进行了沙尘提取和分析，并推荐耦合BTD和NDDI算法来监测沙尘信息（李媛等，2022）。李彰俊利用内蒙古西部的气象站数据来研究沙尘暴时空规律，认为下垫面土壤湿度是沙尘暴发生的主要要素之一（李彰俊，2008）。特日格乐利用中蒙边境地区观测站沙尘暴数据（1980～2014年），发现内蒙古沙尘暴主要受到蒙古国南部地区的影响（特日格乐，2016）。白海云利用相关资料，分析了2018年4月锡林郭勒盟的一次沙尘暴天气过程，此次沙尘暴主要受蒙古型气旋影响（白海云，2021）。孟和道尔吉选取2004～2013年春季（3～5月）相关数据研究蒙古国南部干旱、半干旱地区沙尘暴现状以及发展趋势，其研究区分布于蒙古国南部五个省范围内，认为植被覆盖的影响最为明显（孟和道尔吉，2015）。

在沙尘暴归因方面，近年来主要趋向于利用遥感数据（宗志平等，2012），对下垫面的相关参数进行提取。参数主要有土地覆盖、土壤湿度、相关植被指数等。有关蒙古高原下垫面本底和变化研究中，在空间尺度研究上，魏云洁等使用MODIS数据对蒙古国土地覆盖变化情况和驱动力进行了分析（魏云洁等，2008）。王宁等使用Landsat数据，得出了中国内蒙古自治区的土地利用图（王宁等，2020）。乌兰图雅以使用TM数据，以蒙古高原典型草原乌珠穆沁-温都尔汗样带为例，主要对其草地利用特征进行了分析（乌兰图雅，2021）。在研究要素方面，厉静文等选取中蒙俄经济走廊为研究区，对其1992年到2019年的土地利用格局进行了分析（厉静文等，2021）。程凯等选取蒙古国乌兰巴托市为研究区，反演得到了其四期土地覆盖数据集，并基于建筑用地变化情况，对该市城镇扩张情况和驱动力进行了分析（程凯等，2019）。高红豆等以蒙古高原为研究区，获取了其2003年到2019年的冻土分布，并对冻土变化情况进行了分析（高红豆等，2022）。姚锦一以蒙古国色楞格河流域为研究区，得出了适用于蒙古高原的水体提取方法（姚锦一，2021）。张文静以蒙古国为研究区，采用1997年、2007年、2017年三期影像为基础数据，基于实地考察与收集相关资料的前提下，分析了蒙古国耕地时空变化（张文静，2019）。在时间序列研究方面，师华定等获取的是蒙古高原1970年到2005年的土地覆盖情况，并对蒙古国和内蒙古这两个不同地理单元的变化做了对比分析（师华定等，2013）。

　　以上综述可见，关于蒙古高原沙尘暴研究进展呈现以下趋势和不足：①在空间尺度上，蒙古高原地区沙尘暴的研究中，大都将中国内蒙古和蒙古国割裂开来研究，未形成整体高原尺度的综合研究。②在时间尺度上，当前多为单次或少次沙尘事件的分析和提取，缺乏长时间序列的研究，尤其是缺少结合沙尘事件统计信息支撑的全时域沙尘事件序列。同时时间序列完整性不足，尤其是2010年之后的研究更少。③在沙尘暴影响因素下垫面土地覆盖的研究中，蒙古高原整体空间尺度场景联系上不足，且要素相对单一，多聚集在地类变化，未兼顾蒙古高原全要素的地表覆盖。

　　面临以上应用需求，本研究提出基于MODIS数据，采用DSDI沙尘暴探测指数，对蒙古高原2000～2021年22年的春季沙尘事件进行提取和分析，探讨该沙尘指数在蒙古高原地区的适用性，并对蒙古高原1990～2020年近30年来的下垫面土地覆盖变化进行了分析，结合中国内蒙古区域和蒙古国这两个不同的地理单元采取的相关政策，给出了该跨境区域的沙尘暴归因和对策。

4.1　数据源与技术路线

4.1.1　数　据　源

　　选取蒙古高原为研究区，包括蒙古国全境和中国内蒙古区域；在数据源方面，给出了沙尘数据的事件追踪情况和土地覆盖数据的来源等具体信息。

1. 沙尘数据

　　本研究选择MODIS L1B数据提取蒙古高原2000～2021年春季沙尘暴信息，MODIS数据来源于美国国家航空航天局，空间分辨率为1 km，时间分辨率上主要针对沙尘暴事件处理。蒙古高原区域对应的MODIS数据条带号为h23v03、h24v03、h25v03、h26v03、h23v04、h24v04、h25v04、h26v04、h27v04、h25v05和h26v05。遥感影像受到云雾的干扰，往往难以合成大范围的无云影像，需要对下载数据进行筛选处理。本研究共下载原始数据约8TB，经筛选处理后，对影像数据进行掩膜处理，获得多景无云的遥感影像，最后共获得约228景影像。沙尘暴事件数据从气象学数据记录和社会新闻挖掘中收集。气象数据为《中国强沙尘暴数据集》中的相关气象资料和台站记录（https://data.cma.cn）。社交新闻网站的数据由谷歌、百度等搜索引擎收集。结合沙尘暴新闻文本挖掘的方法，获取了蒙古高原2000～2021年春季主要沙尘暴事件。结合获取的遥感影像，最后得出了76次沙尘暴事件，具体日期见表4.1。

表4.1 蒙古高原2000～2021年主要的沙尘暴日期

年份	3 月	4 月	5 月
2000	03-17、03-22	04-08、04-19、04-20、04-24、04-25	05-11
2001	03-05、03-21、03-23	04-07、04-22	05-03
2002	03-15、03-16、03-18、03-19	04-06、04-07、04-20	
2003		04-11、04-15	
2004	03-10、03-27、03-28	04-14	
2005		04-27、04-28	
2006	03-09、03-26	04-07、04-10、04-26、04-21	05-06、05-16、05-30
2007	03-31		
2008	03-18		05-26、05-27、05-28
2009		04-22、04-23	
2010	03-01、03-11、03-19、03-21、03-29、03-31	04-07	
2011	03-18	04-29、04-30	05-11
2012	03-22	04-10、04-27	05-21
2013			05-12、05-13
2014	03-16	04-24	
2015	03-27		
2016	03-04、03-05		
2017			05-04
2018	03-27、03-31	04-13	
2019		04-20、04-29	
2020		04-09	
2021	03-16、03-27	04-14、04-26	05-05、05-22

2. 土地覆盖数据

本研究所用蒙古国土地覆盖数据来源于中国科学院地理科学与资源研究所课题组（王卷乐等，2018b），内蒙古土地覆盖数据来源于中国科学院资源环境科学与数据中心，时间序列为1990年、2000年、2010年、2015年及2020年共五期，空间分辨率为30 m，时间跨度为30年。分类精度分别为84.19%、82.12%、81.84%、80.76%、81.84%。Kappa系数分别为0.8052、0.7656、0.7985、0.7942、0.7991。经处理后，分类体系为林地、草甸草地、典型草地、荒漠草地、农田、建筑用地、裸地、水域和沙地共9种。

4.1.2 技 术 路 线

本研究长时间序列要求，选用MODIS L1B数据作为源数据来提取蒙古高原

2000～2021年春季沙尘暴信息。首先对获取的《中国强沙尘暴数据集》以及一些蒙古高原沙尘暴相关文献中近22年来的沙尘事件进行挖掘统计，同时下载2000～2021年每年3～5月的MODIS L1B数据，经过几何校正、参数计算后，构建沙尘指数DSDI模型；经过模型验证、精度评价后，获取蒙古高原2000～2021年22年的春季沙尘暴分布数据集；后结合沙尘暴发生频次、波及面积、强度以及空间分布图等，从时间和空间两个角度对蒙古高原2000～2021年春季沙尘暴的基本特征进行总结分析，获得蒙古高原2000～2021年22年的春季沙尘暴分布基本特征；利用蒙古高原1990年、2000年、2010年、2015年、2020年5期土地覆盖数据产品，结合相关模型，揭示蒙古高原近30年来土地覆盖变化的时空特征，得出林地、草地、农田、建筑用地、水域、裸地和沙地各地类的格局变化，并对比分析了蒙古国和中国内蒙古自治区两个不同地理单元的土地覆盖变化情况，得出了蒙古高原近30年下垫面土地覆盖格局与变化；最后结合SDG15相关指标以及蒙古国和中国两国政府采取的沙尘暴措施，给出了蒙古高原沙尘暴发生原因，并根据研究结果给出了相关应对策略。本研究的技术路线图如图4.1所示。

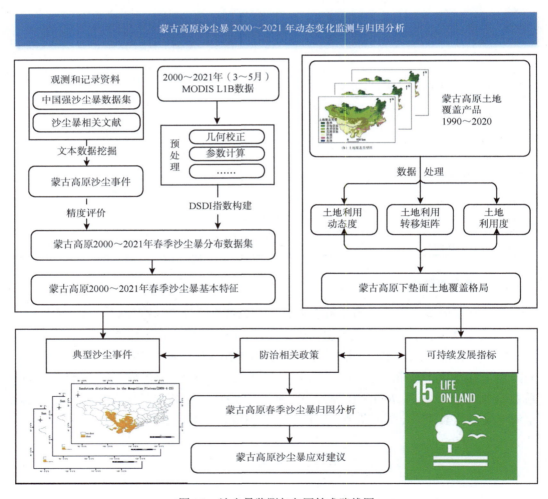

图4.1　沙尘暴监测与归因技术路线图

4.2　2000～2021年蒙古高原春季沙尘暴数据集获取

本节主要介绍2000～2021年蒙古高原春季沙尘暴数据集的获取流程，包括数据预处理、相关模型的构建、模型结果对比分析以及数据产品描述、产品质量控制及该数据集的应用价值。主要针对MODIS数据建立相关沙尘信息提取模型，通过对比得出适用于蒙古高原大研究时空尺度的沙尘提取模型，完成数据集获取。

4.2.1　数据预处理

经云量筛选处理后，共获取约228景MODIS影像，得出80次沙尘暴事件。MODIS L1B数据未经过几何校正，且存在"蝴蝶结"效应，本节使用ENVI软件，借用MRTK插件，对遥感影像进行几何校正和去"蝴蝶结"效应处理。经几何校正后，可用目视解译法和图像增强法对是否存在沙尘进行预判。目视解译法：为对MODIS影像进行1、4、3波段真彩色合成，黄褐色具有羽毛状纹理的为发生沙尘暴的区域；图像增强法：7、2、1波段合成图像中，深红褐色具有羽毛纹理状的为发生沙尘暴的区域。图4.2中，以一景MODIS数据为例，地理位置为蒙古国扎布汗省，从左到右依次给出了三种方法的沙尘暴示意区（箭头所指区域）。

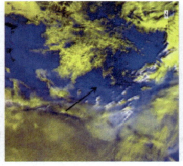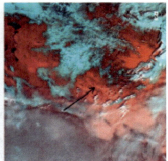

图4.2　蒙古高原沙尘暴示意图

4.2.2　相关模型构建

1. 归一化尘埃指数（NDDI）

周波等（2017）构建了归一化差异指数NDDI（normalized difference dust index）来分离沙尘像元、水、冰和云，涉及波段3和波段7。其计算公式如下：

$$\text{NDDI} = \frac{R_7 - R_3}{R_7 + R_3} \tag{4.1}$$

波段3和波段7的范围分别为459～479 nm和2 105～2 155 nm。R是指该波段的反射率，根据该算法提供的参考阈值，对于沙尘像元，NDDI 值＞0.28；而对于水、冰和云的像元，NDDI 值＜0。

2. 热红外沙尘指数（TDI）

TDI 为 thermal-infrared dust index，涉及波段 20、30、31 和 32，其计算公式如下：

$$TDI = -7.937 + 0.1227 BT_{20} + 0.0260 BT_{30} - 0.7068 BT_{31} + 0.5883 BT_{32} \tag{4.2}$$

波段 20、30、31 和 32 的范围分别为 3.660～3.840 μm、9.580～9.880 μm、10.780～11.280 μm 和 11.770～12.270 μm。BT 是指波段亮温，根据该算法提供的参考阈值；对于沙尘像元，TDI 值＞1.8。

3. 亮温差指数算法（BTD）

Steven 等（1997）构建了亮温差指数 BTD（brightness temperature difference），涉及波段 31 和波段 32，其计算公式如下：

$$BTD = BT_{31} - BT_{32} \tag{4.3}$$

波段 31 和波段 32 的范围分别为 10.780～11.280 μm 和 11.770～12.270 μm，根据该算法提供的参考阈值，对于沙尘像元，BTD 值＞0。

4. 无阈值法沙尘指数（DSDI）

Jebali 等（2021）提出了一种新的沙尘暴探测指数，称为 DSDI（dust storm detection index），此算法不需要为每个事件确定不同的阈值，其计算公式如下：

$$DSDI = \left\{ \left[\left(BT_{22} + BT_{34} \right) - \left(BT_{30} + BT_{31} \right) \right] \times \left(\frac{R_4 - R_3}{R_{26}} \right) \right\} - b_{31Emis} \tag{4.4}$$

波段 3、4、22、26、30、31 和 34 的范围分别为 459～479 nm、545～565 nm、3.929～3.989 μm、1 360～1 390 nm、9.580～9.880 μm、10.780～11.280 μm 和 13.485～13.785 μm。其中 BT 代表各波段亮温；R 代表各波段反射率；b_{31Emis} 指波段 31 的发射率。对于所有的沙尘像元，DSDI 值均＞0。

4.2.3　模型对比分析

本研究以一景 MODIS 数据影像为例，对 4.2 节中的四种算法提取沙尘信息的结果进行了对比分析。三种阈值法模型结果如图 4.3。

在沙尘暴提取阈值上，各模型的实际阈值与参考阈值存在差异。NDDI 模型的参考阈值为 0，实际提取阈值为 –0.3；TDI 模型的参考阈值为 1.8，实际提取阈值为 1.1；BTD 模型的参考阈值为 0，实际阈值为 1.3。模型结果与前文图 4.2 进行结合对比，可以发现，NDDI 算法明显不能将沙尘区域与陆地分离开来，存在将陆地地表误判为沙尘的现象；TDI 算法则不能有效地将云与沙尘区域分离开来，存在将云误判为沙尘以及沙尘信息缺失的现象；对于 BTD 算法，效果比 NDDI 和 TDI 算法略优，但对于蒙古高原大时

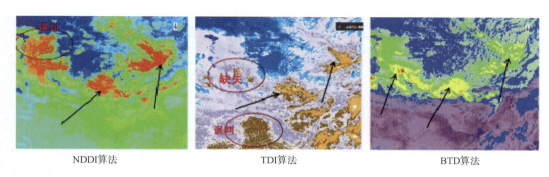

NDDI算法　　　　　　　　　TDI算法　　　　　　　　　BTD算法

图4.3　模型结果对比

空尺度的研究，需要为每次沙尘事件选取不同的阈值，较为耗时耗力。图4.4给出了无阈值法DSDI模型的提取结果，可以看出，大多数沙尘像元被提取出来；且对于所有的沙尘事件，DSDI值均大于0，有效规避了阈值差异问题，适用于蒙古高原时空尺度研究。表4.2给出了此次各模型的提取精度。

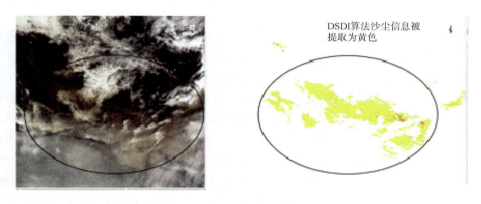

图4.4　DSDI结果

表4.2　验证结果

方法	NDDI	TDI	BTD	DSDI
精度/%	75.79	79.97	80.30	85.03
Kappa	0.51	0.72	0.69	0.76

综上，本研究选用DSDI指数模型对蒙古高原2000～2021年春季沙尘暴进行动态反演，得到蒙古高原2000～2021年22年春季沙尘暴分布数据集。

4.2.4　数据产品描述

本数据集为栅格数据类型，地理坐标系统为WGS84，数据保存为shp格式。可使用ArcGIS、QGIS、ENVI等常用GIS和遥感软件或Matlab、Python、R等编程语言读取、查看、分析、处理及应用。具体见表4.3。

表 4.3　数据集基本信息

数据集名称	蒙古高原春季沙尘暴分布数据集（2000～2021年）
数据时间范围	2000～2021年
地理区域	蒙古高原（中国内蒙古自治区和蒙古国）
空间分辨率	1 km
数据量	压缩后 6925 KB
数据格式	*.shp
数据服务系统网址	https://doi.org/10.57760/sciencedb.06924

　　沙尘暴是蒙古高原地区典型的生态环境问题之一。本研究基于沙尘信息的模型提取，形成可长期持续的沙尘暴动态监测方法体系和技术能力。基于本方法完成2000～2021年蒙古高原春季沙尘暴分布数据集，可为蒙古高原沙尘暴灾害风险管控提供数据和决策支持。面向更多需求，未来要加强遥感监测与地面气象台站监测的结合，增加对沙尘浓度的时空分析，并针对性关注强沙尘分布的时空特征。

4.2.5　产品质量控制

　　样本点获取：使用ArcGIS随机生成样本点，保存为shp格式的点文件后导入ENVI，每次样本点数量在200个左右，蒙古国区域约为120个，中国内蒙古区域约为80个。真实值获取：利用《中国强沙尘暴数据集》中相关台站记录、文本挖掘资料、目视解译法和图像增强法等获取样本点真实值：目视解译法为对MODIS影像进行1、4、3波段真彩色合成，黄褐色具有羽毛状纹理的为发生沙尘暴的区域；图像增强法：图像增强法：7、2、1波段合成图像中，深红褐色具有羽毛纹理状的为发生沙尘暴的区域；1、2、20波段合成图像中，蓝白色具有羽毛纹理状的为发生沙尘暴的区域。精度验证：确定训练样本点真实值后，采用误差矩阵来判断沙尘探测指数的提取精度。DSDI沙尘暴探测指数在数据质量较好情况下总体分类精度可达85.24%，Kappa系数为0.7636。各年精度和Kappa系数见表4.4。

表 4.4　历年精度和 Kappa 系数

年份	精度/%	Kappa 系数	年份	精度/%	Kappa 系数
2000	83.24	0.7636	2011	83.82	0.7356
2001	83.16	0.7524	2012	84.91	0.7624
2002	84.21	0.7421	2013	84.28	0.7480
2003	85.24	0.7579	2014	85.24	0.7579
2004	84.67	0.7630	2015	83.76	0.7431
2005	84.94	0.7519	2016	85.02	0.7568
2006	85.12	0.7426	2017	85.24	0.7636
2007	85.24	0.7314	2018	84.95	0.7346
2008	83.76	0.7378	2019	83.76	0.7459
2009	84.79	0.7582	2020	84.29	0.7636
2010	85.24	0.7648	2021	85.24	0.7481

4.3　2000～2021年蒙古高原沙尘暴动态反演

本节重点对上一节获取的2000～2021年22年蒙古高原春季沙尘暴分布数据集进行定量分析，主要包括蒙古高原沙尘暴时间变化分析和蒙古高原沙尘暴空间变化信息。从时间角度，从频数和面积两方面进行规律分析；从空间角度，从分布格局和强度进行规律分析，结合蒙古高原春季沙尘暴空间强度图，获取蒙古高原春季2000～2021年沙尘暴时空分布规律。

4.3.1　蒙古高原沙尘暴时间变化分析

1. 沙尘暴频数统计

通过对遥感监测到的2000～2021年蒙古高原春季沙尘暴事件进行频数统计，如图4.5所示，共监测到80次典型春季沙尘暴事件。其中3月份共发生了31次（占39%），4月份发生了34次（占43%），5月份发生15次（占19%）。在发生年份上，整体上2000～2010年蒙古高原春季沙尘暴发生次数较多，达到52次（占85%）。其中，2000～2002年（21次）、2006年（9次）以及2010年（7次）是蒙古高原春季沙尘暴发生高峰期。2011～2021年间次数明显较少，达到28次（占35%）。其中，2011～2015年呈逐年下降趋势，2016～2021年间发生频次均较低，波动变化不大。但2021年沙尘暴带来的危害明显加大，反映出气候变化和极端天气事件增多背景下的不确定性。

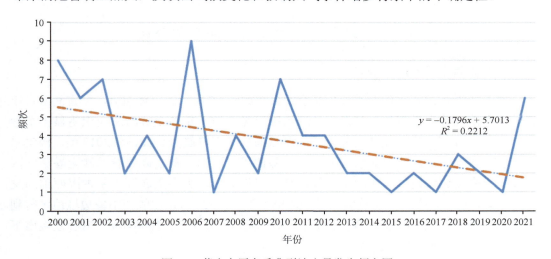

图4.5　蒙古高原春季典型沙尘暴发生频率图

2. 沙尘暴面积统计

首先提取每个事件中所有单次沙尘暴事件的空间分布，然后对各年监测到的所有春季沙尘暴事件进行整合，得到各年春季沙尘暴的最大分布范围，计算得到了蒙古高原整体上每年发生沙尘暴区域的面积（图4.6）。从图4.1可以看出，蒙古高原春季沙尘暴事件波及面积较大的年份有2000年、2001年、2002年、2006年和2021年；2006年面积最大，其次为2021年。对比频次可以看出，2006年发生了9次沙尘暴事件，2021年仅发生两次，可见2021年的春季沙尘暴发生的单次强度及波及范围很大。沙尘暴面积变化与频次趋势大体相同，但有差别。22年间，平均每年春季暴发沙尘暴的面积为40.87万km²。2000～2002年发生沙尘暴的面积稳定在77万km²左右，2003年下降到22.17万km²，后快速上升。2006年达到面积高峰，为120.58万km²（约为平均值的3倍）。2007年面积下降，后缓慢增加，到2010年达到了新的小高峰。2011～2018年间呈波动变化趋势，起伏不大，2018年达到较高值46.88万km²。2019年和2020年为下降趋势，2020年达到最低值，仅有6.65万km²。2021年又急剧上升，达到了79.59万km²。

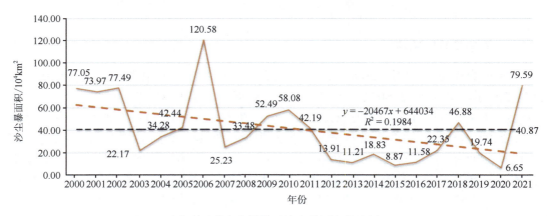

图4.6　蒙古高原春季沙尘暴面积统计图

4.3.2　蒙古高原沙尘暴空间变化分析

1. 沙尘暴空间格局分析

　　蒙古高原近22年来的春季沙尘暴空间分布如图4.7所示。总体而言，蒙古高原每年春季都会出现沙尘暴事件，其发生轨迹清晰可见。前十年沙尘分布总面积明显大于后十年，自2011年以来，受沙尘暴影响的区域面积呈下降趋势。2013～2017年，沙尘暴呈分散分布的特征，波及面积普遍减弱。除此可以看出，蒙古高原春季沙尘暴集中区明显位于中蒙边境地区。在沙尘传播路径上可以看出，大多数起源于蒙古国西部的戈壁阿尔泰、巴彦洪戈尔、前杭爱等省（如2000年、2002年），尘源在中蒙边境地区得到补充（如2006年、2010年），随后到达东部区域（如2002年、2006年），或者直接南下到达中国内蒙古的阿拉善旗等区域。

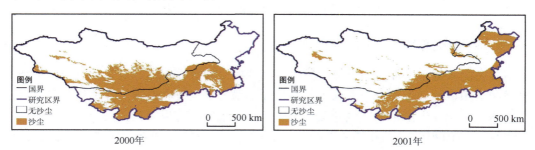

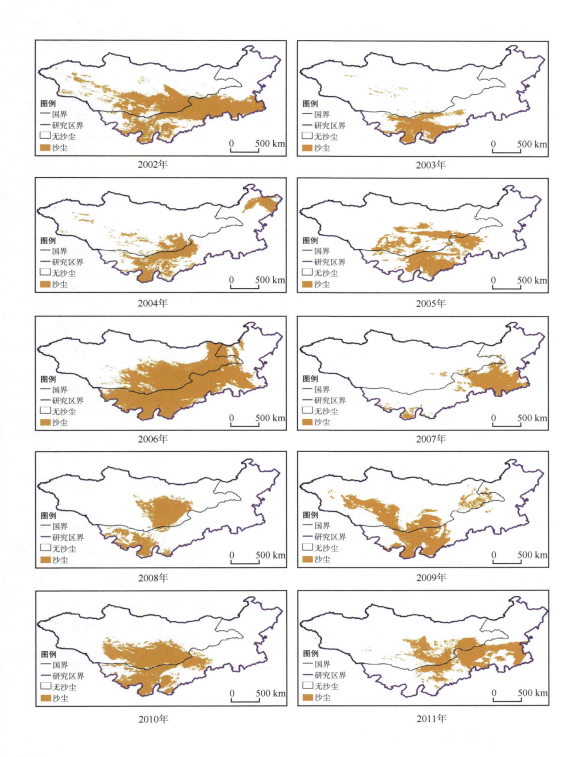

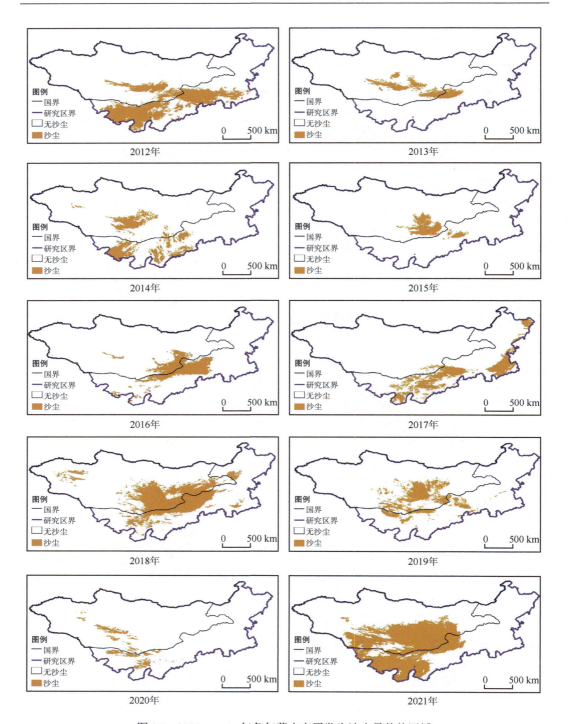

图4.7　2000～2021年各年蒙古高原发生沙尘暴整体区域

2. 沙尘暴空间变化特征分析

前文从频次、面积、强度对蒙古高原近22年春季沙尘暴的时间特点进行了分析，得出：2000～2010 年蒙古高原春季发生沙尘暴次数较多，且呈现波动变化。其中 2003 年沙尘暴发生频次明显下降，2006 年达到最高频次，2007 年后呈波动变化趋势，2010 年又达到了较高值。2011～2021 年间次数明显较少，2011～2015 年呈逐年下降趋势，2016～2021 年间发生频次均较低，波动变化不大。且沙尘暴发生的频次与涉及的面积是正相关的，频次高则影响面积也大。

在空间角度上，沙尘暴整体呈现南多北少、西多东少，且自西向东、自南向北依次递减的趋势。发现蒙古高原春季沙尘暴的主要影响范围为中蒙交界区域，尤其是南部地区，是重点受灾地区。这些区域包括蒙古国的南部戈壁区和中国内蒙古区域的中西部，如阿拉善盟、乌拉特后旗、四子王旗、苏尼特左旗和苏尼特右旗等（钱正安等，2006；师华定等，2013；周波等，2017）。而整体上蒙古国的北部森林区及中国内蒙古东北区域发生沙尘暴次数较少，仅有部分年份（2000 年、2001 年、2004 年）在气旋作用下到达中国内蒙古的东北区域。与其他研究者得出的结论相似（魏彦强等，2021；Altangerel，2018；杨伊侬，2010），在沙尘暴发生通道上，蒙古高原春季沙尘暴多起源于蒙古国西部，呈现出先在西部戈壁阿尔泰省和巴彦洪戈尔省等零星发生，到蒙古国南部的中戈壁、东戈壁以及南戈壁省形成聚集，并扩展到中蒙交界地区，以及中国内蒙古地区的乌拉特后旗、四子王旗、苏尼特左旗和苏尼特右旗等的总体特征。

在中蒙跨境沙尘暴事件中，发现蒙古国东南部的沙尘源有向东和东北蔓延的趋势。如 2002 年春季出现了多次强沙尘暴（魏彦强等，2021；Altangerel，2018；杨伊侬，2010），整体沙尘路径为源于蒙古国西部的戈壁阿尔泰、巴彦洪戈尔、前杭爱等省，强势作用地区在中蒙交界的南部地区，直接影响到蒙古国的中戈壁、东戈壁、南戈壁等省和中国的达尔罕茂明安联合旗，乌拉特中旗、乌拉特后旗、四子王旗、苏尼特左旗、苏尼特右旗、二连浩特等。

观察 2009 年蒙古高原的沙尘走势可以看出，沙尘暴由蒙古国西部南下，直接进入中国境内。沙尘同样源于蒙古国西部的戈壁阿尔泰、巴彦洪戈尔、前杭爱等省，但其未在蒙古国南部大量起沙，而是从南下通道进入了中国境内，直接作用在了中国内蒙古的阿拉善左旗、阿拉善右旗等区域（Jebali et al.，2021；傅伯杰，1997）。

图中可见，2012 年以后，蒙古高原整体沙尘分布也明显减少，考虑与防沙治沙工程治理效果有关（李寒冰等，2022；张钛仁，2008；刘纪远等，2008）。但 2021 年蒙古高原 3 月份突然发生多次强沙尘暴事件（刘鸿雁等，2003），由于准备不足，发生了重大人员、牲畜的伤亡和损失。

4.3.3　蒙古高原沙尘暴发生强度分布

本研究共监测到了 76 次沙尘暴事件，中国内蒙古的乌拉特后旗和乌拉特中旗发生次数达到 60 次；其次为蒙古国的东戈壁和南戈壁，发生次数为 59 次，占比均达到了 79%。50 到 60 次之间的依次为：阿拉善左旗 52 次、蒙古国中戈壁省 51 次，达尔罕茂明安联合旗 50 次、四子王旗 50 次；40～50 次之间的依次为：苏尼特右旗 49 次、苏尼特左旗 47 次、阿拉善右旗 47 次，蒙古国前杭爱省 41 次；30～40 次直接的依次为：杭锦旗 39 次、二连浩特市36次、鄂托克旗34次、蒙古国巴彦洪戈尔省32次、乌拉特前旗32次、达拉特旗30次、阿巴嘎旗30次。蒙古国的北部森林区及中国内蒙古东北区域整体发生沙尘暴次数较少。

高频发区主要集中在蒙古高原中部，多为蒙古国和中国内蒙古接壤地区，包括蒙古国的南部戈壁区以及中国内蒙古的阿拉善左旗、阿拉善右旗、额济纳旗等西部地区，还有乌拉特后旗、乌拉特中旗及其附近地区。另一个高发区是蒙古国东方省及其与内蒙古地区接壤的东乌珠穆沁旗、西乌珠穆沁旗以及苏尼特左旗、苏尼特右旗等地区，但其整体上沙尘暴发生次数少于内蒙古中西部地区及蒙古国南部地区。

4.4　蒙古高原下垫面土地覆盖格局与变化分析

蒙古高原的沙尘暴起源于地表的沙尘，因此其下垫面信息与整体沙尘暴的变化有很强的关联关系。本节在蒙古高原沙尘暴分布总体时空规律的基础上，系统分析蒙古高原下垫面土地覆盖的格局与变化，为本章4.5节沙尘暴的归因和应对提供客观科学证据。

4.4.1　研究方法

1. 分布格局分析

根据各期数据产品，获取蒙古高原土地覆盖分布格局，通过导出土地利用情况统计表，分析出各地类的面积变化情况。

2. 变化速度分析

选取土地利用动态度模型来描述蒙古高原土地覆盖的变化速度。土地利用动态度是指土地利用类型在单位时间内的面积变化情况，有单一土地利用动态度和综合土地利用动态度。

1) 单一土地利用动态度

单一土地利用动态度用来研究地类在研究期内的面积变化情况，计算公式为

$$H = \frac{U_b - U_a}{U_a} * \frac{1}{T} * 100\% \tag{4.5}$$

式中，H 为单一土地利用动态度；T 为研究初期和末期的时间间隔；U_a 为研究初期该地类面积；U_b 为研究末期该地类面积。

2) 综合土地利用动态度

综合土地利用动态度可体现研究区整体土地覆盖类型变化的稳定性，计算公式为

$$W = \left[\frac{\sum_{i=1}^{n} \Delta LU_{i-j}}{2\sum_{i=1}^{n} LU_i} \right] * \frac{1}{T} * 100\% \tag{4.6}$$

式中，W 为区域综合土地利用动态度；LU_{i-j} 为研究期内该地类转为其他地类的面积；LU_i 为研究初期该地类面积；T 为研究初期和末期的时间间隔。

3）变化方向分析

土地利用转移矩阵能够具体反映出各地类间之间的转移方向。土地利用转移矩阵表达形式如下：

$$S_{ij} = \begin{matrix} S_{11} & S_{12} & S_{13} & \cdots & S_{1n} \\ S_{21} & S_{22} & S_{23} & \cdots & S_{2n} \\ \vdots & \vdots & \vdots & \vdots & \vdots \\ S_{n1} & S_{n2} & S_{n3} & \cdots & S_{nn} \end{matrix} \tag{4.7}$$

式中，S 代表面积；n 代表土地利用/覆被的类型数。

4）利用程度分析

土地利用程度的高低和变化情况，可以体现出人为活动对土地利用方式的影响。本节选用土地利用程度综合指数模型来分析土地利用程度，计算公式为

$$Q = 100 * \sum_{i=1}^{n} A_i * C_i \tag{4.8}$$

式中，Q 为土地利用程度综合指数；A_i 为各地类对应分级指数；C_i 为各地类面积占比；其中土地利用程度的分级指数，如表4.5。

表4.5　不同土地利用类型的土地利用程度分级赋值表

土地利用类型	裸地、沙地	林地、水域、草地	耕地	建设用地
土地利用分级指数	1	2	3	4

5）区域对比分析

本文选择土地利用相对变化率来对比分析蒙古国与中国内蒙古地区土地利用情况不同。计算公式为

$$R = \frac{|K_b - K_a| C_a}{K_a |C_b - C_a|} \tag{4.9}$$

式中，K_a 和 K_b 分别为A研究区内研究初期和末期该地类面积；C_a 和 C_b 分别为B研究区内研究初期和末期该地类面积。若 R 大于1，则表明同一时期A研究区中该地类变化幅度大于B研究区。

4.4.2　蒙古高原土地覆盖与变化

蒙古高原各地类面积见表4.6。

表4.6　蒙古高原各地类面积

地类	1990年	2000年	2010年	2015年	2020年
	面积/km²	面积/km²	面积/km²	面积/km²	面积/km²
林地	297 307.71	274 890.71	271 041.79	275 259.98	292 824.09
草甸草地	269 024.80	250 092.97	261 140.46	266 330.59	270 401.97
典型草地	598 047.25	640 716.12	570 165.39	568 514.86	629 169.69
荒漠草地	335 509.89	398 305.17	364 323.40	452 786.43	429 568.01
耕地	120 292.07	125 679.53	124 648.73	123 006.46	126 183.75
建设用地	10 388.93	10 624.71	11 112.45	13 974.20	15 290.70
裸地	815 336.66	745 567.10	842 159.09	760 906.61	705 819.13
水域	32 406.27	32 039.37	31 980.00	32 715.97	32 225.39
沙地	227 978.21	228 405.51	229 728.38	236 781.62	239 466.57

1. 林地格局与变化

林地主要集中分布在大兴安岭以西及杭爱-肯特山区的半湿润气候带。林地总面积在1990年到2010年间处于减少趋势，2010年到2020年呈增加趋势。1990年到1995年的减少速度最快，为0.75%；2015年到2020年的增加速度最快，达到了1.28%。相比1990年，2020年时林地面积减少了4 483.62 km²。30年间的变化速度为−0.05%。

2. 草地格局与变化

蒙古高原草地自西向东主要分布于唐努乌拉山、杭爱山脉、肯特山脉及呼伦贝尔高原。

草甸草地总面积在1990年到2000年间处于减少趋势，2000年到2020年间呈增加趋势。1990年到1995年的减少速度，为0.70%；2000年到2010年的增加速度最快，达到了0.44%。相比1990年，2020年时草甸草地面积增加了1 377.17 km²。30年间的变化速度为0.02%。

典型草地总面积在1990年到1995年间和2015年到2020年间处于增加趋势，2000年到2015年间呈减少趋势。2000年到2010年的减少速度最快，为1.10%；2015年到2020年的增加速度最快，达到了2.13%。相比1990年，2020年时典型草地面积增加了31 122.44 km²。30年间的变化速度为0.17%。

荒漠草地总面积在1990年到2020年间呈不断波动趋势。2015年到2020年的减少速度最快，为1.03%；2010年到2015年的增加速度最快，达到了4.86%。相比1990年，2020年时荒漠草地面积增加了94 058.11 km²。30年间的变化速度为0.93%。

3. 农田格局与变化

蒙古高原农田主要分布在蒙古国降水充足及灌溉条件较好的色楞格流域及河谷等和中国内蒙古的中东部地区。农田总面积在1990年到2000年间和2015年到2020年间处于增加趋势，2000年到2015年间处于减少趋势。2015年到2020年的增加速度最快，为0.52%；2010年到2015年的减少速度最快，达到了0.26%。相比1990年，2020年时农田面积增加了5 891.68 km²。30年间的变化速度为0.16%。

4. 建筑用地格局与变化

蒙古高原的建设用地分布特征为：蒙古国区域主要集中于以首都乌兰巴托为中心的区域，中国内蒙古自治区的建设用地则零星分布于内蒙古各个区域。建设用地总面积呈不断增加趋势。2010年到2015年的增加速度最快，达到了5.15%。相比1990年，2020年时建设用地面积增加了4 901.78 km²。30年间的变化速度为1.57%。

5. 水域格局与变化

蒙古高原多为河流发源地，较大河流有色楞格河和额尔古纳河等；湖泊多分布在西北地区，如乌布苏湖和库苏古尔湖等。水域总面积在仅2010年到2015年间处于增加趋势，其他研究期内均处于减少趋势。2010年到2015年的增加速度，为0.46%；2015年到2020年的减少速度最快，达到了0.30%。相比1990年，2020年时水域面积减少了180.88 km²。30年间的变化速度为–0.02%。

6. 裸地格局与变化

蒙古高原裸地大面积连续分布于蒙古国中西部的戈壁地区。裸地总面积在仅2000年到2010年间处于增加趋势，其他研究期内均处于减少趋势。2000年到2010年的增加速度为1.30%；2010年到2015年的减少速度最快，达到了1.93%。相比1990年，2020年时裸地面积减少了109 517.53 km²。30年间的变化速度为–0.45%。

7. 沙地格局与变化

蒙古高原的沙地主要集中在中国内蒙古西部地区和蒙古国的扎布汗省以及南部戈壁地区，主要有腾格里沙漠、科尔沁沙地等。沙地总面积在1990年到2020年间均处于增加趋势。增势有急有缓，2010年到2015年的增加速度最快，达到了为0.61%。相比1990年，2020年时沙地面积增加了11 488.36 km²。30年间的变化速度为0.17%。

4.4.3　蒙古高原土地利用程度分析

结合综合土地利用动态度变化情况来看，蒙古高原2010年到2015年的变化最为剧烈，该指标达到了0.71%；其次为2015年到2020年间，为0.62%。整体来看，1990～2020年这30年间的变化情况，仅为0.16%。

研究数据表明，中国内蒙古与蒙古国相比，在2000年到2010年间，中国内蒙古建设用地和水域的变化程度大于蒙古国，指标分别为3.25、1.42；在2010年到2015年间，中国内蒙古典型草地和水域的变化程度大于蒙古国，在2015年到2020年间，中国内蒙古仅草甸草地的变化程度大于蒙古国，但以1990年到2020年30年为视角，中国内蒙古的变化小于蒙古国。两者经济发展状况和经济发展速度有所不同，在一定程度上影响了地类的变化情况，也从侧面说明了人为因素是土地覆盖变化的驱动力之一。蒙古高原、蒙古国和中国内蒙古的土地利用变化情况指标结果如表4.7所示。

表4.7　1990～2020年中国内蒙古和蒙古国相对变化率

项目	1990～2000年	2000～2010年	2010～2015年	2015～2020年	1990～2020年
林地	0.15	0.18	0.03	0.00	0.54
草甸草地	0.09	0.01	0.02	1.26	0.08
典型草地	0.09	0.08	1.04	0.14	0.33
荒漠草地	0.02	0.03	0.02	0.02	0.04
耕地	0.33	0.03	0.01	0.00	0.37
建设用地	0.68	3.25	0.87	0.06	0.27
裸地	0.10	0.00	0.12	0.01	0.16
水域	0.73	1.42	1.66	0.49	0.88
沙地	0.09	0.87	0.01	0.00	0.02

本研究选用土地类型利用度来反映研究区内土地的开发程度和土地利用价值的发挥程度。蒙古高原、蒙古国和中国内蒙古1990年、2000年、2010年、2015年、2020年的土地利用度如表4.8所示。

表4.8　1990～2020年蒙古高原、蒙古国、中国内蒙古土地利用度

项目	1990年	2000年	2010年	2015年	2020年
蒙古高原	166.66	169.44	165.82	168.99	171.23
蒙古国	153.97	158.23	151.97	157.14	160.93
中国内蒙古	184.05	184.80	184.79	185.47	185.63

整体而言，中国内蒙古的土地利用程度最大，蒙古高原次之，蒙古国最小。近30年来，蒙古高原和蒙古国的土地利用度在2000年到2010年间有所下降，中国内蒙古的土地利用度在此期间变化不大，2010年后，蒙古高原、内蒙古和蒙古国的土地类型利用度均在回升，并在2020年达到了最大值，分别为171.23、160.93、185.63，在一定程度上可以说明蒙古高原整体的土地承载能力在逐年提升。

综上，对蒙古高原土地覆盖情况的研究结果表明，蒙古高原土地覆盖分布基本格局较为稳定，三大主导地类依次为草地、裸地和林地；其次为沙地和耕地，水域和建设用地占比较少。林地面积先减后增，建设用地面积变化速度最快，草地三种地类中，荒漠草地变化速度仅次于建设用地，耕地、水体和裸地面积呈动态波动趋势，且土地覆盖类型的转变多发于草地、林地、耕地、裸地和建设用地之间；在国别差异上，受不同政策法规和行政区划等社会经济因素影响，同种地类的变化程度在不同区域不同，内蒙古的建设用地，水体和草甸草地在不同年间变化大于蒙古国，其30年的地类整体

变化程度却小于蒙古国，其土地利用率也大于蒙古国和蒙古高原整体。总体上，蒙古高原1990～2020年的变化速度仅为0.16%，与30年前蒙古高原土地利用系统相比变化并未很大，但数据表明，蒙古高原整体的土地承载能力在逐年上升，其可持续发展态势在逐年好转，彻底改善蒙古高原脆弱的本地生态还有待努力。

4.5　蒙古高原沙尘暴归因与应对策略分析

基于上文分析结果，可以发现蒙古高原的沙尘暴变化及其所处的地表变化都呈现一定的规律性。本章在此基础上，进一步结合联合国可持续发展目标(SDG15.3)的要求，以及蒙古高原生态环境治理的现实举措，提出应对建议。

联合国可持续发展目标(sustainable development goals，SDGs)，是联合国制定的17个全球发展目标，在2000～2015年千年发展目标(MDGs)到期之后继续指导2015～2030年的全球发展工作。其中SDG2、SDG6、SDG11、SDG13、SDG15等与蒙古高原可持续发展最为紧密(魏彦强等，2021)，其中SDG15.3与蒙古高原沙尘暴关系最为紧密。

可持续发展作为全球重大使命，强调人类与地球各系统的和谐永续共存。SDGs的实现有赖于社会、生态、自然资源等各要素协调统一，土地利用变化在一定程度上会影响生态系统的可持续循环。蒙古高原的主要植被覆盖类型为林地、草地、裸地、沙地、水域、农田和建设用地，这些自然资源除了保障粮食安全和提供防护外，还对抗击气候变化、保护生物多样性至关重要(Altangerel，2018；杨伊侬，2010；傅伯杰，1997)。

4.5.1　下垫面土地覆盖与沙尘暴关系分析

沙尘暴的形成主要有自然条件和人类活动干扰两方面。自然条件有风速、降水量、空气湿度及尘源地分布等；人类活动主要会对下垫面情况造成干扰，常见的有过度放牧、乱砍滥伐、过度采矿以及不合理的土地利用方式等，这会破坏下垫面生态条件，形成大面积沙漠化土地，导致土地覆被率的下降，从而加速沙尘暴的形成和发育(王姤涛等，2022；历青等，2006)。本节主要结合联合国可持续发展目标中的陆地生态SDG15角度，挖掘了蒙古高原下垫面土地退化和沙尘暴的关系，为后续沙尘暴归因及应对分析相关研究提供新的思路和参考。

土地覆盖的变化是自然和人类影响的耦合效应。地面上的尘埃通过气旋分散到大气中，在强风的作用下长距离大范围传播，形成沙尘暴。蒙古高原沙尘暴高发区的下垫面土地覆盖类型主要为裸地、沙地和荒漠草地(罗明和龙花楼，2005；李寒冰等，2022)，而蒙古国北部森林区和中国内蒙古东部主要为森林和草甸草地，植被覆盖度高。通过对2000～2010年和2010～2020年蒙古高原裸露土地和沙地空间迁移分布的分析，蒙古高原沙地面积呈上升趋势，2010～2015年达到0.61%(Togtokh，2022)。裸地面积从2000年至2010年呈上升趋势，为1.3%。

这一时期与2000年至2011年发生的高沙尘暴事件频率相结合。2010年至2021年，裸地减少，2010年至2015年达到1.93%（Togtokh，2022）。裸地数量的增加加速了沙尘暴的发展，其减少也伴随着沙尘暴数量的减少。这说明裸地的变化与蒙古高原沙尘暴发生频率的变化呈正相关。但蒙古高原沙地面积的不断增加，很有可能是导致2021年多次发生特强沙尘暴的原因。

近10年，北方地区春季年均发生8.5次沙尘天气过程，低于常年（1990~2020年）同期的12.5次，呈现次数减少、强度减弱的趋势。这与本节得出的蒙古高原沙尘暴时间分布规律有一定的协同性。

4.5.2　气象指标与沙尘暴关系分析

以蒙古高原高发区为研究区，探讨沙尘暴与气象指标的关系，主要指标为温度和降水量。受气象观察数据的限制，本次讨论的时间序列为2008~2017年。

图4.8展示了沙尘暴面积与气象数据（气温与降水量）的关系。根据相关系数的计算，降水量与沙尘暴面积呈负相关，相关系数为-0.73。也就是说，降水越多，受沙尘暴影响的地区就越小。年平均气温与沙尘暴面积也呈负相关，相关系数为-0.25，说明相关性不强。其他学者也发现，降水通过土壤湿度的变化和植被覆盖范围对沙尘排放有直接影响（Qian et al.，2021）。

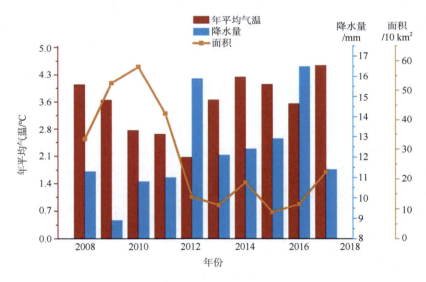

图4.8　降水量、年平均气温和沙尘暴关系分析图

4.5.3　蒙古高原沙尘暴防治相关政策分析

除蒙古高原局部本底生态条件恶劣和气候变化影响加重以外，蒙古国和中国内蒙古的一些政策举措也影响了沙尘暴的发生。蒙古国公认的支柱产业是畜牧业和采矿业（张钛仁，2008；刘纪远等，2008；张军等，2020）。根据蒙古国政府公布的官方数据

显示，近30年来的变化趋势为，牲畜数量从1990年的2 000万头快速增到1995年的5 000万头，2019年达到了7 090万，2020年开始有所下降，为6 706.85万，数量在2021年达到了6 734.38万，超出牧场总承载能力3 300万，放牧数量达到牧场应有承载力的2～7倍。牲畜数量的快速增长造成了蒙古国局部的过度放牧和严重的环境破坏。过度放牧和牲畜数量的快速增长会导致地面NDVI的降低，从而加速沙尘暴的形成（董昱等，2019；黄森旺等，2012）。

蒙古国的矿产资源储量丰富。20世纪90年代以前，蒙古国的经济主要靠农业和畜牧业，进入20世纪90年代以后，采矿业迅速发展。在政府方面，1997年蒙古国制定了《矿产资源法》；2002年蒙古矿业部颁发了近3 000个勘探许可证，覆盖了该国近30%的领土。由此导致其开采出来的矿产品出口比重也不断提高，从2000年35%一直上升到2011年的90%。近22年来蒙古煤的产量也在不断地提高，从2006年的800万t，到2008年超过1 000万t，到2010年达到2 500万t，再到2011年突破3 000万t，可见煤产量的增长速度之快。到2011年，蒙古国是世界上发展最快的经济体。矿业的繁荣为该国带来了新的财富，为经济和社会发展铺平了道路，同时也对地表植被和生态环境带来了巨大冲击。不难发现，这两大支柱产业的发展规律与蒙古高原春季沙尘暴的时空分布规律有一定的协同性。2000～2010年是沙尘暴多发时期，而蒙古高原的畜牧业和采矿业在此期间也是快速发展期。这说明这两个支柱产业的发展对蒙古高原春季沙尘暴的时空分布格局有影响。

蒙古国和中国政府都采取了一系列防沙化措施，减少了沙尘暴灾害的发生。自2005年以来，蒙古国政府实施了一项被称为"绿墙"的国家计划。增加南部干旱和戈壁沙漠地区的植被覆盖率，来抑制荒漠化（董锁成，2010）。近年来，蒙古政府发起了"十亿棵树"计划，计划在2021年至2030年间至少种植10亿棵树。

对比于蒙古区域，中国内蒙古区域在2011年后的沙尘暴影响显著下降。这与中国开展风沙源治理和防沙治沙生态工程不无相关。自从1978年以来，中国政府累计投资超过1万亿元来实施一系列的重大防沙治沙工程。"三北"防护林工程是指在中国"三北"地区（西北、华北和东北）建设的大型人工林业生态工程，覆盖了蒙古高原所在的中国内蒙古地区。"三北"防护林体系总面积406.9万km^2，占中国陆地面积的42.4%，包括中国境内东北、华北、西北的13个省、区、市（黄麟等，2018）。截至2020年底，"三北"工程累计完成造林面积达3 174.29万km^2。经过多年治理，位于中国内蒙古的呼伦贝尔和科尔沁沙地等，植被覆盖度都有显著提高（王强等，2012）。

为减少京津及周边地区沙尘暴及浮尘天气高发，改善和优化生态环境状况，中国政府于2000年启动了"京津风沙源治理工程"这一重大工程，其中沙化土地治理是该工程的最为核心的任务。同时采取了以防沙治沙法、森林法、草原法等法律为基础的法律体系，来重点治理中国的沙源问题（贾晓红等，2016）。京津风沙源工程是专为京津冀周边区域土地沙化问题出台的生态工程。京津风沙源治理一期工程于2002年启动，2012结束（刘硕等，2019）。二期工程（2013～2022年）总面积71.05万km^2。关于京津风沙源治理工程区沙化土地的变化，国家林业和草原局报告显示，沙化土地面积年均减少432 km^2，这一数字主要来源于全国荒漠化和沙化状况普查与监测成果。

在这一系列生态项目的努力下，中国沙地面积显著减少（王宁等，2020；王卷乐等，2018a）。然而，一些评估结果并不都同意这些项目的生态影响。例如，植树造林导致的幼苗减少和死亡反映了生态适应性问题（刘硕等，2019；Wang et al.，2010）。今后要进一步重视当地情况，将人工管理与自然恢复相结合，有效控制沙尘暴。

4.6　本 章 小 结

近年来蒙古高原的沙尘暴事件呈现局部加重态势，为本区域土地退化零增长和区域气候变化灾害的应对增加了变数。针对蒙古高原沙尘暴应对需求，本研究以蒙古高原（中国内蒙古区域和蒙古国）作为研究对象，通过方法对比，选用沙尘暴探测指数 DSDI；基于筛选后的 228 景 MODIS 数据，获得 2000～2021 年蒙古高原春季（3～5 月）沙尘暴分布数据集，并分析其时空分布规律；结合蒙古高原土地覆盖数据，对其1990～2020 年近 30 年的土地覆盖变化情况进行了详细分析；两者结合，并综合两国政府近年来的相关生态治理政策分析，给出了归因和应对策略。形成的主要结论如下。

（1）选取归一化尘埃指数（NDDI）、热红外沙尘指数（TDI）、亮温差指数算法（BTD）和无阈值法沙尘指数（DSDI）四种提取模型，探讨其在蒙古高原区域适用性。经对比分析得出，NDDI 算法明显未能将沙尘区域与陆地分离开来，存在将陆地地表误判为沙尘的现象；TDI 算法则不能有效地将云与沙尘区域分离开来，存在将云误判为沙尘以及沙尘信息缺失的现象；对于 BTD 算法，效果比 NDDI 和 TDI 算法略优，但对于蒙古高原大时空尺度的研究，需要为每次沙尘事件选取不同的阈值，较为耗时耗力。而DSDI 方法可以将大多数沙尘像元提取出来，且对于所有的沙尘事件，DSDI 值均大于0，有效规避了阈值差异问题，最适用于蒙古高原大时空尺度的沙尘暴研究。

（2）基于MODIS数据，采用沙尘指数 DSDI，获取了时间连续的2000～2021 年蒙古高原春季沙尘暴数据集。结合沙尘暴发生频次、波及面积、强度以及空间分布，获取了蒙古高原 2000～2021 年蒙古高原春季沙尘暴的时空分布规律。长序列的沙尘暴监测结果表明，在时间规律上，2000～2010 年蒙古高原整体沙尘暴发生频次明显多于2011～2021 年，2000～2010 年蒙古高原春季沙尘暴发生次数较多，达到52 次（占68%）。2010年后沙尘事件明显减少（24 次），沙尘暴事件呈下降态势。但 2021 年沙尘暴发生强度明显变大，波及面积也更广，体现了极端天气事件频发的影响；波及面积最高的为 2006 年（120.58 万 km²），面积最少的为2020 年（6.65 万 km²），平均每年达到40.87 万 km²；沙尘暴发生的频次与涉及的面积是正相关的，频次高则影响面积也大；在沙尘暴发展路径上，沙尘起源多始于蒙古国西部，发展轨迹为从蒙古国西部的巴彦洪戈尔、前杭爱等省起沙，到蒙古国南部的中戈壁、东戈壁和南戈壁等获得尘源补充，后直接作用在中蒙边境 及中国内蒙古区域；偶尔受气旋影响，可到达中国内蒙古东北区域。在空间规律上，蒙古高原沙尘暴事件整体呈现南多北少，西多东少，且自西向东、自南向北依次递减的趋势。揭示了蒙古高原沙尘暴分布的区域强度，发现中蒙边界的南部地区是其强度中心，特别是在蒙古南部。

（3）基于1990年、2000年、2010年、2015年及2020年共五期土地覆盖数据，使用了土地利用动态度模型、土地利用转移矩阵、土地利用度模型，对比分析了蒙古国和中国内蒙古两个不同地理单元的土地利用变化情况，获取了蒙古高原近30年的下垫面变化情况，揭示了蒙古高原近 30 年来土地利用变化的时空特征。蒙古高原土地利用分布基本格局较为稳定，三大主导地类依次为草地、裸地和林地，其次为沙地和耕地，水域和建设用地占比较少。林地面积先减后增，建设用地面积变化速度最快，草地三种地类中，荒漠草地变化速度仅次于建设用地，耕地、水体和裸地面积呈动态波动趋势，且土地覆盖类型的转变多发于草地，林地，耕地，裸地和建设用地之间；在国别差异上，受不同政策法规和行政区划等社会经济因素影响，同种地类的变化程度在不同区域不同，内蒙古的建设用地，水体和草甸草地在不同年间变化大于蒙古国，其 30 年的地类整体变化程度却小于蒙古国，其土地利用率也大于蒙古国和蒙古高原整体。总体上，蒙古高原 1990～2020 年的变化速度仅为 0.16%，与 30 年前蒙古高原土地利用系统相比变化不大，但数据表明蒙古高原整体的土地承载能力有上升势头，其可持续发展态势在逐年好转，这为彻底改善蒙古高原脆弱的本地生态提供了条件。

(4) 结合蒙古高原近22年春季沙尘暴发生的归因分析并提出应对策略。结合近30年土地覆盖变化规律分析与SDG15.3的综合分析发现，蒙古高原沙地面积呈不断增加趋势，裸地的变化趋势与蒙古高原沙尘暴发生频次的年际变化规律大致相同，裸地的增加加速了沙尘暴的发育，其减少的同时也伴随着沙尘暴次数的减少。以蒙古高原高发区为研究区，探讨了沙尘暴与气象指标的关系，主要为温度和降水量，根据相关系数的计算，降水量与沙尘暴面积呈负相关，相关系数为–0.73。即降水量越多，受沙尘暴影响的地区就越小。温度与沙尘暴面积也呈负相关，相关系数为–0.25，说明相关性不强。其他学者也发现，降水通过土壤湿度的变化和植被覆盖范围对沙尘排放有直接影响。蒙古高原的沙尘暴事件与其所处的自然地理环境和区域治理政策有一定的关联。而中国在内蒙古的防风治沙生态工程是其区域抑制效果显著的政策原因。通过对中蒙两国政府采取的人为政策措施分析，本研究认为，减少沙尘暴和抑制土地退化零增长的可持续发展目标同根同源。加强沙尘暴的监测与预警、加强防风治沙生态工程、强化中蒙跨境沙尘天气的应对机制建设，是减少蒙古高原沙尘暴灾害的重要手段。

第5章 基于MODIS-NDVI时序数据的
蒙古国草地动态监测

　　植被是陆地生态系统组成部分中不可或缺的部分，它是水环境、土壤系统和大气系统之间的"纽带"，在陆地生态系统能量转化和物质循环的重要环节中扮演着不可替代的角色（古丽等，2010）。植被通过地表反照率、光合作用和地表与大气之间的蒸散量来调节碳循环、能量交换以及局部地区和全球气候变化。植被具有明显的时间变化特征，其长时间的动态监测可以被用来监测区域自然生态环境的变化。植被物候学是指植被与不同气候因素、地理要素以及其他环境因子之间相互影响的一种季节性现象，它表示在周围环境条件长时间的影响下，植被生长发育会呈现出一种特定的周期性规律（曹沛雨等，2016）。植被物候学在调节气候-生物圈相互作用中起着至关重要的作用，是植被变化的敏感和关键特征，与全球气候变化密切相关，是研究植被与大气之间碳交换的季节和年际动态变化的一个极为重要的因素，因此受到越来越多的关注（常清，2017；董晓宇等，2020）。

　　蒙古高原是东亚内陆高原，属于温带大陆性气候。因其特殊的地貌特征和重要的地理位置，是全球生态环境变化的重要响应区域（张艳珍等，2018）。蒙古高原植被物候的变化可以反映全球气候变化，是一个对全球变暖敏感的地区（王菱等，2008）。在过去40年中，蒙古高原降水少、气温明显升高等环境变化问题加剧了其干旱程度（Li et al.，2012）。蒙古国是蒙古高原的重要组成部分，其地理位置在"中蒙俄经济走廊"建设中具有独特的优越性，是"一带一路"的主要合作区域（敖仁其和娜琳，2010；金正九等，2011）。蒙古国在1940年至2007年期间的年气温升高了1.6℃，春季、夏季和秋季的季节温度变化分别为1.8℃、1.1℃和1.0℃，相反，整个国家的年平均降水量下降了7%（Batima et al.，2000；Gomboluudev et al.，2008）。蒙古国气候变化可能会导致蒙古国植被物候发生较大变化（Menzel et al.，2006；Parmesan et al.，2006），从而影响地表植被的生长状况，最终导致蒙古国陆地生态系统发生变化。此外，该地区草地植被物候的变化可能会影响草地生物量，从而影响该区域草地畜牧业可持续发展战略的实施，甚至会促使当地牧民的游牧方式发生变化（Ding et al.，2007）。蒙古高原区域植被物候的动态变化及其对气候变化的响应，成为全球变化研究者关注的热点问题。

　　近年来，许多学者对蒙古高原地区的植被物候动态及其影响因子进行了研究（Sun et al.，2014；Dugarsuren et al.，2016；包刚等，2017；毕哲睿，2020；姜康，2020），但大多数研究集中在中国内蒙古、中蒙边境地区或整个蒙古高原地区，且关于蒙古国草地植被物候信息的长时间大尺度变化规律知之甚少，其影响因素的机制等问题尚不明确。开展蒙古国长时间序列草地植被信息动态监测研究，发现该地区草地植被变化特征、植被物候时空特征，揭示其动态变化规律及其影响因子，对认识全球变化在蒙古高原的植被变化响应、促进蒙古国草地资源可持续发展、建设我国北方生态安全屏障具有重要的科学和现实意义。

本研究以 2000～2020 年 MODIS_MOD13Q1 影像为数据源，基于 NDVI 时间序列数据、土地覆盖分类数据、野外采样数据等，研究了 2001～2019 年蒙古国植被覆盖时空动态变化分析，完成蒙古国及典型草地类型近 19 年来的植被物候信息的变化趋势及其对地理要素的响应，对深刻理解蒙古国草地植被如何应对气候和生态环境变化有重大意义。本研究主要探讨蒙古国长时间序列草地植被物候时空动态演变及其影响因子。具体目标是致力于得到蒙古国长时间植被物候期，探索蒙古国 2001～2019 年长时间序列植被 NDVI 和物候年际动态变化特征，分析对比不同草地类型物候变化的不同，探讨植被物候总体特征对地理要素的响应。

5.1　数据来源与研究方法

5.1.1　数据来源及预处理

1. 遥感数据

本研究的遥感数据来源是 Terra/MODIS NDVI 数据集（MOD13Q1），是空间分辨率为 250 m 的 16 天最大合成的 2000～2020 年蒙古国全境范围的综合数据。研究区范围涉及 9 景数据，分别为 h22v03、h23v03、h23v04、h24v03、h24v04、h25v03、h25v04、h26v04、h27v04，本研究选用 2001～2019 年每年 12 个月的数据（共 4 347 景数据），对下载的数据进行预处理得到 NDVI 数据集。

2. 降水量和地表温度数据

降水量数据来自全球降水测量数据（integrated multi-satellite retrievals for global precipitation measurement，GPM_L3/IMERG）数据集。地表温度数据采用的是 MOD11A2 产品，并分别提取日间地表温度数据（day land surface temperature，DLST）和夜间地表温度数据（night land surface temperature，NLST），该数据产品可被用来研究植被物候变化对地表温度的响应（Han et al.，2013；Mao et al.，2014）。使用 Google 遥感云平台（google earthengine，GEE）下载并处理此降水量数据和地表温度数据，得到 2001～2019 年年均降水量和年均地表温度空间分布图。

3. 高程数据

高程数据来源于雷达地形测绘 SRTM（shuttle radar topography mission，SRTM）数据集。使用 GEE 平台下载高程数据，并利用 ArcGIS 软件将研究区影像拼接裁剪后重投影，得到与 MODIS-NDVI 空间分辨率一致且投影相同的蒙古国高程空间分布数据。

4. 其他辅助数据

本研究使用的辅助数据有：蒙古国行政区划（蒙古国国界矢量数据和蒙古国省界矢量数据），2000年、2010年、2015年蒙古国土地覆盖分类产品数据（王卷乐等，2018a；王卷乐等，2018b；Wang et al.，2019），蒙古国Google Map在线影像，蒙古国实地野外考察样点，DCP（degree confluence program）网站数据等。

5.1.2　研　究　方　法

1. 时间序列拟合

植被物候信息提取前要对MODIS-NDVI数据进行：①消除土壤背景的影响，去除NDVI中19年平均NDVI值小于0.1的像素，这些被认为是非植被区域（Piao et al.，2003；Clinton et al.，2014）。②非植被覆盖地区（包括水裸地、沙漠、建筑用地、河流、湖泊）对于物候的研究毫无意义，因此结合已有的蒙古国土地覆盖分类数据产品，将所有非植被覆盖区域进行掩膜处理，得到研究区植被覆盖区域（包括森林、草甸草地、典型草地、荒漠草地、农田），并获取该植被覆盖区域的物候期数据。③对NDVI时序数据进行平滑以消除NDVI时间序列数据集本身所存在的大量噪声，获得较高质量的NDVI数据集。尽管遥感影像已经进行了消除大气影响的校正、去云处理等工作，但是由于云量、水、雪或阴影较少，数据集里仍然存在一些噪声。为了进一步消除这些噪声，本研究首先使用最大值合成法（maximum value composite，MVC），基于每16天一幅的NDVI图像，分别合成了月均值NDVI图像、季均值NDVI图像和年均值NDVI图像，从而减少了部分噪声。其次，为了尽量更多地减少噪声，应该进一步对经过预处理的时间序列数据集进行拟合重建。当前，使用最多的拟合重建方法有：均值迭代滤波法（mean-value iteration filter，MVI）（Zhou et al.，2001）、非对称高斯拟合法（asymmeric gaussians，A-G）（Ma et al.，2006）、双逻辑函数拟合法（double logistic，D-L）、S-G滤波法（Savitzky-Golay filtering）、时间序列谐波分析法（harmonic analysis of time series，HANTS）等。一些研究者通过对比以上几种拟合重建的方法（Jonsson et al.，2002；Fisher et al.，2005；徐浩杰等，2013），研究结果表明，A-G方法的拟合重建结果真实性更高，非常接近原始数据（李明等，2011）。

本研究使用TIMESAT 3.2平台软件，分别对蒙古国草甸草地、典型草地和荒漠草地区域NDVI进行拟合重建。首先在TIMESAT导入数据界面中加载预处理后的MODIS NDVI数据，其次根据蒙古国土地覆盖分类数据、Google影像数据和实地野外考察样点数据，分别选取草甸草地、典型草地、荒漠草地三个区域中具有代表性的样本区域，对样本区NDVI时序数据分别进行A-G、S-G和D-L等滤波平滑。最后，比较三种拟合重建方法的结果可知，S-G滤波法能够平滑NDVI曲线的微小细节部分，但是拟合时不可避免地会存留原始数据集中产生的许多噪声，从而影响拟合结果的真实性；D-L拟合法在拟合过程中的某些时段易受噪声的影响，从而使得拟合曲线产生突变，无法获得真实的植被生长曲线；结果显示，A-G 算法可以较好地拟合生长季曲线，能够降低 MODIS NDVI 时间序列数据集中存在的大量噪声，因此最终选择 A-G 算法作为对蒙古国 NDVI 时间序列数据进行拟合重建，得到质量较好的植被生长季曲线。

2. 物候参数提取

植被物候学用以研究植物生命周期中的周期性事件以及周围环境与该事件的相关性关系。植被 SOS、EOS 和 LOS 的获取对于评估植被物候、监测植被生长状况至关重要。当前大多使用阈值法、最大变化斜率法、滑动平均法、曲线拟合模型法等来获取物候，一些学者经过对比几种方法提取物候信息的结果发现，阈值法的提取结果比较接近真实值，且动态阈值法有较强的灵活性、适应性，应用非常广泛（于信芳等，2006；宋春桥等，2011）。

TIMESAT 是一个用于分析遥感卫星时间序列数据的软件包，它主要适用于研究时间序列数据的季节周期性，从而获取植被物候动态信息（石宁卓等，2015）。TIMESAT 3.2 中共可提取 9 种物候参数，包含：返青期 (a)、枯黄期 (b)、生长季长度 (c)、生长季基线 (d)、生长季峰值时期 (e)、生长季期间 NDVI 峰值时期 (f)、生长季振幅 (g)、生长季 NDVI 活跃积累量 (h)、生长季 NDVI 总积累量 (i)。本研究使用动态阈值法，利用 TIMESAT3.2 提取植被返青期 (SOS)、枯黄期 (EOS) 和生长季长度 (LOS)。对于阈值的设定，付阳阳等 (2017) 在研究柴达木盆地植被物候时空变化时将阈值设定为 20%，得到质量较好的返青期和枯黄期数据；马勇刚等 (2014) 在研究中亚和新疆干旱地区植被物候时，分别将阈值设置为 15%、20%、25% 来提取植被返青期，对比分析其结果，发现阈值设置为 20% 提取的植被返青期更加接近植被开始返青的时间。本节进行多次实验并通过比较实验结果，最后将阈值设置为 20% 来获取植被 SOS、EOS 物候参数信息，并通过该物候信息得到植被生长季长度。

3. 数据统计分析方法

1) 趋势线分析法

为研究蒙古国植被物候的总体变化趋势，本研究使用趋势线分析法对时间和植被物候数据进行分析，得到蒙古国2001～2019 年植被物候变化趋势，公式如下：

$$b = \frac{\sum_{i=1}^{n}\left[\left(x_i - \overline{x}\right)\left(y_i - \overline{y}\right)\right]}{\sum_{i=1}^{n}\left(x_i - \overline{x}\right)^2} \tag{5.1}$$

式中，b 为斜率，表示变化趋势的大小；若 $b < 0$，植被返青期和枯黄期提前，否则物候期推迟；计算植被生长季长度的变化率时；若 $b < 0$，生长季长度缩短，否则延长。x_i 为年份的代表值，用数值1、2、3…19 分别表示2001年、2002年、2003年…2019年；y_i 表示每一年的不同物候期数据；$\overline{x}$ 为年份代表值的均值；$\overline{y}$ 为物候期数据的多年

平均值；n 为样本数，这里指19。

为得到蒙古国植被物候变化趋势的显著性，分析不同物候期与年份的相关性，得到相关性系数，进而得到显著性检验结果，计算公式如下：

$$R_{xy} = \frac{\sum_{i=1}^{n}\left[(x_i - \bar{x})(y_i - \bar{y})\right]}{\sqrt{\sum_{i=1}^{n}(x_i - \bar{x})^2 \sum_{i=1}^{n}(y_i - \bar{y})^2}} \tag{5.2}$$

式中，R_{xy} 表示不同物候期与年份的相关性系数；n 为年份序号；x_i 表示不同年份的物候期数据；$\bar{x}$ 为不同年份的物候期数据多年均值；y_i 为年份代表数值；$\bar{y}$ 为年份平均值。通过查显著性检验表可知，若 R_{xy} 通过0.01或0.05的显著性检验，则说明物候年际变化趋势极显著或显著；否则物候年际变化趋势不显著。

2) 偏相关分析法

本研究采用偏相关分析法研究物候对地理要素的响应，首先通过式（5.2）计算得到不同物候期与地表温度和降水之间的相关性系数，此时式（5.2）中 R_{xy} 表示不同物候期与地理要素的相关性系数，n 为年份序号；x_i 表示不同年份的物候期数据；$\bar{x}$ 为不同年份的物候期数据多年均值；y_i 为不同年份的地理要素数据（地表温度或降水量）；$\bar{y}$ 为不同年份地理要素数据（地表温度或降水量）多年均值。其次通过式（5.3）计算植被物候与地表温度、降水之间的偏相关系数，最后对偏相关系数进行显著性检验。

$$R_{12(3)} = \frac{R_{12} - R_{13}R_{23}}{\sqrt{(1 + R_{13}^2)}\sqrt{(1 + R_{23}^2)}} \tag{5.3}$$

式中，$R_{12(3)}$ 指保持变量3固定不变时，变量1与变量2的偏相关系数；R_{12}、R_{13}、R_{23} 分别表示两个变量之间的线性相关系数。$R_{12(3)}$ 为正说明两个要素之间存在正相关关系，否则存在负相关关系。通过显著性检验可知，若 $R_{12(3)}$ 通过0.01或0.05的显著性检验，则说明两个要素之间极显著相关或显著相关。

5.2　蒙古国植被指数时空变化特征

NDVI可以直观地反映区域植被的生长态势和分布情况，是获取植被物候信息的重要数据源之一，研究分析植被NDVI时空动态变化特征，有利于掌握植被物候信息在不同区域不同时间内的变化规律（毕超等，2015）。本节分析了2001～2019年蒙古国多年间植被NDVI时空动态变化特征和变化趋势。

5.2.1　植被NDVI空间分布特征

利用ArcGIS对多年平均NDVI分布图重分类，将NDVI分级为6类（NDVI＜0.1、

0.1≤NDVI<0.2、0.2≤NDVI<0.4、0.4≤NDVI<0.6、0.6≤NDVI<0.8、NDVI≥0.8），最终得到蒙古国2001～2019年平均NDVI分布图（图5.1）。在此基础上，统计分析各NDVI分级单元的像元数量，得到蒙古国2001～2019年平均NDVI频度分布（图5.2）。图5.1表明蒙古国植被NDVI空间分布具有显著的差异，由东北向西南植被NDVI值逐渐变小。植被NDVI的大小可以表示地表植被生物量和覆盖度的大小，随着蒙古国NDVI值的变化，其地表植被生物量和覆盖度由东北向西南逐级递减，植被生长状况渐渐变差。研究区北部和东部地区植被NDVI较大，其植被覆盖度较高，而植被NDVI较小的地区，如西南地区覆盖度较低，且南部地区植被覆盖度最低，这与蒙古国由北到南依次为森林、草甸草地、典型草地、荒漠草地和裸地的分布基本一致。大多数研究者认为，无植被的地区年均NDVI值小于0.1，而植被覆盖度较高的地区NDVI年平均值均大于0.3，植被生长态势越好、生物量越高的地区往往植被NDVI值越大（史丹丹等，2016）。由图5.2可知，蒙古国绝大多数像元NDVI在0.1～0.4之间，所占比例为63.76%；在0.4～0.6之间的像元数次之，比例为20.89%；小于0.1（无植被区）的像元数占比8.66%；在0.6～0.8之间的像元数较少，占比6.37%；而大于0.8的像元数最少，仅占0.32%。总体而言，蒙古国NDVI分布频度与实际植被覆盖类型分布特征基本一致，该研究区植被类型占比以典型草地和荒漠草地为主，裸地次之，森林和草甸草地最少。

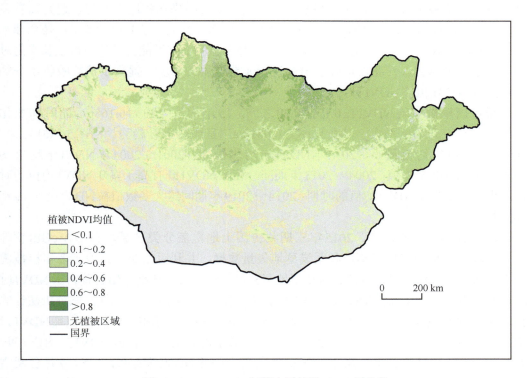

图5.1 2001～2019年蒙古国植被NDVI平均值

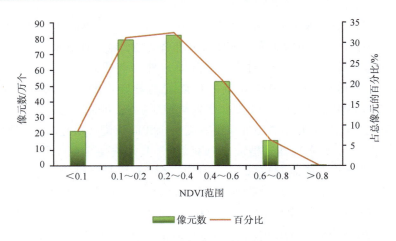

图5.2　2001～2019年蒙古国植被NDVI分级

5.2.2　不同草地类型植被

利用一元线性回归分析法计算得到2001～2019年蒙古国植被NDVI年际变化总特征。如图5.3（a）可以看出，植被NDVI线性趋势变化明显，近19年植被NDVI整体波动升高，植被生长态势有显著提升，这可能与蒙古国降水和地表温度普遍升高有关（图5.3（b）（c））。有研究表明，近40年来蒙古国平均气温上升了1.5～2.5℃，是全球水平的2～3倍（Tong et al.，2018；李晨昊，2019），温度上升可能会延长植被生长季的时间，加速植被返青、开花，增强了植被进行光合作用的强度，提高了植被吸收水分的效率，从而致使植被NDVI升高。

蒙古国植被年均NDVI在0.13～0.20之间，19年均值大约为0.1686，随时间变化年均值波动上升幅度不大，其变化率为0.0018/a，呈微弱上升趋势。由图5.3（a）可知，2009年NDVI年均值最小，2019年NDVI年均值最大。2001～2004年NDVI年均值均低于19年NDVI平均值；2004～2013年期间，植被NDVI既有高于多年NDVI均值的时期，也有低于多年NDVI均值的时期；2014～2019年期间绝大多数植被NDVI高于19年NDVI平均水平。

根据2000年、2010年、2015年三期蒙古国土地覆盖分类产品，利用ArcGIS软件分别提取草甸草地、典型草地和荒漠草地矢量数据，并利用相交工具得到多年植被覆盖类型未发生变化的草甸草地、典型草地和荒漠草地的矢量数据。结合蒙古国NDVI时序数据，得到不同草地类型植被NDVI多年月均值数据，利用一元线性回归分析法计算得到蒙古国植被NDVI月际变化总特征。由图5.4可知，一年中，蒙古国植被NDVI月均值在0.04～0.30范围内变动，呈现先增大后减小的趋势。蒙古国NDVI月均值1月、2月、11月和12月份最低，由于此时白雪覆盖，因此NDVI都在0.1之下。7月份蒙古国温度最高，降水量增多，致使7月份NDVI最高，此时植被生长态势最佳。图5.4表明，蒙古国不同草地植被月均NDVI值总体都呈现先增大后减小的趋势，其中草甸草地月均NDVI值最高，在7月份达到最高值，为0.61，而在1月份达到最低值，为0.04；典

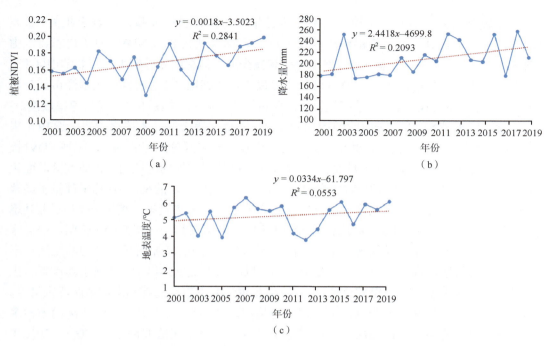

图 5.3　2001～2019 年蒙古国植被 NDVI、降水量和地表温度年均值变化趋势

型草地月均 NDVI 值较高，在 7 月份达到最高值 0.47，而在 1 月份达到最低值为 0.03；荒漠草地月均 NDVI 值最低，且其变化趋势和整体蒙古国 NDVI 植被月际变化趋势高度一致，同样在 7 月份达到最高值为 0.30，在 1 月份达到最低值为 0.03。

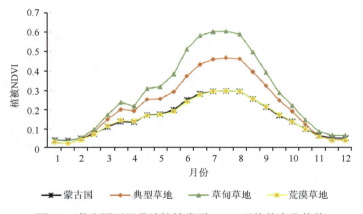

图 5.4　蒙古国不同草地植被类型 NDVI 月均值变化趋势

5.2.3　植被 NDVI 总体年际变化特征

利用趋势线分析法得到 2001～2019 年蒙古国栅格尺度上植被 NDVI 空间变化趋势 [图 5.5(a)]，再利用偏相关分析法，对结果进行显著性检验，并将检验结果分为 6 类 [图 5.5(b)]，最后利用 ArcGIS 的统计分析工具统计图 5.5(b) 中 6 类（极显著负相

关、显著负相关、不显著负相关、不显著正相关、显著正相关和极显著正相关）像元面积分别所占百分比，从而能清晰地发现近19年来蒙古国植被NDVI的变化态势。由图5.5（a）可知，蒙古国植被NDVI增加速率和减少速率的空间差异较大，东北部地区（东方省、肯特省和苏赫巴托尔）NDVI增长速率最快，中部地区（色楞格、达尔汗市、布尔干、中央省）植被NDVI增长速率较快，而蒙古国西南部地区植被NDVI增长速率较慢。

　　蒙古国植被NDVI随着时间的增加而升高，总体显著上升。本研究表明，近19年来蒙古国植被NDVI明显变大，其增加区域的总面积占研究区总面积的94%，植被NDVI极显著增加的区域面积占研究区总面积的16%，NDVI显著增加的区域面积占研究区总面积的20%。蒙古国植被NDVI减少的区域面积仅占研究区总面积的6%，且几乎都呈不显著减少的趋势，主要原因可能是全球气候变暖，植被生长态势良好，植被NDVI则上升迅速，与Tong等（2018）的蒙古高原植被NDVI变化趋势结果相同。图5.5（b）表明，研究区域内的植被空间变化差异显著，蒙古国植被NDVI随时间的增加而显著增加的地区位于布尔干、色楞格、肯特、东方省、苏赫巴托尔以及南部戈壁地区（戈壁阿尔泰南部、巴彦洪戈尔、南戈壁、东戈壁部分地区）。一般来说，蒙古国东北部和中部地区降水量多，其植被覆盖多以森林、草甸草地和典型草地构成，其NDVI值较高；戈壁地区的植被多是荒漠草地，其NDVI值非常小。然而本研究表明，戈壁地区植被NDVI在2001～2019年间呈极显著升高的趋势，这可能与蒙古国近19年来降水量和温度均有上升的趋势有关［图5.3（b）、图5.3（c）］，降水增多，温度升高使得植被生长旺盛，从而导致植被NDVI显著增加。蒙古国西部少部分地区（巴彦乌勒盖、乌布苏、科布多）NDVI不显著减少，由于这些地区降水量较少，温度较低，植被覆盖少且生长缓慢，造成植被NDVI变小。

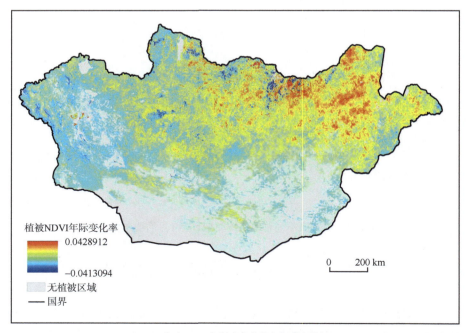

（a）NDVI年际变化趋势空间分布特征

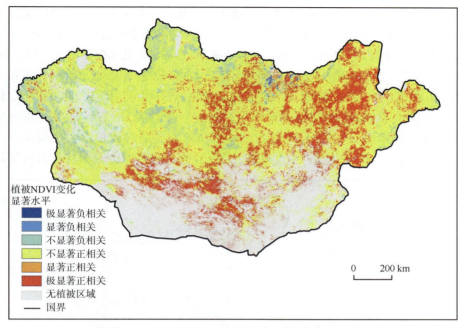

（b）NDVI年际变化显著性检验

图5.5　2001～2019年蒙古国植被NDVI年际变化状况

5.3　蒙古国植被物候时空变化特征

植被物候可以显示植被长期适应光照、降水、温度、地形等条件的周期性变化，可间接反映某个区域植被的生长状况和分布特征。本节分析了2001～2019年间蒙古国不同时间尺度的植被物候总体时空分布特征，并对比了不同草地类型植被物候时空变化特征，发现蒙古国草地植被物候变化的规律。

5.3.1　植被物候总体时空变化特征

1. 物候多年均值空间格局

利用2000～2020年的MODIS-NDVI数据和第2章第3节描述的物候提取方法，提取蒙古国19年的逐年物候信息，获取蒙古国植被物候空间分布特征［图5.6(a-c)］。根据图5.6(a)可知，除蒙古国南部戈壁、裸地、水体地区外，植被多年返青期(SOS)主要集中发生在110～150天（占研究区76.4%），平均为125天，即每年返青期(SOS)平均发生在5月5日（若是闰年，发生在5月4日）。蒙古国西南部（乌布苏北部、扎布汗、科布多南部）地区和苏赫巴尔极小部分地区（占研究区15.4%）的植被SOS约发生在3月上旬左右，是蒙古国植被SOS发生最早的区域。而在蒙古国中部（前杭爱北部、中戈壁西北部）部分地区（占研究区8.2%）SOS发生最晚，约发生在5月中下旬左右。

图5.6(b)表明，蒙古国植被枯黄期(EOS)主要集中发生在270～310天（占研究区

85.8%），平均为291天，即每年枯黄期（EOS）平均发生在10月18日（若是闰年，发生在10月17日）。EOS最早发生的地区主要位于蒙古阿尔泰山脉和杭爱山脉等地区（占研究区2.9%），EOS约发生在9月之前。而在蒙古国西南部（乌布苏、扎布汗西南部、科布多）、戈壁地区和苏赫巴托尔极小部分地区（占研究区11.3%）EOS最晚，约发生在11月中下旬左右。

　　图5.6（c）表明，受返青期（SOS）和枯黄期（EOS）共同作用，植被生长季长度（LOS）主要集中在120～200天（占研究区85.5%），平均为165天，即蒙古国每年植被生长季长度一般持续165天。LOS最短的地区SOS发生最晚而EOS发生最早，主要发生在蒙古国中部（前杭爱北部、中戈壁西北部）、蒙古阿尔泰山脉和杭爱山脉等部分地

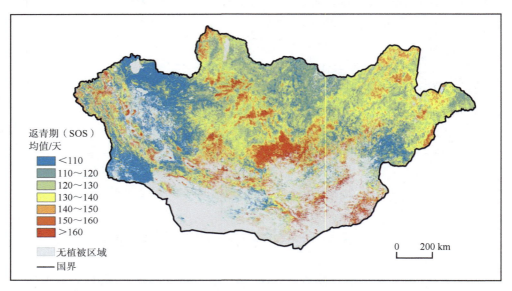

（a）植被返青期（SOS）空间分布

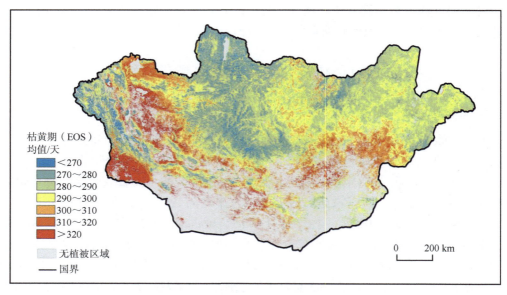

（b）植被枯黄期（EOS）空间分布

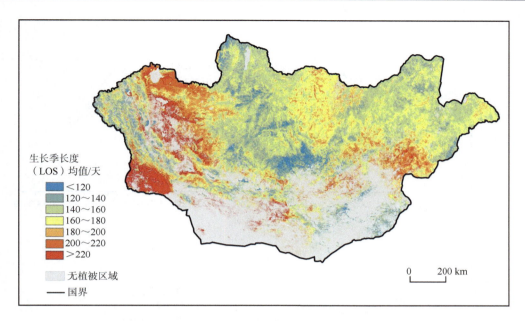

（c）植被生长季长度（LOS）空间分布

图5.6　2001～2019年蒙古国物候空间分布

区（占研究区3.1%）。在SOS发生时间最早，而EOS发生时间最晚的地区，LOS最长，主要位于蒙古国西南部（乌布苏北部、扎布汗、科布多南部）地区和苏赫巴尔极小部分地区（占研究区11.4%）。蒙古国植被物候空间分布特征与李晨昊（2019）、姜康（2020）、Sun等（2014）的结果相似。

2. 物候年际变化特征

分析2001～2019年蒙古国物候年际变化趋势［图5.7(a)］，发现蒙古国植被返青期（SOS）总体呈推迟趋势（0.07天/年），研究区内有55.3%的区域SOS呈提前趋势，其余的区域SOS推迟，与姜康等（2019）的蒙古高原返青期变化趋势结果相同。植被返青期（SOS）呈提前和推迟趋势的空间分布不同。SOS发生较早的蒙古国西南部（乌布苏北部、扎布汗、科布多南部）地区和苏赫巴尔极小部分地区呈提前趋势，其中0.68%的区域显著提前2天以上。而SOS发生较晚的蒙古国中部（中央省、苏木贝尔、中戈壁西北部、肯特、苏赫巴托尔西部）部分地区呈推迟趋势，其中0.75%的区域显著推迟2天以上。

由图5.7(b)可知，蒙古国植被枯黄期（EOS）总体呈提前趋势（–0.53天/年），研究区内有67%的区域EOS呈提前趋势，其余的区域EOS推迟。结合图5.9(b)和图5.10(b)可知，EOS发生时间较早的蒙古国的库苏古尔、后杭爱、布尔干、前杭爱北部等地区呈推迟趋势，其中0.93%的区域显著推迟2天以上，主要发生在海拔较高的阿尔泰山脉、杭爱山脉部分地区。而EOS发生时间较晚的蒙古国西南部（乌布苏、扎布汗西南部、科布多南部）、戈壁地区、中央省和苏赫巴托尔地区呈提前趋势，其中4.8%的区域显著提前2天以上，主要发生在海拔较低的乌布苏北部、扎布汗西部和苏赫巴托尔中西部地区。

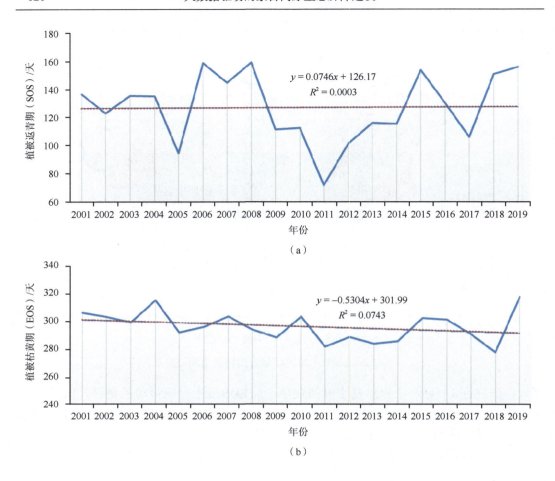

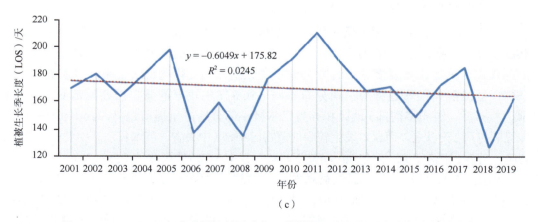

图5.7　2001～2019年蒙古国植被返青期、枯黄期和生长季长度年际变化总特征

由图5.7(c)可知，蒙古国植被生长季长度(LOS)总体呈缩短趋势(−0.6 d/a)，研究区内有54.2%的区域LOS呈提前趋势，其余的区域LOS推迟。受返青期(SOS)和枯黄期(EOS)的共同作用，植被生长季长度(LOS)缩短的地区主要位于蒙古国乌布苏、戈壁地区、中央省、肯特省南部、东方省西南部、苏赫巴托尔西部地区[图5.8(c)、

图5.9(c)]，其中3.6%的区域显著缩短2天以上，主要分布在海拔较低的乌布苏北部、扎布汗西部、肯特省南部。而植被生长季长度(LOS)延长的地区主要位于蒙古国的库苏古尔、后杭爱、布尔干、前杭爱北部等地区。

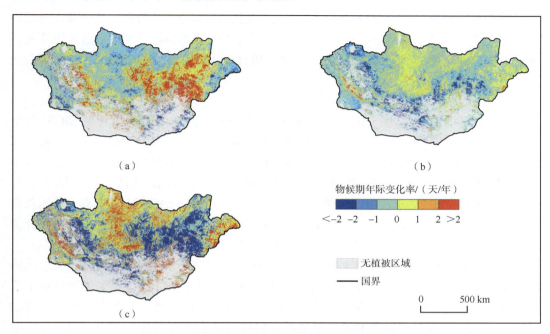

图5.8　2001～2019年蒙古国植被(a)返青期(SOS)、(b)枯黄期(EOS)
和(c)生长季长度(LOS)年际变化趋势的空间分布

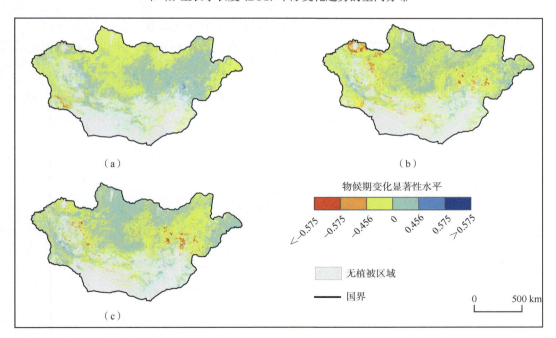

图5.9　2001～2019年蒙古国植被(a)返青期(SOS)、(b)枯黄期(EOS)
和(c)生长季长度(LOS)显著性变化的空间分布

5.3.2　不同草地类型植被物候时空变化特征

1. 不同草地类型植被物候多年均值空间格局

为得到研究区2001~2019年不同草地植被类型物候时空变化特征，结合蒙古国近19年来未发生变化的草甸草地、典型草地和荒漠草地的矢量数据，分别获取蒙古国草甸草地、典型草地和荒漠草地返青期（SOS）、枯黄期（EOS）和生长季长度（LOS）均值数据。

1) 典型草地植被物候多年均值空间格局

以典型草地为例，图5.10(a)表示典型草地2001~2019年平均返青期（SOS）发生时间为129天，即每年典型草地返青期（SOS）平均发生在5月9日（若是闰年，发生在5月8日）。典型草地SOS主要集中在110~150天（占典型草地总面积的91.6%），即4月中旬至5月下旬。SOS发生时间最早的典型草地分布在蒙古国西南部（乌布苏东部、扎布汗）地区和中部（达尔汗市、色楞格、乌兰巴托及中央省）部分地区（占典型草地总面积的20.7%），SOS约发生在3月上旬左右。而在蒙古国东方省、布尔干及后杭爱部分典型草地地区（占典型草地总面积的4.1%)SOS发生时间最晚，约发生在5月中下旬左右。

典型草地2001~2019年平均枯黄期（EOS）发生时间为288天，即每年典型草地枯黄期（EOS）平均发生在10月15日（若是闰年，发生在10月14日）。典型草地EOS主要集中在275~296天（占典型草地总面积的79%），图5.10(b)表示分布在中央省、达尔汗市、色楞格、布尔干南部的典型草地区域EOS约发生在10月中旬左右。EOS发生时间最早的典型草地分布在蒙古国库苏古尔和后杭爱极少部分地区（占典型草地总面积的5.28%），EOS约发生在10月上旬左右。而在蒙古国中央省及色楞格极少部分河流附近的典型草地区域（占典型草地总面积的3.28%)EOS发生时间最晚，约发生在11月中下旬左右，河流附近的典型草地水分充足，生长旺盛且生命周期长，所以其枯黄期比其他地方发生得晚。

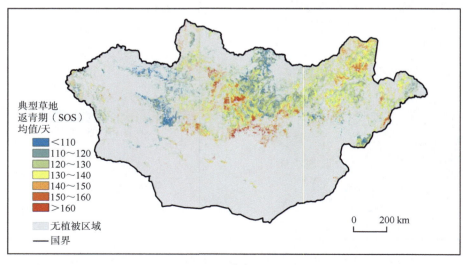

典型草地
返青期（SOS）
均值/天

■ <110
■ 110~120
■ 120~130
■ 130~140
■ 140~150
■ 150~160
■ >160
　 无植被区域
— 国界

0　200 km

（a）

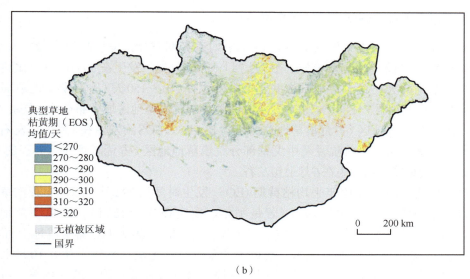

（b）

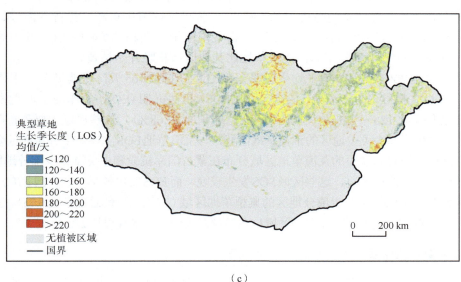

（c）

图 5.10　2001～2019 年蒙古国典型草地 (a) 返青期 (SOS)、(b) 枯黄期 (EOS)
和 (c) 生长季长度 (LOS) 均值空间分布

典型草地 2001～2019 年平均生长季长度 (LOS) 持续 159 天，在返青期 (SOS) 和枯黄期 (EOS) 的共同作用下，典型草地 LOS 主要集中在 129～175 天 (占典型草地总面积的 79.16%)，通过图 5.10 (c) 可知，这些区域主要分布在中央省、达尔汗市、色楞格、肯特、东方省的典型草地区域。LOS 持续时间最短的典型草地分布在蒙古国库苏古尔、后杭爱和布尔干极少部分地区 (占典型草地总面积的 4.19%)，这些区域 SOS 发生较晚，而 EOS 发生较早。蒙古国达尔汗市、鄂尔浑、乌兰巴托、中央省和色楞格极少部分河流附近的典型草地区域 (占典型草地总面积的 4.29%) SOS 发生较早而 EOS 发生较晚，因此这些区域 LOS 持续时间最长，最高可达 257 天。

2) 荒漠草地植被物候多年均值空间格局

本研究表明，荒漠草地2001~2019年平均返青期（SOS）发生时间为127天，即每年荒漠草地返青期（SOS）平均发生在5月7日（若是闰年，发生在5月6日）。比典型草地SOS发生早两天，荒漠草地SOS主要集中发生在110~150天（占典型草地总面积的90%），即4月中旬至5月下旬。SOS发生时间最早的荒漠草地区域分布在蒙古国扎布汗、苏赫巴托尔东南部地区（占荒漠草地总面积的18.4%），SOS约发生在3月上旬左右。而在蒙古国巴彦洪戈尔、前杭爱及中戈壁部分荒漠草地地区（占荒漠草地总面积的10%）SOS发生时间最晚，约发生在6月上旬左右。

荒漠草地2001~2019年平均枯黄期（EOS）发生时间为292天，即每年荒漠草地枯黄期（EOS）平均发生在10月19日（若是闰年，发生在10月18日）。比典型草地EOS发生时间晚4天，荒漠草地EOS发生时间集中在270~309天（占荒漠草地总面积的89.71%），主要分布在巴彦洪戈尔、前杭爱的荒漠草地区域EOS约发生在10月上旬至11月上旬左右。EOS发生时间最早的荒漠草地区域分布在蒙古国巴彦乌勒盖、科布多极少部分地区（占荒漠草地总面积的2.87%）。而在蒙古国扎布汗、肯特省南部、苏赫巴托尔少部分地区附近的荒漠草地区域（占荒漠草地总面积的7.42%）EOS发生时间最晚，约发生在11月中下旬左右，荒漠草地比其他区域稍晚开始枯黄。

荒漠草地2001~2019年平均生长季长度（LOS）持续165天，比典型草地平均生长季长度（LOS）持续时间长6天，在返青期（SOS）和枯黄期（EOS）的作用下，荒漠草地LOS主要集中在125~205天（占荒漠草地总面积的86.68%），这些区域主要分布在巴彦洪戈尔、前杭爱和中戈壁地区的荒漠草地区域，与荒漠草地EOS主要集中分布的区域大体一致。LOS持续时间最短的荒漠草地区域分布在蒙古国库杭爱和中戈壁极少部分地区（占荒漠草地总面积的6.58%），这些区域SOS发生较晚，而EOS发生较早。蒙古国扎布汗、肯特省南部和苏赫巴托尔极少部分地区的典型草地区域（占荒漠草地总面积的6.75%）SOS发生较早而EOS发生较晚，因此这些区域LOS持续时间最长，最高可达270天。

3) 草甸草地植被物候多年均值空间格局

本研究表明，草甸草地2001~2019年平均返青期（SOS）发生时间为130天，即每年草甸草地返青期（SOS）平均发生在5月10日（若是闰年，发生在5月9日）。比典型草地平均SOS晚发生一天，比荒漠草地平均SOS晚发生3天，草甸草地SOS主要集中发生在117~145天（占草甸草地总面积的82.16%），即4月下旬至5月下旬。草甸草地2001~2019年平均枯黄期（EOS）发生时间为283天，即每年草甸草地枯黄期（EOS）平均发生在10月10日（若是闰年，发生在10月9日）。比典型草地早发生5天，比荒漠草地早发生9天，主要集中发生在268~295天（占草甸草地总面积的89.23%），即蒙古国草甸草地EOS主要发生在9月下旬至10月下旬。草甸草地2001~2019年平均生长季长度（LOS）持续时间为154天，比典型草地平均LOS短5天，比荒漠草地平均LOS短11天，在返青期（SOS）和枯黄期（EOS）的作用下，草甸草地LOS主要集中在130~175天（占草甸草地总面积的81.51%）。

2. 不同草地类型植被物候年际变化特征

结合图 5.11（a），分析 2001～2019 年蒙古国不同草地植被返青期年际变化趋势，发现蒙古国三种不同草地植被返青期（SOS）近 19 年来均在 2005 年和 2011 年提前，且最早是草甸草地在 2011 年提前至 3 月上旬，由于草甸草地分布在河流旁，其植被生长旺盛，比典型草地和荒漠草地返青早。草甸草地植被 SOS 在 2019 年推迟到 6 月中旬，典型草地植被 SOS 在 2008 年推迟到 6 月中下旬，荒漠草地植被也在 2019 年推迟到 6 月中旬左右。草甸草地植被 SOS 整体呈提前趋势，其变化速率为 −0.7004 天/年；典型草地植被 SOS 总体呈推迟趋势，其变化速率为 0.3528 天/年；荒漠草地植被 SOS 总体也呈推迟趋势，其变化速率为 0.3434 天/年。

结合图 5.11（b）分析 2001～2019 年蒙古国不同草地植被枯黄期年际变化趋势，发现蒙古国三种不同草地植被枯黄期（EOS）均在 2011 年提前，且三种草地植被 EOS 均提前至 9 月底左右，这可能是由于当年降水量少，温度低，植被生命力下降，提前枯黄。草甸草地和典型草地植被 EOS 均在 2019 年推迟至 11 月上旬左右，而荒漠草地植被也在 2019 年推迟到 11 月中旬左右。草甸草地植被 EOS 整体呈推迟趋势，其变化速率

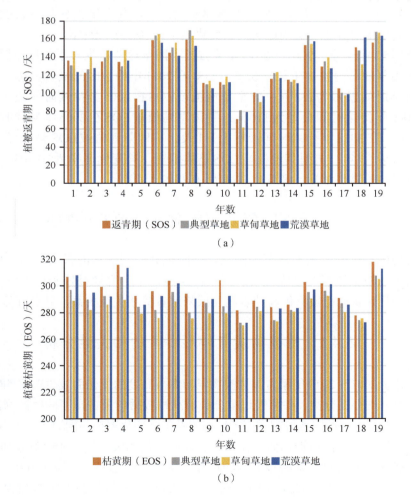

（a）

（b）

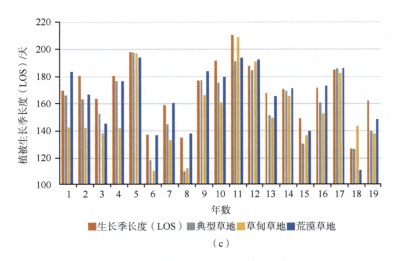

图5.11　2001～2019年蒙古国不同草地植被类型植被 (a) 返青期 (SOS)、(b) 枯黄期 (EOS) 和 (c) 生长季长度 (LOS) 年际变化分布

为0.1892天/年；典型草地植被EOS总体呈提前趋势，其变化速率为–0.2508天/年；荒漠草地植被EOS总体也呈提前趋势，其变化速率为–0.5384天/年。

　　结合图5.11 (c) 分析2001～2019年蒙古国不同草地植被生长季长度年际变化趋势，发现蒙古国草甸草地植被生长季长度 (LOS) 在2011年持续时间最长，达到209天；在2007年持续时间最短为133天；典型草地植被LOS在2005年持续时间最长，达到198天，在2008年持续时间最短为110天；荒漠草地植被LOS在2005年持续时间也最长，达到194天；在2018年持续时间最短为111天。草甸草地植被LOS整体延长，其变化速率为0.8896天/年；典型草地植被LOS整体缩短，其变化速率为–0.603天/年；荒漠草地植被LOS整体也缩短，其变化速率为–0.8749天/年。

5.4　蒙古国植被物候对地理要素的响应

　　植被物候不仅受到地表温度的影响，同时也会受到降水的影响。为了更加准确地认识到蒙古国植被物候对地表温度和降水的响应，本研究通过控制地表温度或降水量固定不变，分别研究植被物候与地表温度或降水量的相关性关系，并进行显著性检验。

5.4.1　植被物候与地形要素的相关性分析

　　为了分析2001～2019年蒙古国植被物候随海拔高度的变化而发生变化的特征，将蒙古国高程数据进行重分类，并将经过重分类的高程数据与蒙古国不同植被物候期进行线性拟合，获得蒙古国不同植被物候期多年均值及年际变化率在不同海拔上的分布特征。

　　总体来讲，蒙古国植被物候变化与海拔高度密切相关。如 [图5.12 (a) 和图5.12 (b)] 可知，植被返青期 (SOS) 随海拔高度的增加总体呈提前趋势。在海拔560～860 m的地区，蒙古国植被返青期 (SOS) 从135天提前至124天，即每年的返青期 (SOS) 发生时间从5月15日(若是闰年,为5月14日)提前至5月4日(若是闰年,为5月3日),SOS共提前11天,且其年际变化率在860 m达到0.41天/年;在海拔960~1360 m,返青期(SOS)从125天推迟至127天,即由每年5月5日(若是闰年,为5月4日)推迟至5月7日(若是闰年,为5月6日),SOS共推迟2天,其推迟幅度由0.57天/年至0.23天/年;自1460 m海拔往上,SOS提前幅度逐渐加快,由0.01天/年变化到1.32天/年。

如图5.12(c)和图5.12(d)可知,研究区植被枯黄期(EOS)随海拔高度的增加呈现先推迟后提前,再推迟的趋势。在海拔560~1060 m的地区,蒙古国EOS由290天推迟到297天,即由每年的10月17日(若是闰年,为10月16日)推迟至10月24日(若是闰年,为10月23日),其推迟幅度逐渐加快,由0.07天/年达到0.40天/年;在海拔1060~3060 m的地区,枯黄期(EOS)由297天提前到276天,即由每年的10月24日(若是闰年,为10月23日)提前至10月3日(若是闰年,为10月2日),其提前幅度先由0.40 d/a逐渐加快到0.58天/年,再减缓至0.1天/年,最终加快到0.15天/年,整体提前幅度呈减缓趋势;自海拔3060 m往上,枯黄期(EOS)由276天推迟到282天,即由每年的10月2日(若是闰年,为10月1日)推迟至10月8日(若是闰年,为10月7日),其推迟幅度先逐渐加快到0.19天/年,后减缓至0.09天/年。

如图5.12(e)和图5.12(f)可知,研究区植被生长季长度(LOS)随海拔高度的增加呈现先延长后缩短、再延长的趋势。在海拔560~1060 m的地区,蒙古国生长季长度(LOS)持续时间由155天延长到172天,且其延长幅度逐渐加快,由0.12天/年达到0.84天/年;在海拔1060~3060 m的地区,生长季长度(LOS)缩短到147天,而其缩短幅度先由0.84天/年逐渐加快到0.91天/年,再减缓至0.03天/年,最终加快到0.59天/年,整体提前幅度呈减缓趋势;自海拔3060 m往上,生长季长度(LOS)由147天推迟到157天,其推迟幅度逐渐加快到1.42天/年。

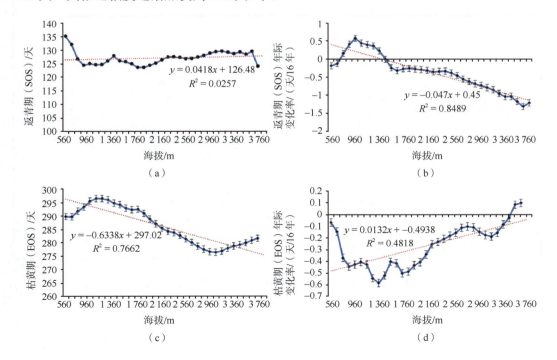

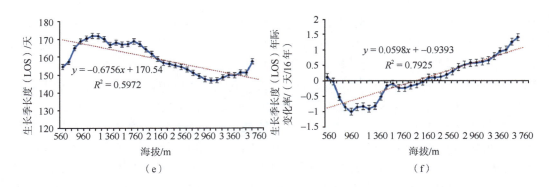

图 5.12　蒙古国植被物候期多年均值及年际变化率在不同海拔上的分布特征

5.4.2　植被物候与地表温度和降水的相关性分析

1. 植被返青期与地表温度和降水的相关性

为了更加精确认识蒙古国植被返青期对地表温度和降水的响应特征，本研究对2001～2019年植被返青期发生前一个月（3月份）地表温度和降水量与植被返青期进行了相关性分析，得到蒙古国植被返青期与地表温度和降水量的相关性系数，如图5.13所示。

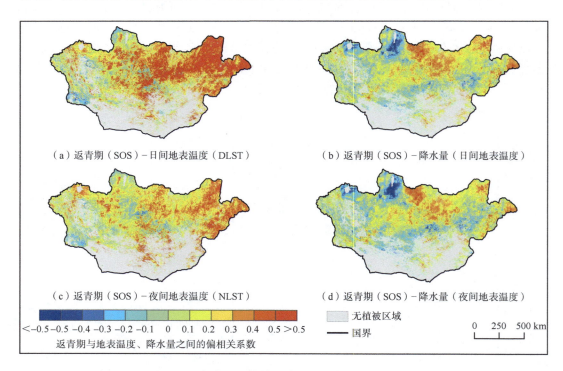

图 5.13　2001～2019年蒙古国植被返青期与地表温度、降水量相关性分析

蒙古国植被返青期(SOS)与日间地表温度(DLST)和夜间地表温度(NLST)的相关性趋势并不相同[图5.13(a)、图5.13(c)]。从 T 检验结果可知，植被 SOS 与 DLST 总体呈不显著正相关(占研究区面积86.7%)。其中蒙古国中部(中央省、前杭爱北部)和东北部(东方省、肯特)部分地区 SOS 与 DLST 总体呈极显著或显著正相关关系，这些地区的面积占研究区总面积的18.3%，据前文可知，进行相关性分析时，已经排除了降水干扰，因此，这些地区返青期的推迟可能是由于地表温度升高导致水分蒸发加剧破坏植被生长而造成的。植被 SOS 与 DLST 呈负相关的区域位于蒙古国西南部，但其极显著和显著负相关区域仅占研究区 0.1%。SOS 与 NLST 总体呈不显著正相关(占研究区面积84.3%)。其中位于蒙古国东北部(东方省、肯特、苏赫巴托尔)地区的植被 SOS 与 NLST 总体呈显著相关或极显著相关关系，占研究区总面积的4.2%。但是在蒙古国西南部和杭爱山脉附近地区，植被 SOS 与 NLST 呈不显著负相关的趋势，其极显著和显著负相关区域仅占研究区 0.1%，这可能是由于地表温度较高，较高的温度会导致呼吸作用的加强以及蒸腾作用的加强，不利于植被的生长(陈效逑等，2009)。

在日间地表温度(DLST)和夜间地表温度(NLST)的影响下，植被返青期(SOS)与3月份降水量的偏相关分析[图5.13(b)、图5.13(d)]空间趋势大体一致。结果表明，植被返青期(SOS)与3月份降水量极少部分呈现显著或极显著相关关系，可能是由于蒙古国降水量少且稳定性差。植被返青期(SOS)与3月份降水总体呈不显著正相关趋势，但其中显著相关和极显著相关的区域大约占研究区面积1.5%，极显著与显著正相关部分(占研究区面积1%)主要分布在蒙古国布尔干和色楞格极少部分地区，而极显著与显著负相关部分(占研究区面积0.5%)主要分布在蒙古国库苏古尔少部分地区。

2. 植被枯黄期与地表温度和降水的相关性

本章5.3.1节发现，蒙古国植被枯黄期(EOS)发生的时间主要集中在270～310天，为了得到更准确的植被枯黄期(EOS)对地表温度和降水的响应特征，选取蒙古国19年中9月份的地表温度和降水与枯黄期(EOS)进行偏相关分析，结果如图5.14所示。

蒙古国植被枯黄期(EOS)与日间地表温度(DLST)和夜间地表温度(NLST)的相关性趋势差异较大[图5.14(a)、图5.14(c)]，EOS 与 DLST 总体呈不显著正相关(占研究区面积70%)。其中蒙古国东方省和肯特省部分地区的植被 EOS 与 DLST 呈现极显著与显著正相关的关系，这些地区温度较高，导致植被 EOS 推迟，且仅占研究区总面积的1.7%。植被 EOS 与 NLST 总体呈不显著正相关(占研究区面积87.7%)。其中10.4%呈显著相关和极显著相关趋势，且10.3%为极显著与显著正相关，主要分布在蒙古国布尔干、乌兰巴托、肯特省南部、苏赫巴托尔东部地区，由此可知，蒙古国植被 EOS 受 NLST 的影响比 DLST 大。由于枯黄期发生时间为10月份，这段时间研究区昼夜温差较大，白天温度远远高于夜间温度，因此植被枯黄期受 NLST 影响比 DLST 大，夜间地表温度越高，枯黄期发生时间越晚。

在 DLST 和 NLST 的影响下，植被枯黄期(EOS)与9月份降水量的偏相关分析[图5.14(b)、图5.14(d)]结果显示，极少部分地区达到了 0.01 或 0.05 的显著性水平。其中显著相关和极显著正相关的部分(占研究区面积1%)多位于蒙古国温度高、降水量少的戈壁地区。总的来说，蒙古国地表温度的升高可能会推迟植被枯黄期的发生，而且降水量的增加会使植被得到更多水分的给养，植被生长更加旺盛，从而使植被枯黄期显著推迟。

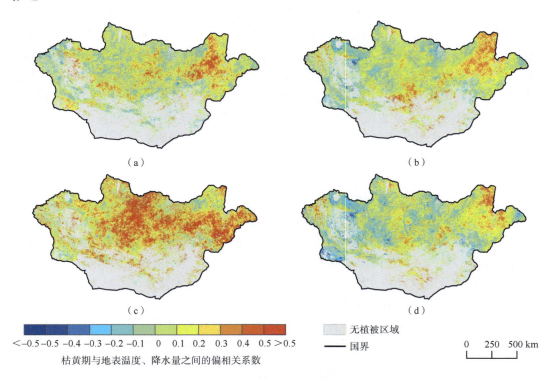

枯黄期与地表温度、降水量之间的偏相关系数

<　-0.5　-0.5　-0.4　-0.3　-0.2　-0.1　0　0.1　0.2　0.3　0.4　0.5　>0.5

无植被区域

—— 国界

0　250　500 km

图5.14　2001～2019年蒙古国植被枯黄期与地表温度、降水量相关性分析

3. 植被生长期长度与地表温度和降水量的相关性

植被生长季长度（LOS）指研究区植被从生长期开始一直到生长期结束的整个时期，它反映了区域植被的生长状况及其周围环境的变化情况。选取蒙古国19年中年平均地温和年降水量、3～10月份的平均地温和平均降水量分别与生长季长度（LOS）进行偏相关分析（图5.15）。分析显示，蒙古国植被生长季长度（LOS）与年均地温和3～10月份的平均地温总体呈负相关关系，与姜康等（2019）研究相反，这可能跟研究区范围大小及温度数据时间不同有关。如［图5.15（a）、图5.15（c）］所示，生长季长度（LOS）与年平均地表温度（LST）呈显著相关和极显著负相关部分仅占研究区面积0.3%，主要分布在中央省、肯特和苏木贝尔三省交界处。生长季长度（LOS）与3～10月平均地表温度呈显著相关和极显著相关部分占研究区面积1.2%，其中显著负相关部分（占研究区面积0.8%）主要分布在扎布汗东北部、色楞格东北部、中央省和肯特省交界处以及东方省部分地区，而显著正相关部分主要分布在库苏古尔南部和中戈壁省北部地区。

随着年均降水量和3～10月份的平均降水量的增加，蒙古国植被生长季长度（LOS）呈缩短趋势的面积大于呈延长的面积，因此总体呈负相关关系，其显著相关和极显著相关分别占研究区面积的5.2%和4.4%［图5.15（b）、图5.15（d）］。生长季长度（LOS）与年均降水量呈显著相关和极显著负相关部分占研究区面积的4.9%，主要分布在蒙古国西北部（乌布苏、扎布汗）、蒙古国东部（东方省、肯特东北部、苏赫巴托尔）。生长季长度（LOS）与3～10月平均降水量呈显著相关和极显著负相关部分占研究区面积4.3%，主要分布区域和生长季长度（LOS）与年均降水量呈显著相关和极显著负相关的区域比较一致。

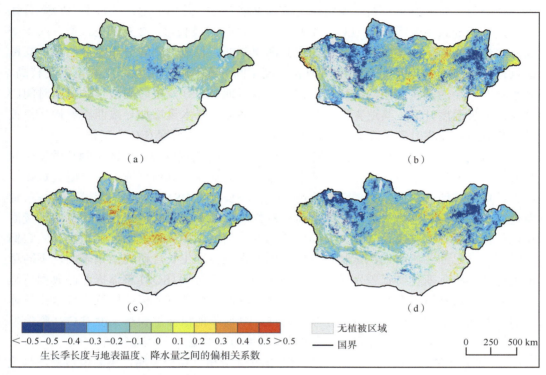

图5.15　2001～2019年蒙古国植被生长季长度与年均地表温度、年均降水量、
3～10月平均地表温度、3～10月平均降水量相关性分析

5.5　本 章 小 结

　　本研究采用非对称高斯拟合法对2000～2020年MODIS-NDVI时间序列数据进行拟合重建，力争较为精确地监测蒙古国2001～2019年植被物候的动态特征及变化趋势。研究小结如下。

　　（1）基于TIMESAT 3.2平台，提取蒙古国三种典型植被类型（森林、草甸草地、典型草地）进行滤波算法比较，并利用A-G算法对蒙古国NDVI时间序列数据进行拟合，得到质量较好的生长季曲线，证明了基于此方法进行NDVI时序数据的平滑去噪是比较有优势的。其次，将拟合后的NDVI时序数据进行线性回归分析，获得蒙古国植被NDVI时空分布特征及年际变化趋势。研究结果表明，蒙古国植被NDVI有显著的地域差异，总体表现为由东北向西南逐步递减，绝大多数像元NDVI在0.1～0.4之间。蒙古国植被NDVI随着时间的增加而升高，总体显著升高，近19年整体呈波动上升趋势，其变化率为0.0018/a。

(2) 使用动态阈值法，在大量实验基础上，将阈值设置为20%来得到蒙古国植被返青期 (SOS)、枯黄期 (EOS) 物候参数信息，并基于此得到植被生长季长度 (LOS)，最终得到蒙古国植被物候19年年均分布图，并利用趋势性分析法研究蒙古国植被物候年际变化趋势。研究结果表明，蒙古国植被返青期 (SOS) 总体推迟，枯黄期 (EOS) 总体提前，从而导致生长季长度 (LOS) 缩短，且缩短时间最长可达2天以上。蒙古国年平均降水量随着年平均地表温度从北向南升高而降低，且地形空间分布差异明显，其植被物候空间分布与地形、降水量和地表温度空间分布有一定关系，尤其是温度较高、降水相对较少的蒙古国西南部稀疏植被区，返青期 (SOS) 发生时间最早，随着时间的增长，地表温度升高，其返青期 (SOS) 呈推迟趋势；降水量增加导致西南部地区植被枯黄期 (EOS) 发生时间最晚，从而导致该地区植被生长季长度 (LOS) 延长。

(3) 蒙古国不同草地植被物候特征有所不同，按照物候期发生时间早晚和发生时间长短可知，返青期 (SOS) 排序为：荒漠草地＜典型草地＜草甸草地；枯黄期 (EOS) 排序为：草甸草地＜典型草地＜荒漠草地；生长季长度 (LOS) 排序为：荒漠草地＞草甸草地＞典型草地。总体来看，荒漠草地植被物候生长季持续时间最长。这是由于荒漠草地植被多生长在高温、干旱、戈壁荒漠地区，为了在如此恶劣的环境中生长，它们不断调整自己的物候时期，延长自身生长周期来顽强地生长。研究结果表明，不同草地植被物候年际变化特征差别较大，草甸草地植被返青期 (SOS) 整体提前，典型草地和荒漠草地植被返青期 (SOS) 整体推迟。草甸草地和荒漠草地植被枯黄期 (EOS) 整体推迟，典型草地植被枯黄期 (EOS) 整体提前。草甸草地植被生长季长度 (LOS) 整体呈延长趋势，典型草地和荒漠草地植被生长季长度 (LOS) 总体呈缩短趋势。

(4) 蒙古国物候期与地表温度数据进行偏相关分析。结果表明，不同植被物候与地表温度（日间地表温度和夜间地表温度）的相关性是不同的。返青期 (SOS) 与日间地表温度 (DLST) 总体呈不显著正相关关系，有18.3%呈显著正相关，而有4.2%的地区返青期 (SOS) 与夜间地表温度 (NLST) 呈显著正相关。仅有1.7%的地区枯黄期 (EOS) 与日间地表温度 (DLST) 呈极显著与显著正相关，有10.3%的地区枯黄期 (EOS) 与夜间地表温度 (NLST) 呈极显著与显著正相关。由此可知，蒙古国植被返青期 (SOS) 和枯黄期 (EOS) 受夜间地表温度的影响比日间地表温度大。生长季长度 (LOS) 与年均地温和3～10月份的平均地温总体呈不显著负相关关系，即温度升高，植被生长季长度缩短。

(5) 蒙古国物候期与降水量数据进行偏相关分析，发现返青期 (SOS) 与3月份平均降水量、枯黄期 (EOS) 与9月份平均降水总体呈正相关关系。即3月份降水量的增多会促使植被推迟返青，9月份降水量的增多会推迟植被枯黄。这是由于3月份研究区是冰雪天气，其地表温度较低，降水量的增加会造成土壤发生冻结致使植被返青期推迟；9月份研究区地表温度相对较高，降水量增多有利于植物的生长，会延长枯黄期。植被生长季长度 (LOS) 与年均降水量和3～10月份的平均降水量整体呈负相关关系。这是由于该研究区冬季寒冷且漫长，一年中地表温度偏低的时间长，且常年总降水量较少，因此研究区植被推迟返青的趋势大于推迟植被枯黄的趋势，从而导致植被生长季长度 (LOS) 缩短。

第6章　基于高分影像的蒙古国南部自然道路提取及其荒漠化影响

　　土地退化是全球共同面临的重要生态环境问题之一，干旱、半干旱和半湿润地区的土地退化也称为荒漠化（Feng et al.，2015）。联合国可持续发展目标（sustainable development goals，SDGs）的第15个子目标指出，要保护、恢复和促进可持续利用陆地生态系统，到2030年实现土地退化零增长。然而，干旱、半干旱地区面临的严重土地荒漠化问题，是该目标实现的主要挑战之一，亟待深入研究。蒙古国是全球荒漠化问题的热点区域。2017年，蒙古国已有76.8%的土地遭受不同程度的荒漠化，且仍以较快的速度向东方省、肯特省等东部优良草原地带蔓延（阿斯钢，2017）。严重的土地荒漠化不仅阻碍蒙古国国民经济基础产业（草原畜牧业）的发展，而且对区域内及周边地区（如我国北方毗邻地区）的生态环境造成了严重威胁（布仁高娃，2011）。此外，蒙古国是"一带一路"中蒙俄经济走廊的重要区域，严重的荒漠化不利于"一带一路"的绿色发展和生态文明建设。

　　干旱、半干旱地区因降水稀少，多以草原或裸地覆盖，加之这一区域往往因缺少公共交通设施，越野车辆成为主要的交通方式。越野车辆直接碾压土地形成许多未经规划的自然道路（也称临时道路或越野公路），会直接破坏地表植被和土壤，是造成干旱、半干旱区荒漠化的重要原因之一（张德平等，2011）。蒙古国道路主要包括经过硬化的沥青路、砾石路以及未硬化的自然道路（Davaadorj et al.，2016）。从20世纪90年代初开始，随着蒙古国经济和社会的快速转型，蒙古国车辆数量从1990年的43 792辆大幅增加到2000年的81 693辆（MNEM，1999），截至2016年，车辆增加至近50万辆，车辆数量的快速增长远远超过了硬化道路建设能力的增长，因此形成自然道路的情况较为普遍。有数据显示，蒙古国内自然道路占道路总长度比例很大，达70%以上（Davaadorj et al.，2016）。相关学者指出，车辆碾压造成草原道路侵蚀是影响蒙古国土地退化不可忽略的主要人为因素之一（Batkhishig et al.，2013）。在干旱区使用越野车辆形成自然道路，可能导致区域内植被覆盖减少、土壤风蚀增强，造成土地荒漠化。然而，由于对自然道路引起土地荒漠化的机理研究不足，对于自然道路造成荒漠化的恢复机制尚不明确，加之自然道路对生态环境的各种影响在时间上具有一定的滞后性，此荒漠化影响因素往往容易被人们所忽视。

　　遥感监测是获取土地覆盖和土地退化动态的主要手段，常被用于蒙古国大范围的土地退化或荒漠化时空特征分析，以及荒漠化热点区域的确定（Nasanbat et al.，2018）。但目前用于蒙古国荒漠化研究所采用的遥感数据空间分辨率普遍较低，会影响分析结果的精度。随着高分辨率、定量遥感时代的到来，遥感卫星的观测能力和范围在不断改进与提高，遥感数据获取和信息服务的能力也得到了快速发展。然而，遥感信息提取与目标识别的速度和效率未跟上空间信息的获取速度，突出表现在遥感数据没有得到充分利用。而且在国产高分辨率影像快速发展的时代背景下，提高国产高分辨率影像中信息资源的利用率变得尤为重要。

综上所述，目前缺乏干旱区土地荒漠化响应人类活动——车辆碾压形成自然道路的研究。因此本章以蒙古国南部南戈壁省的古尔班特斯苏木为例，基于国产高分影像提取研究区内的自然道路，探讨区域内自然道路与土地荒漠化之间的关系，增加对自然道路作为土地荒漠化人为影响因素之一的认识。

6.1 数据处理与技术方法

6.1.1 研究区概况

本章所选择的研究区为蒙古国南戈壁省的古尔班特斯苏木（Gurvantes Sumu，Omnogovi Province，Mongolia），如图6.1所示。

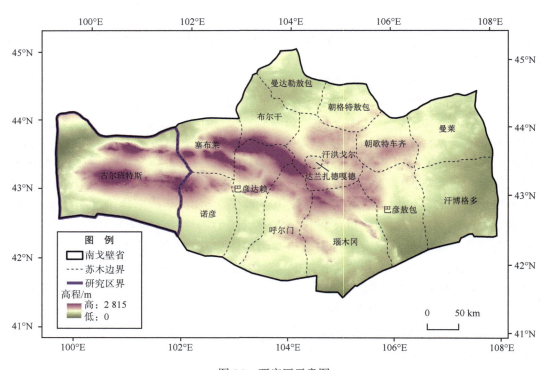

图6.1 研究区示意图

古尔班特斯苏木位于蒙古国南戈壁省的西部，其南部与我国内蒙古阿拉善盟接壤。气候条件为温带大陆性气候，年均温约为5 ℃，年降水量约为100 mm，其中60%的降水集中在7～8月。景观类型以戈壁、草原及小山丘为主。土壤类型主要以半荒漠旱土为主，土壤有机质、氮含量低，钙含量高，土层厚度薄，质地为沙质，被散石、小砾石覆盖（Davaadorj et al.，2016）。矮草草原是该地区的主要植被类型，以冷季植物为主，主要有克氏针茅、蒙古葱、羊草和小叶锦鸡儿等。

古尔班特斯苏木所在的南戈壁省矿产资源富集，地下拥有储量巨大的焦煤和铜矿。中蒙合资开发的那林苏海图煤田即位于古尔班特斯苏木内，目前该煤矿的主要开采方式以露天开采为主，探明的煤炭资源储量为16.7亿t，是蒙古国重点打造的世界级煤矿区之一（王妍等，2021），煤矿所生产的原煤主要以公路运输的方式经过西伯库伦-策克口岸出口我国（王妍等，2021）。由于大型煤矿的存在，除为改善运输条件所修建的公路外，古尔班特斯苏木内还有许多由于运输车辆直接碾压草地而形成的自然道路。

本章以蒙古国南部的古尔班特斯苏木为研究区，在收集相关数据并进行数据预处理的基础上，采用面向对象的方法进行研究区道路提取，得到古尔班特斯苏木2015年和2020年的道路时空分布图；采用适合植被覆盖度低的Albedo-TGSI特征空间模型进行研究区荒漠化信息提取，得到古尔班特斯苏木2015年、2020年荒漠化分布图；叠加古尔班特斯苏木的道路及荒漠化分布数据，研究古尔班特斯苏木自然道路与荒漠化的影响关系，并定性、定量分析古尔班特斯苏木荒漠化影响因素。主要研究内容包括：

（1）以2015年、2020年的研究区GF-1影像作为数据源，借助eCognition（易康）软件平台采用面向对象的方法进行研究区道路信息提取。基于提取的2015年、2020年两期道路分布数据，利用ArcGIS的制图及空间分析功能，得到古尔班特斯苏木道路分布图，分析研究古尔班特斯苏木道路的时空分布及变化格局，为研究自然道路对土地荒漠化的影响提供数据支持。

（2）基于古尔班特斯苏木的实际地表情况，对比选择适合植被覆盖度低的Albedo-TGSI特征空间进行荒漠化信息提取。基于2015年、2020年研究区Landsat-8影像，在计算地表反照率Albedo、表土粒度指数TGSI的基础上，构建Albedo-TGSI特征空间并计算荒漠化差异指数DDI完成荒漠化信息提取。基于获取的2015年、2020年荒漠化分布数据，在ArcGIS中进行空间分析及成图，分析古尔班特斯苏木2015年、2020年的荒漠化分布格局及2015～2020年的荒漠化时空分布变化。

（3）在获取古尔班特斯苏木道路分布数据、荒漠化分布数据的基础上，通过叠加分析研究自然道路与荒漠化之间的关系。基于收集的古尔班特斯苏木自然和社会经济数据，从自然及人类活动因素分析古尔班特斯苏木荒漠化的影响因素，并采用主成分分析方法定量研究导致荒漠化发展的主要影响因素，揭示2015～2020年自然和人类活动对古尔班特斯苏木荒漠化发展过程中的贡献程度。

本研究主要分为三个部分，分别为研究区自然道路提取、荒漠化信息提取及研究区荒漠化影响因素的定性、定量分析。以蒙古国南部的古尔班特斯苏木为研究区，GF-1数据、Landsat-8数据及气候、社会经济数据等为主要数据源。基于GF-1影像数据，采用面向对象的方法进行道路信息提取，通过eCognition软件进行提取处理，具体采用多尺度分割方法获取影像对象，利用最邻近分类方法进行道路初步提取，再用阈值分类法、高级分类算法进行道路提取优化，获得古尔班特斯苏木2015年、2020年的道路分布数据。基于Landsat-8数据采用Albedo-TGSI特征空间模型计算荒漠化差异指数DDI(desertification difference index),获取古尔班特斯苏木2015年、2020年的荒漠化分布数据。最终基于提取的古尔班特斯苏木自然道路、荒漠化分布数据和获取到的自然(降水量、气温、风速)、人类活动(车辆数量、牲畜数量、GDP、人口数量)数据进行荒漠化影响因素定性、定量分析。具体研究技术路线如图6.2所示。

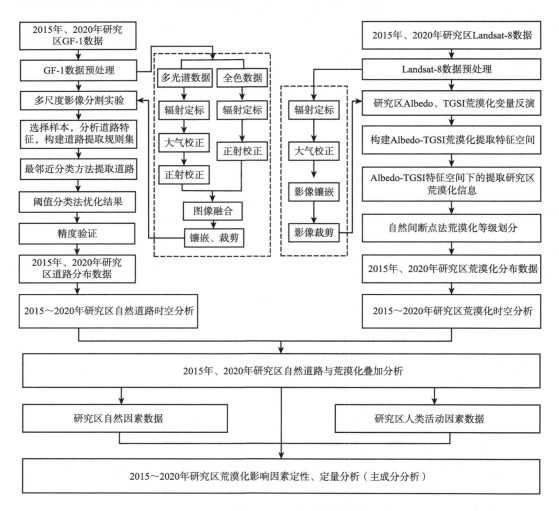

图6.2　自然道路提取与驱动力解耦技术流程图

6.1.2　数据源及预处理

1. GF-1影像及预处理

"高分一号"(简称GF-1)是中国高分专项首颗卫星,采用CAST 2000小卫星平台技术,搭载2个2 m全色和8 m多光谱相机(高分相机-PMS)、4个4谱段多光谱相机(宽幅相机-WFV),可提供幅宽60 km、空间分辨率为2 m的全色影像数据和空间分辨率为8 m的多光谱影像数据,以及幅宽800 km、空间分辨率为16 m的多光谱影像数据(孙伟伟等，2020）。GF-1 数据具有多种空间分辨率、多种光谱分辨率和多源遥感数据特征，以满足不同用户的应用需求。

实验选择的 GF-1 影像成像时间年份为 2015 年和 2020 年，月份为 6～9 月，影像数量共计 122 景，数据具体选用的是幅宽 60 km、空间分辨率 2 m 的全色影像和空间分辨率 8 m 的多光谱影像。对获取的 GF-1 数据进行了辐射定标、大气校正、正射校正、配准以及多光谱影像和全色影像的融合处理等预处理工作。其中，辐射定标和大气校正可以消除遥感影像在获取过程中由于传感器本身、大气和光照等因素造成的辐射误差，以便获取可以真实反映地物辐射强度的反射率数据。具体采用 ENVI 5.3 中的 Radiometric Correction 工具进行辐射定标，采用 FLAASH Atmospheric Correction 工具通过中纬度夏季大气模型进行大气校正。遥感影像成图时，由于扫描畸变等系统因素以及飞行器拍摄姿态、飞行速度以及地球自转等非系统因素，使得影像本身与现实地物有偏差，即产生几何畸变，需要进行几何校正。借助数字地形高程模型（digital elevation model，DEM），使用 ENVI5.3 中的 RPC Orthorectification Workflow 工具，对影像的每个像元进行地形变形校正，使影像更符合正射投影的要求。多光谱数据和全色数据进行融合前，若出现影像重叠区域相同地物不能很好重合的现象，则需要以全色影像为基准，对多光谱影像进行影像配准，进一步减少几何校正误差。图像融合采用的是 Nearest Neighbor Diffusion（NNDiffuse）pan sharpening 算法，将 2 m 的全色影像与 8 m 的多光谱影像进行融合，最终得到 2 m 的多光谱影像。该方法的融合结果对于色彩、光谱和纹理信息，均能得到很好的保留，还具有较好的处理效率，处理过后的图像数据同时具有较高空间分辨率和多光谱特征。

2. Landsat-8 影像及预处理

Landsat-8 卫星是美国航空航天局（NASA）于 2013 年 2 月 11 日发射。其携带两个传感器，分别为 OLI 陆地成像仪（operational land imager）和 TIRS 热红外传感器（thermal infrared sensor）。Landsat-8 影像一共有 11 个波段，其中波段 1～7、波段 9 的空间分辨率为 30 m，波段 8 是空间分辨率为 15 m 的全色波段，波段 10、波段 11 为两个空间分辨率为 100 m 的热红外波段。

实验选择的 Landsat-8 卫星影像数据成像时间年份为 2015 年和 2020 年，月份为 6～9 月，影像数据的条带号为 133、134、135，行列号为 029、030。数据来源于中国科学院计算机网络信息中心地理空间数据云平台（http://www.gscloud.cn）和美国地质调查局网站（https://earthexplorer.usgs.gov）。对获取的 Landsat-8 数据进行了辐射定标、大气校正、镶嵌、裁剪等预处理。其中辐射定标和大气校正同 GF-1 影像预处理过程一致，采用 ENVI 5.3 中的 Radiometric Correction 工具和 FLAASH Atmospheric Correction 工具完成。影像镶嵌是将同时段覆盖整个研究区的数景影像进行拼接，采用的是 ENVI 5.3 中的 Seamless Mosaic 模块。最后，借助蒙古国行政区划矢量图中的古尔班特斯苏木矢量数据，对拼接好的遥感影像进行裁剪，获取到研究区范围的 Landsat-8 影像数据。

3. 其他数据

本研究使用的其他数据主要包括蒙古国行政区划矢量数据、DEM 数据、Google 影像数据以及古尔班特斯苏木的气候、社会经济数据。其中，蒙古国行政区划矢量数据、DEM 数据来源于 DIVA-GIS 网站（http://swww.diva-gis.org/）；古尔班特斯苏木的气候、社会经济数据来源于蒙古国统计网站（www.1212.mn）及蒙古国立大学。

6.2　蒙古国古尔班特斯苏木道路提取与时空分析

蒙古国古尔班特斯苏木内存在大量由车辆随意行驶碾压土地形成的未经规划的自然道路，此类道路未经过硬化铺设，会对干旱、半干旱区脆弱的地表生态造成影响，但是目前缺乏自然道路的分布数据。因此本章采用面向对象的方法，进行研究区道路提取（主要为自然道路和少量硬化道路），详细介绍蒙古国古尔班特斯苏木道路提取采取的方法、具体分类过程，以及对提取出的道路进行时空分布格局分析。

6.2.1　面向对象的道路提取方法

1. 面向对象的分割方法

面向对象的方法是将影像对象作为影像分类的基本单元进行分类，其包含两个相对独立的模块，即影像分割和影像对象分类（何志强等，2018）。影像分割根据不同的分割算法将遥感影像分割成离散的几何区域，影像对象就是指分割后产生的若干内部具有某种相似性的几何集合。影像分割质量的优劣可以直接影响后续的分析、分类处理及信息提取的精度。eCognition 中自带了一些分割算法，包括棋盘分割、四叉树分割、多尺度分割等（陈昌鸣，2011）。

多尺度分割应用在本研究中具有一定的优势，因为多尺度分割除了可以利用光谱信息参与分割，还可以设置形状参数和紧凑度参数来控制分割。本研究的提取目标为道路，是具有明显线性形状特征的地物，因此形状参数参与分割非常重要。且多尺度分割在分割合并过程中，将噪点融入对象之中，可以有效避免产生"椒盐效应"。所以，最终选择多尺度分割为本实验的分割方法。

2. 面向对象的分类方法

面向对象的分类技术能够合理应用通过影像分割获取的高分辨率遥感影像对象中的光谱特征和空间特征，依据分类算法，针对目标信息对影像进行特征分类。eCognition 提供了不同的面向对象分类算法，其中常用的有隶属度函数法、阈值分类法、最邻近分类法。

最邻近分类方法相比于隶属度函数分类具有的优势是可以更好地处理多维特征空间之间的关系。因此，本研究选择最邻近分类方法进行道路信息初步提取，再使用阈值分类法进行道路提取优化。通过不同的分类方法组合进行道路信息提取及结果优化，以挖掘不同方法的优势，进而提高道路提取精确度。

6.2.2　影像道路信息提取

1. 多尺度分割

研究采用多尺度分割方法进行影像对象分割。由面向对象的分割方法中的内容可知，多尺度分割是通过设置分割尺度（scale parameter）、形状参数（shape）、紧凑度参数（compactness）等来实现自下而上（bottom-up）的分割。进行多尺度分割的各参数没有固定值，需要根据遥感影像、实验区特点及提取对象的不同，不断调整分割参数来获取实验的最优分割参数组合。道路提取实验区部分影像数据如图 6.3（a）所示。由图6.3（b）展示影像部分区域的分割实验结果。

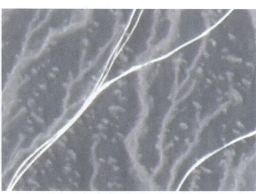

（a）研究区部分影像数据　　　　　　　　　　　（b）分割实验对比展示区域

图6.3　研究区部分影像数据与分割实验展示区域

分割尺度是对分割效果影响最大的参数之一。通过确定生成的影像对象所允许的最大异质度来控制分割，直接影响影像对象的大小。因此，首先进行对照实验确定分割尺度参数大小。

1）确定分割尺度（scale parameter）

自然道路作为线状地物提取目标，特点为细长、狭窄，因此进行分割时分割尺度不宜设置过大。首先选取 4 个不同的分割尺度（20、30、40、50）来尝试进行分割，形状参数则采用默认的0.1，紧凑度参数采用默认的0.5。

综上述各分割尺度结果对比，分割尺度为30、40时，分割效果相对较好，但也存在分割尺度30时对象多且破碎、分割尺度40时粗糙划分的情况，因此将分割尺度定为35（如图6.4所示）。在分割尺度为35时，道路对象相对分割得较完整，道路分岔口及路旁地物也没有被粗化分至道路对象中。

2）确定形状参数（shape）与紧凑度参数（compactness）

确定好分割尺度为35之后，继续设置对照试验，确定最优分割参数组合中形状参数及紧凑度参数的大小。设置 5 组分割尺度均为35的多尺度分割实验，形状参数与紧

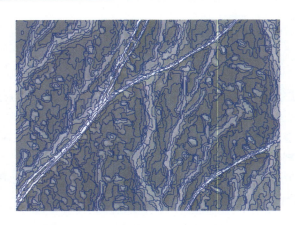

图6.4　分割尺度35实验结果图

凑度参数采用一些极端值或中间值，以便更好地观察参数值变化对分割效果的影响。设置形状参数与紧凑度参数组合为：（a）形状指数0.1、紧凑度参数0.1；（b）形状指数0.1、紧凑度参数0.9；（c）形状指数0.5、紧凑度参数0.5；（d）形状指数0.9、紧凑度参数0.1；（e）形状指数0.9、紧凑度参数0.9。

　　当分割尺度均为35、紧凑度参数均为0.3，而形状参数分别为0.9与0.8的两种分割结果进行对比发现，下调形状参数为0.8后，虽然道路对象边界的线性分割并没有受到很大影响，但是对象的个数明显增多，略显破碎，尤其图中右下角的一段道路，形状参数为0.9时这段道路可以进行很好的分割，但形状参数为0.8时这段道路被分割成了多个对象。因此，最终选择分割尺度35、形状参数0.9、紧凑度参数0.3作为多尺度分割的最优分割参数组合参数，见图6.5。

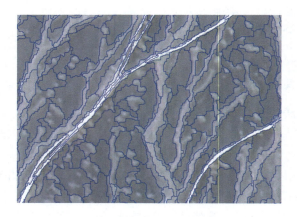

图6.5　最优分割参数组合分割结果图

2. 道路提取常用特征

　　基于野外考察、谷歌影像及与蒙古国立大学合作者进行交流，对古尔班特斯苏木内的自然道路特征进行归纳分析，可以得出：

(1) 高分辨率遥感影像中同一条硬化道路的宽度变化值通常可控制在一定范围内，但是研究区内的自然道路是由于车辆自由行驶碾压土地而来，因而会形成地面凹陷，若下雨后会造成雨后积水，司机另辟新道绕路而行，可导致自然道路形成越来越宽和宽窄不一的特征。

(2) 对于同一条自然道路，其内部的灰度值变化不会超过一定区间，且自然道路是未经硬化的土质路面，路面的灰度值较高，即道路的反射率较高，在影像上显示的亮度较大；若自然道路两旁为植被时，自然道路与临近地物目标相比，两者灰度值差异较大，比较容易区分。

(3) 自然道路普遍呈现狭长的形状特征，尤其自然道路相较于公路其宽度较窄，明显呈现出长宽比例相差较大的特点，该特征可以将自然道路有效区别于其他背景地物中如亮度值较高的裸地、建筑物等。

遥感影像中每一种地物都有其不同的特征，主要包括光谱特征、几何特征、拓扑特征及上下文特征。道路作为高分辨率遥感影像中的重要组成要素之一，通过高分辨率影像对其进行提取时，需要利用道路表现在影像中的不同特征，将每个特征以规则集、特征空间的形式参与到提取算法中，进而进行道路提取。因此，在高分辨率影像分割成"同质"对象的基础上对其进行分类提取时，首先需要对所提取的道路对象进行特征分析以确定采用的提取特征。光谱特征是自然界中所有地物都具有的辐射规律，光谱信息是地物特征性能最为直观的反映，且道路是具有明显几何特征的地物，而拓扑特征和上下文特征难以被具象表达，应用难度较大，所以最终进行道路提取时主要借助影像对象的光谱特征和几何特征（胡建青，2019）。

在阅读道路提取文献及对研究区自然道路进行特征分析的基础上，可以得出自然道路提取常用的特征主要包括光谱均值、标准差、亮度等光谱特征参数，长宽比、密度、形状指数、边界指数等几何特征参数。

3. 构建道路提取规则集

在对道路信息进行提取的过程中，构建提取规则集非常重要。需要在对道路特征进行概括的基础上，再结合提取特征知识对其进行描述，进而把语义知识转化为提取规则，实现道路信息提取。由上述自然道路特征分析及道路提取常用特征可知，提取道路常用到影像对象的光谱特征和几何特征。在 eCognition 中计算影像的光谱、几何特征，遥感影像上道路具有明显的光谱特征，亮度值较大，自然道路可以被高亮显示，而对于同一条道路其光谱均值和标准差通常无较大变化长宽比特征和形状指数特征计算结果中自然道路为偏亮显示，即道路对象的长宽比、形状指数特征值计算结果相比其他非道路地物较大；密度特征计算结果中自然道路为偏暗显示即道路对象的密度特征值计算结果相比其他非道路地物较小；而圆形指数、边界指数、紧凑度参数特征计算结果自然道路没有被很好地显示出来，自然道路既不偏暗也不偏亮显示，与其他非道路地物混淆。因此，用于提取道路的几何特征中长宽比、形状指数、密度相比于圆形指数、边界指数、紧凑度指数更能明显体现道路线状地物的几何特性。

除计算基于影像整体的特征参数外，还在影像中随机选取多个典型道路样本。选取的道路样本，既可以进行样本特征值对比分析，以确定道路提取规则集中的阈值范围，为采用阈值分类法优化分类结果奠定基础；还是最邻近分类方法中的样本训练区，也是完成最邻近分类方法的重要一步。因为最邻近分类法提取道路是基于分类实现的，所以在eCognition中进行样本选择前需要先创建分类类别，类别不仅需要包括道路类别（自然道路、硬化道路），还需要设定一个类别为其他类。在eCognition中使用Sample（样本）工具进行样本选择，同时可以使用Sample Editor（样本编辑器工具）进行样本的特征值分析。Sample Editor可以展示选定特征的样本值直方图，得到道路样本的特征分布概况，以此构建道路提取规则集中特征值的阈值范围。通过计算影像整体特征参数值及进行道路样本特征参数分析，最终构建出自然道路提取规则集，如表6.1所示。

表6.1　道路提取规则集

参数特征	特征值范围（阈值）
规则1：长宽比	[5，19.3]
规则2：形状指数	[2.4，6]
规则3：密度	[0.38，0.75]
规则4：亮度	[1460，1871]
规则5：均值	[1414，1949]
规则6：标准差	[143，254]

4. 道路信息提取与优化

在经过面向对象分割、构建道路提取规则集的基础上，通过不同分类方法组合，进行道路信息提取及优化。首先，使用最邻近分类方法进行道路信息提取。在选择可以代表每个分类类别典型样本对象的基础上，通过选取道路提取常用特征参数，即上述道路提取规则集中的特征参数构建特征空间（表6.2）。最邻近分类算法即在一个特定特征空间中对影像对象进行分类。eCognition中可以使用Apply Standard Nearest Neighbor to Classes（应用标准最邻近分类器到类）工具，直接将特征空间指定到所有待分类的类别，使其应用标准最邻近分类器，也可以在Class Description（类描述）中通过编辑类描述对每个类分别进行特征空间定义。

表6.2　最邻近分类法特征空间参数

对象特征分类	特征参数
光谱特征	光谱均值（mean）
	光谱标准差（standard deviation）
	亮度（brightness）
几何特征	长宽比（length/width）
	形状指数（shape index）
	密度（density）

除此之外，由于特征空间中的特征并不是越多越好，特征的数量会影响分类计算的速度，特征数量多可能会造成计算量急剧增大及分类特征冗余等问题，所以在进行每景影像分类处理时，可以使用Feature Space Optimization（特征空间优化）工具，通过比较待分类类别的特征，找出在不同类别样本之间区分的最大平均最小距离的特征组

合，从而在提取规则集中挑选出适合本次提取的特征以构建特征空间。最终，在分类进程中执行最邻近分类，算法会在每个影像对象的特征空间中寻找对象最接近的样本并进行划分，完成对道路信息的初步提取。

使用最邻近分类算法提取出的初始道路网络，不可避免地存在非道路区域，即产生错分、漏分现象，会对实验结果造成误差，因此需要将这些非道路区域去除，完善道路漏分。对道路提取结果进行优化使用的是阈值分类法及 eCognition 中的部分高级分类算法。阈值分类法采用的是 eCognition 中的 assign class（指定类）算法，这个算法可以使用一个特征阈值把一个分类类别指定到具有这个特征的影像对象上。优化初步提取出的道路信息通过使用长宽比、密度等道路提取规则集中的特征，以规则集中的特征值范围设立阈值，进行非道路对象的剔除与完善道路漏分。

eCognition 中的高级分类算法可以用来执行一些特殊的分类任务，进行消除错分以优化道路提取结果，例如 find enclosed by class 算法可以找出完全被一个确定的类所包围的对象，即可找出被其他类包含的单个错划分道路对象，这样可以将零碎的非道路错分信息消除。通过阈值分类法及高级分类算法优化道路提取信息后，最终可通过手动修改方式，完善道路网络。

5. 精度评定

基于面向对象的方法完成研究区道路提取之后，需要对提取结果进行精度验证，评估提取结果的准确性和可靠性。采用的精度评定方法为混淆矩阵（confusion matrix），也称为误差矩阵，将提取分类结果与实际地类数目进行对比，形成 n 行 n 列的矩阵来进行精度评定。混淆矩阵可以得出的精度评定指标有生产者精度、用户精度及总体精度。除此之外，还引入 Kappa 系数进行精度评定。

为验证古尔班特斯苏木道路信息提取方法和结果的准确性，在研究区内随机选取了 317 个验证点进行精度评定。道路提取实验精度评定结果如表 6.3 所示。结果表明，两期道路提取实验自然道路的生产者精度分别为 83.52%、84.09%，用户精度分别为 87.7%、88.3%；硬化道路的生产者精度分别为 90.3%、89.25%，用户精度分别为 94.53%、93.23%；道路的生产者精度与用户精度相比其他类的分类结果相对较低。但是两期结果的总体精度都达到了 90% 以上，Kappa 系数也达到了 0.8 以上，说明分类提取结果可以达到精度要求，使用面向对象的方法进行研究区道路信息提取是可行的。

表6.3　影像道路分类提取结果精度评定

精度评定	2015年			2020年		
	自然道路	硬化道路	其他	自然道路	硬化道路	其他
生产者精度 /%	83.52	90.3	97.96	84.09	89.25	98.08
用户精度 /%	87.7	94.53	96.5	88.3	93.23	96.61
总体精度 /%		94.93			95.12	
Kappa 系数		0.8691			0.8741	

6.2.3　古尔班特斯苏木道路分布及时空变化

1. 2015年、2020年古尔班特斯苏木道路分布情况

基于GF-1影像采用面向对象的道路提取方法提取古尔班特斯苏木2015年、2020年的道路分布，如图6.6(a)、(b)所示。2015年、2020年古尔班特斯苏木自然道路均呈现东南密集，西、北部稀疏的总体特征。其中东南部的自然道路密集区有两个道路辐射中心，分别是古尔班特斯苏木的城镇区及那林苏海图煤矿区，由于煤矿的存在，运输车辆直接碾压草地形成自然道路的情况常见，导致煤矿附近自然道路密集。硬化道路仅出现在研究区东南处，主要连接了城镇区与煤矿、煤矿与西伯库伦-策克口岸（研究区硬化道路最南处）。其中，2015年古尔班特斯苏木北部及西部自然道路分布稀疏，从苏木西北部至苏木城镇区有一条贯穿连接的自然道路，苏木南部主要有三条不连贯的自然道路。2020年古尔班特斯苏木虽然北部及西部自然道路依然分布较稀疏，但相对于2015年有明显增多，尤其西北部及中部地区自然道路增加明显。

通过对提取的2015年、2020年古尔班特斯苏木的道路矢量数据进行统计，得出道路长度，并计算出道路密度（道路密度为道路里程与该区域面积之比）。如表6.4所示，2015年研究区自然道路与硬化道路长度相差悬殊，自然道路长度为3 708.745 km，占道路总长度的92.65%；硬化道路长度为294.129 km，仅占道路总长度的7.35%。古尔班特斯苏木的面积约为28 746.859 km²，通过计算道路密度可得，古尔班特斯苏木的自然道

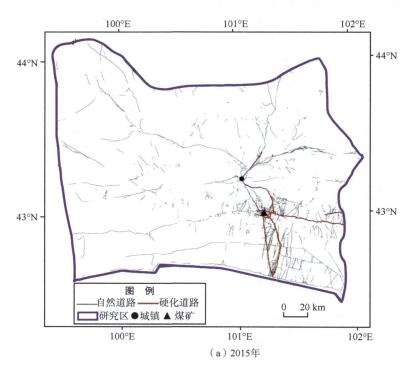

（a）2015年

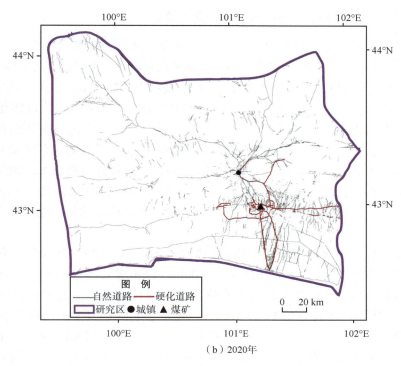

（b）2020年

图6.6　2015年、2020年蒙古国古尔班特斯苏木道路提取分布图

路密度为0.129 km/km^2，而硬化道路密度仅为0.010 km/km^2。由于古尔班特斯苏木地广人稀，所以自然道路和硬化道路的道路密度均很小，但相比较自然道路的密度仍远大于硬化道路。

表6.4　2015年古尔班特斯苏木道路长度及密度

道路类型	道路长度/km	道路密度/(km/km^2)
自然道路	3 708.745	0.129
硬化道路	294.129	0.010

由2020年古尔班特斯苏木道路数据统计、计算结果可得（表6.5），古尔班特斯苏木的自然道路与硬化道路长度依旧相差悬殊。自然道路长度为4 889.046 km，占道路总长度的93.10%；硬化道路长度为362.356 km，仅占道路总长度的6.90%。道路密度相较于2015年变化并不明显，自然道路密度为0.170 km/km^2，硬化道路密度仅为0.013 km/km^2。

表6.5　2020年古尔班特斯苏木道路长度及密度

道路类型	道路长度/km	道路密度/(km/km^2)
自然道路	4 889.046	0.170
硬化道路	362.356	0.013

2. 2015～2020年古尔班特斯苏木道路变化分析

从空间分布变化来看（图6.7），2015～2020年古尔班特斯苏木主要有5处主要的道路增加区域（图中蓝圈区域），其余的道路增加呈现断续、不集中。道路增加区域主要位于苏木西北部（区域1）、中部部分区域（区域2）及东南部的城镇、矿区（区域3、4、5）。从谷歌影像及道路提取的高分影像上可以明显看出，区域4的硬化道路增加是由于2020年比2015年增加了一个小型矿产开采区，相应增加了硬化道路基础设施运输矿物，自然道路也随之在周围发展。总体来看，2015～2020年伴随古尔班特斯苏木内那林苏海图煤矿和周边小型矿区的开采及经济建设，硬化道路主要增加于城镇及矿区附近的区域3、4中；自然道路则发展迅速，在区域1～5中均有增加。这说明矿产开采及城镇发展促进了区域硬化道路增加，但由于古尔班特斯苏木的整体经济及交通基础设施不完善的原因，自然道路增加更为普遍。

从道路长度、密度的时间变化来看，如图6.8所示，2015～2020年古尔班特斯苏木的道路总长度变化明显，从2015年的4 002.874 km增加到2020年的5 251.402 km，增加了1 248.528 km。其中主要变化的是自然道路长度，自然道路长度从2015年的3 708.745 km增加到2020年的4 889.046 km，增加了1 180.301 km；而硬化道路相比较增加得很少，从2015年的294.129 km增加到2020年的362.356 km，增加了68.227 km。道路长度的变化结果与古尔班特斯苏木的实际情况一致，硬化道路主要是由于采矿区增加，为运输矿物而修建。在道路密度方面，古尔班特斯苏木地广人稀，2015～2020年

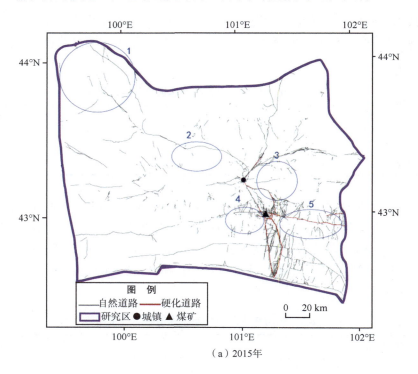

（a）2015年

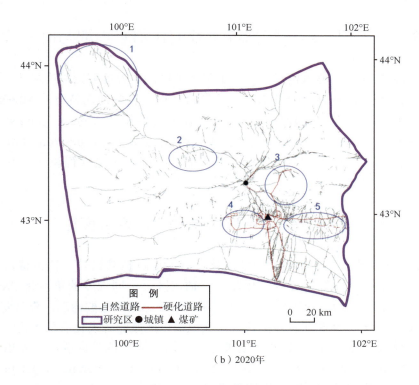

（b）2020年

图6.7　2015年、2020年蒙古国古尔班特斯苏木道路分布对比变化图

注：图中数字表示区域编号。

道路密度从0.139 km/km^{2}增至0.183 km/km^2。其中，硬化道路密度的增加趋势不显著，只增长了0.003 km/km^2；同道路长度一样，道路密度的增加主要集中在自然道路密度上，从0.129 km/km^{2}增至0.170 km/km^2，5年增加了0.041 km/km^2。

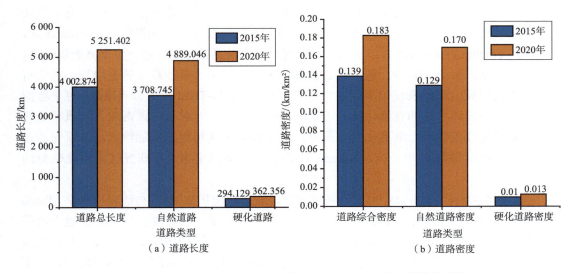

图6.8　2015年、2020年古尔班特斯苏木道路长度及密度变化柱状图

6.3　蒙古国古尔班特斯苏木荒漠化信息提取与时空分析

蒙古国古尔班特斯苏木位于干旱、半干旱地区，地表植被覆盖度很低，且土壤为颗粒粗糙的沙质土。因此本节将对比选用适合研究区实际地表特点的Albedo-TGSI特征空间模型（Albedo为地表反照率；TGSI为表土粒度指数，topsoil grain size index），通过计算基于Albedo-TGSI特征空间的荒漠化差异指数（desertification difference index，DDI）来进行古尔班特斯苏木荒漠化信息提取，并进行荒漠化时空分布格局分析。

6.3.1　Albedo-TGSI特征空间模型构建

目前多采用遥感方法监测土地荒漠化，例如通过植被指数、植被覆盖度、构建Albedo-NDVI特征空间等进行荒漠化监测评估，区分不同程度的荒漠化（Verstraete et al.，1996；周灵，2020）。而蒙古国南部干旱、半干旱地区植被稀疏，覆盖度有限，利用植被指数可能无法准确地表述区域植被状况，以此监测荒漠化有待改进。有学者提出通过多源特征空间和地理分区建模进行蒙古国荒漠化信息提取，并提出了三种特征空间模型Albedo-NDVI（归一化植被指数，normalized difference vegetation index）、Albedo-MSAVI（改进型土壤调节植被指数，modified soil-adjusted vegetation index）、Albedo-TGSI进行蒙古国不同区域的荒漠化反演，其中Albedo-TGSI特征空间模型对地表土壤变化的敏感度很高，适用于蒙古国南部植被覆盖度极低的区域进行荒漠化信息提取（Wei et al.，2018；魏海硕，2020）。表土粒度指数TGSI基于遥感光谱反射率及表层土物理颗粒组成提出（Liu et al.，2018），是反映不同表土质地与表土颗粒组成的指标。地表反照率Albedo是反映地表对太阳短波辐射特征的物理参量，其变化受地表情况的影响（魏海硕，2020）。研究表明，随着荒漠化加剧，地表植被、土壤会发生明显变化，植被数量减少，覆盖度降低，表层土壤颗粒组成会愈加粗糙（Lamchin et al.，2016；Lamchin et al.，2017）。加之车辆若对地表土壤直接碾压，进一步剥离表层土壤，破坏植被及土层形成破口，造成风蚀加剧，风蚀过程中土壤沙粒含量会增加，进而引起荒漠化发展。则地表反照率、表土粒度指数（Albedo-TGSI特征空间模型）对于监测由表层土壤破坏引发的荒漠化具有一定的优势。因此，针对蒙古国南部古尔班特斯苏木植被覆盖度很低、土地退化现象严重、表土颗粒组成粗糙的实际特点，本研究通过引入表土粒度指数TGSI，构造Albedo-TGSI特征空间模型来进行研究区荒漠化信息的提取。

如图6.9所示，Albedo-TGSI特征空间中，表土粒度指数TGSI与地表反照率Albedo之间呈显著正相关关系。这表明，随着荒漠化程度加重，植被覆盖减少造成地表反照增强，表土粒度指数也随着土壤颗粒组成粗糙而增加。图6.9中，*A*、*B*、*C*、*D*代表四种极端状态，而研究区内的地表组成在四边形*ABCD*内呈现不同的分布规律。其中*AC*边代表一定土壤质地下完全干旱土地对应的高反照率线，*BD*边代表一定土壤质地下充足水分对应的低反照率线。

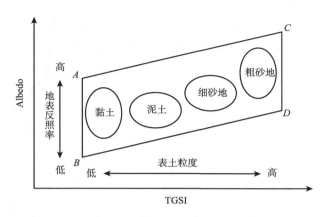

图6.9　Albedo-TGSI特征空间模型

　　构建蒙古国古尔班特斯苏木的Albedo-TGSI特征空间模型前，首先需要使用经过预处理拼接完成的研究区Landsat-8数据进行波段计算，反演得到古尔班特斯苏木的地表反照率Albedo、表土粒度指数TGSI数据产品。

　　地表反照率Albedo计算公式如下（Liang et al.，2003）：

$$Albedo = 0.356 * Blue + 0.13 * Red + 0.373 * NIR \\ + 0.085 * SWIR1 + 0.072 * SWIR2 - 0.0018 \tag{6.1}$$

式中，Blue为蓝波段；Red为红波段；NIR为近红外波段；SWIR1为热红外波段1；SWIR2为热红外波段2。

　　表土粒度指数TGSI计算公式如下（Liu et al.，2018；Xiao et al.，2006）：

$$TGSI = (Red - Blue) / (Red + Blue + Green) \tag{6.2}$$

式中，Red为红波段；Blue为蓝波段；Green为绿波段。

　　计算得出古尔班特斯苏木2015年、2020年的地表反照率、表土粒度指数遥感反演结果后，为了确定研究区Albedo-TGSI特征空间中两个变量之间的相互关系，通过ArcGIS中的Create Random Points（创建随机点）工具在古尔班特斯苏木内随机、均匀地布置了244个点（如图6.10所示），然后利用随机点文件提出点位置上的Albedo、TGSI值。进而将得出的Albedo、TGSI值进行统计回归分析，计算两者间的定量关系，构造提取古尔班特斯苏木2015年、2020年荒漠化信息的Albedo-TGSI特征空间模型。

　　2015年、2020年古尔班特斯苏木地表反照率Albedo与表土粒度指数TGSI两个变量之间的线性关系如图6.11所示，可以看出，与上述Albedo-TGSI特征空间模型图（图6.9）所反映的关系一致。Albedo与TGSI之间均存在明显的正相关关系，相关指数/拟合度分别为0.553、0.535，均大于0.5。因此，可以基于所得的线性定量关系构造古尔班特斯苏木Albedo-TGSI特征空间模型以提取荒漠化信息。

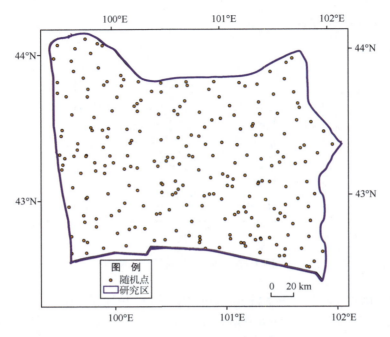

图6.10　研究区随机点分布图

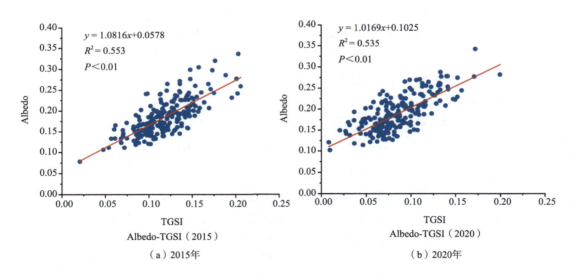

图6.11　古尔班特斯苏木Albedo-TGSI特征空间变量线性关系

6.3.2　古尔班特斯苏木荒漠化信息提取

荒漠化信息提取采用Verstraete等提出的通过建立Albedo-NDVI特征空间，计算荒漠化差异指数DDI，将不同等级的荒漠化土地进行有效区分（Verstraete et al.，1996）。荒漠化差异指数DDI的计算公式如下：

$$DDI = k * NDVI - Albedo \tag{6.3}$$

式中，DDI 为荒漠化差异指数；k 由特征空间中拟合的直线斜率确定（k 乘以特征空间中拟合的直线斜率等于-1）。在本研究中，由于蒙古国南部古尔班特斯苏木的植被覆盖度很低，表土颗粒组成粗糙，提取荒漠化信息通过引入表土粒度指数 TGSI，采用基于 Albedo-TGSI 特征空间的荒漠化差异指数 $DDI_{(Albedo-TGSI)}$ 来计算，计算公式如下：

$$DDI_{(Albedo-TGSI)} = k_{(Albedo-TGSI)} * TGSI + Albedo \tag{6.4}$$

式中，$DDI_{(Albedo-TGSI)}$ 为 Albedo-TGSI 特征空间下的荒漠化差异指数；$k_{(Albedo-TGSI)}$ 由 Albedo-TGSI 特征空间中拟合的直线斜率确定（$k_{(Albedo-TGSI)}$ 乘以 Albedo-TGSI 特征空间中拟合的直线斜率等于-1）。

基于上述得出的古尔班特斯苏木的 Albedo-TGSI 特征空间变量线性关系（图6.11），2015年、2020年 Albedo-TGSI 特征空间中拟合的直线斜率分别为1.0816、1.0169，由 $k(Albedo-TGSI) *$ 直线斜率 = -1 计算 $k(Albedo-TGSI)$ 值，见表6.6。

表6.6　2015年、2020年 Albedo-TGSI 特征空间 k 值统计表

年份	$k_{(Albedo-TGSI)}$ 值
2015	-0.9246
2020	-0.9834

计算得出研究区2015年、2020年 Albedo-TGSI 特征空间模型的 k 值后，通过式（6.4）计算得出荒漠化差异指数 DDI（Albedo-TGSI），并基于统计学原理，采用自然间断点分级法（Jenks）将古尔班特斯苏木2015年、2020年 Albedo-TGSI 特征空间的荒漠化差异指数 DDI（Albedo-TGSI）进行分级。自然间断点分级法基于数据中固有的自然分组，通过对数据的分类间隔进行识别，在数据值差异相对较大的位置处设置边界，可以实现对相似值最恰当地分类，也使各个类之间的差异最大化，最终使分类结果为类内差异最小，类间差异最大（李乃强等，2020）。将 DDI（Albedo-TGSI）分为5个等级，分别为极重度荒漠化、重度荒漠化、中度荒漠化、轻度荒漠化、无荒漠化（Ma et al.，2011）。表6.7为古尔班特斯苏木不同荒漠化等级的 DDI（Albedo-TGSI）取值范围。

表6.7　DDI（Albedo-TGSI）取值范围统计表

荒漠化等级	$DDI_{(Albedo-TGSI)}$ 取值范围
极重度荒漠化	> -0.228
重度荒漠化	-0.285～-0.228
中度荒漠化	-0.391～-0.285
轻度荒漠化	-0.447～-0.391
无荒漠化	< -0.447

通过 Albedo-TGSI 特征空间模型提取荒漠化信息的模型总体分类精度为88.25%，Kappa 系数为0.852。

6.3.3　古尔班特斯苏木荒漠化分布格局及时空变化

1. 2015年、2020年古尔班特斯苏木荒漠化分布格局

基于Albedo-TGSI特征空间模型提取的2015年蒙古国古尔班特斯苏木的荒漠化分布情况如图6.12（a）所示。从图中可以看出，2015年古尔班特斯苏木的大部分区域都呈现荒漠化，总体上南部的荒漠化现状相较于北部更严重。其中，极重度荒漠化和重度荒漠化大面积分布于古尔班特斯苏木南部，中度荒漠化和轻度荒漠化主要分布在古尔班特斯苏木北部。

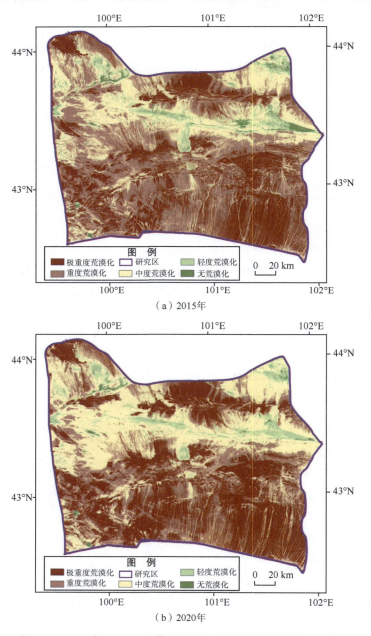

（a）2015年

（b）2020年

图6.12　2015年、2020年蒙古国古尔班特斯苏木荒漠化分布图

统计2015年古尔班特斯苏木不同等级荒漠化面积并计算其占比，统计计算结果如表6.8所示。其中，极重度荒漠化区域面积约为 6 214.122 km^2，约占整个苏木的21.617%，主要分布于南部及北部的小部分区域，南部以东南部大片分布，西南部零散分布。重度荒漠化区域面积约为 12 257.279 km^2，约占整个苏木的42.639%，是分布面积最大的荒漠化类型，主要大面积分布于苏木南部，小部分分布于最北部。中度荒漠化区域面积约为 8 505.752 km^2，约占整个苏木的29.588%，是分布面积仅次于重度荒漠化的类型，大面积分布于中部偏北的区域，南部仅有零星分布。轻度荒漠化区域面积约为 1 302.539 km^2，约占整个苏木的4.531%，主要呈小块分布于北部区域。无荒漠化面积仅分布于古尔班特斯苏木的东北及西北部，面积仅有 467.167 km^2，占整个苏木的1.625%。2015年蒙古国古尔班特斯苏木大部分区域均已发生荒漠化，且以重度荒漠化类型为主，荒漠化问题严重。

表6.8　2015年古尔班特斯苏木荒漠化面积及占比统计表

荒漠化等级	面积/km^2	占比/%
极重度荒漠化	6 214.122	21.617
重度荒漠化	12 257.279	42.639
中度荒漠化	8 505.752	29.588
轻度荒漠化	1 302.539	4.531
无荒漠化	467.167	1.625

图6.12(b)为2020年蒙古国古尔班特斯苏木荒漠化分布图。表6.9为2020年古尔班特斯苏木不同等级荒漠化面积及占比统计。结合图表可以看出，2020年古尔班特斯苏木98.950%的区域呈现荒漠化，总体上南部的荒漠化现状相较于北部更严重，南部以极重度荒漠化和重度荒漠化为主，北部以中度荒漠化为主。极重度荒漠化区域的面积约为 7 705.084 km^2，约占整个苏木的26.803%，主要分布于南部及北部的部分区域，南部均匀分布，北部呈块状分布。重度荒漠化区域的面积约为 9 286.171 km^2，约占整个苏木的32.303%，广泛分布于苏木南部，少部分分布于北部。中度荒漠化区域的面积约为 9 961.801 km^2，约占整个苏木的34.654%，是2020年分布面积最大的荒漠化类型，主要大面积分布于中部偏北的区域，东南、南部有少部分区域分布。轻度荒漠化区域的面积约为 1 491.940 km^2，约占整个苏木的5.190%，主要呈块分布于北部区域。无荒漠化面积仅分布于古尔班特斯苏木的东北及西北部部分区域，面积约有 301.863 km^2，仅占整个苏木的1.050%。2020年蒙古国古尔班特斯苏木大部分区域均呈现荒漠化，以中度荒漠化类型为主。

表6.9　2020年古尔班特斯苏木荒漠化面积及占比统计表

荒漠化等级	面积/km^2	占比/%
极重度荒漠化	7 705.084	26.803
重度荒漠化	9 286.171	32.303
中度荒漠化	9 961.801	34.654
轻度荒漠化	1 491.940	5.190
无荒漠化	301.863	1.050

2. 2015～2020年古尔班特斯苏木荒漠化变化分析

基于获得的2015年、2020年蒙古国古尔班特斯苏木的荒漠化分布图，将两期荒漠化分布数据叠加进行分析，获得了2015～2020年古尔班特斯苏木荒漠化加重及恢复区域分布图（图6.13）及2015～2020年古尔班特斯苏木荒漠化面积变化统计表（表6.10）。其中，荒漠化加重指区域荒漠化等级向严重方向发展，例如轻度荒漠化转变为重度荒漠化、轻度荒漠化转变为极重度荒漠化等；荒漠化恢复指区域荒漠化等级向减缓方向发展，例如极重度荒漠化转变为重度荒漠化、中度荒漠化转变为轻度荒漠化等；未变化区域指区域内荒漠化等级未发生变化。

从图6.13可以看出，荒漠化加重及恢复区域在整个古尔班特斯苏木内均有分布。荒漠化加重区域主要分布在苏木的南部偏西部分及北部区域，尤其矿区附近为荒漠化加重成片分布区域；荒漠化恢复区域主要分布于苏木的西部偏北区域、东部偏南区域。荒漠化加重区域的面积约为4 189.479 km²，约占整个苏木的14.574%；荒漠化恢复区域的面积约为3 312.785 km²，约占整个苏木的11.524%；荒漠化等级未发生变化的区域面积为21 244.595 km²，约占整个苏木的73.902%。从荒漠化变化的面积来看，2015～2020年古尔班特斯苏木荒漠化加重区域大于荒漠化恢复区域。

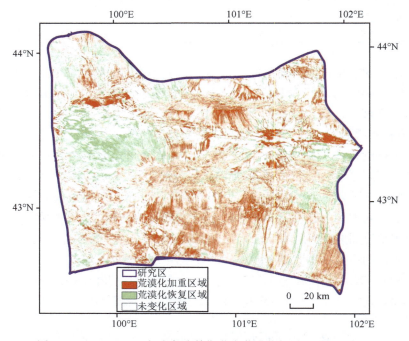

图6.13　2015～2020年古尔班特斯苏木荒漠化加重及恢复区域图

表6.10　2015～2020年古尔班特斯苏木荒漠化面积变化统计表

荒漠化变化	面积/km²	占比/%
荒漠化加重	4 189.479	14.574
荒漠化恢复	3 312.785	11.524
未变化	21 244.595	73.902

统计2015年、2020年古尔班特斯苏木不同荒漠化类型的面积，如图6.14所示。从图中可以看出，2015～2020年极重度荒漠化、中度荒漠化、轻度荒漠化的面积均在增加，重度荒漠化的面积在减少，未发生荒漠化的区域也在减少。2015～2020年发生荒漠化的区域面积总体在增加，增加了165.304 km^2。从荒漠化面积变化方面来看，2015～2020年古尔班特斯苏木的荒漠化呈现进一步扩张发展。

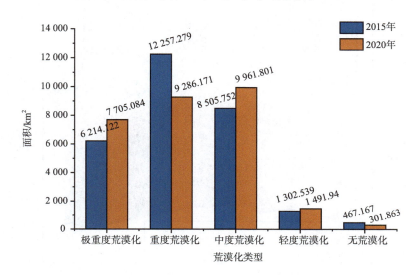

图6.14　2015～2020年古尔班特斯苏木不同荒漠化类型面积变化柱状图

6.4　蒙古国古尔班特斯苏木自然道路对土地荒漠化的影响

自然道路是由于车辆碾压造成地表土层和植被破坏、移走表层土壤和夯实下层土壤形成的，是造成干旱、半干旱区土地荒漠化的影响因素之一。本节基于蒙古国古尔班特斯苏木的道路提取数据、荒漠化分布数据、自然及社会经济数据，通过叠加分析进行古尔班特斯苏木自然道路对土地荒漠化的影响研究，从定性、定量两个角度进行荒漠化影响因素分析，以确定影响古尔班特斯苏木荒漠化发展的主要影响因素。

6.4.1　2015年、2020年道路与荒漠化的空间叠加分析

将已获得的2015年、2020年蒙古国南部古尔班特斯苏木的道路提取数据与荒漠化分布数据在ArcGIS中进行地理配准，再将配准后的荒漠化数据与道路数据进行叠加，如图6.15所示。从图中可以看出，2015年、2020年古尔班特斯苏木的道路分布与荒漠化分布具有一定的空间一致性。在硬化道路与自然道路分布密集的古尔班特斯苏木东南部，是极重度荒漠化类型的主要分布区域，而北部轻度荒漠化、无荒漠化分布的区域几乎没有自然道路。2015～2020年古尔班特斯苏木东南部矿区周围道路有明显增加的同时，东南部区域的极重度荒漠化也有明显增强。2015～2020年古尔班特斯苏木西

北部自然道路增加区域中，部分土地荒漠化类型由重度荒漠化变为了极重度荒漠化类型。一致的空间分布特性表明自然道路与区域荒漠化之间存在一定关系。

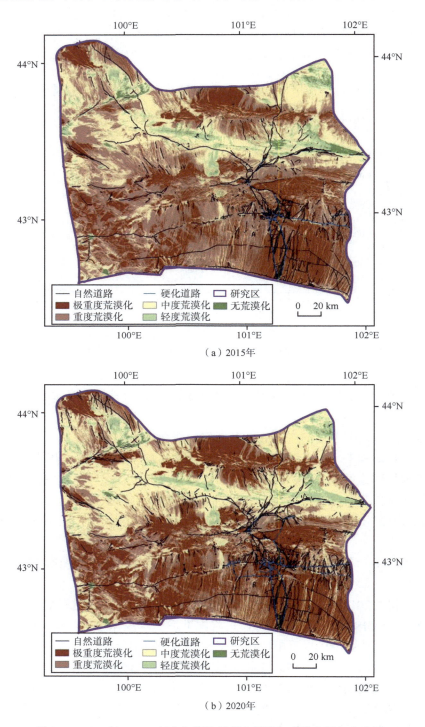

（a）2015年

（b）2020年

图6.15　2015年、2020年古尔班特斯苏木道路与荒漠化叠加分布图

在2015年、2020年提取出的自然道路矢量数据中创建随机点各400个，利用随机点文件提出点位置上的荒漠化类型值，并统计成扇形占比图，如图6.16所示。从图6.16（a）中可以看出，有201个自然道路随机点的荒漠化类型为重度荒漠化，约占点总数的50.25%；113个自然道路随机点的荒漠化类型为中度荒漠化，约占点总数的28.25%；79个自然道路随机点的荒漠化类型为极重度荒漠化，约占点总数19.25%；其余落在轻度荒漠化和无荒漠化区域的点数量仅占1.75%。从图6.16（b）中可以看出，有168个自然道路随机点的荒漠化类型为重度荒漠化，约占点总数的42%；128个自然道路随机点的荒漠化类型为极重度荒漠化，约占点总数的32%；96个自然道路随机点的荒漠化类型为轻度荒漠化，约占点总数24%；其余落在轻度荒漠化和无荒漠化区域的点数量仅占2%。与2015年相比，2020年极重度荒漠化随机点的数量有明显增加，自然道路中极重度和重度荒漠化随机点的数量占比由2015年的70%增加到2020年的74%，说明2015～2020年自然道路区域的荒漠化有加重趋势，自然道路对于区域荒漠化具有一定影响。

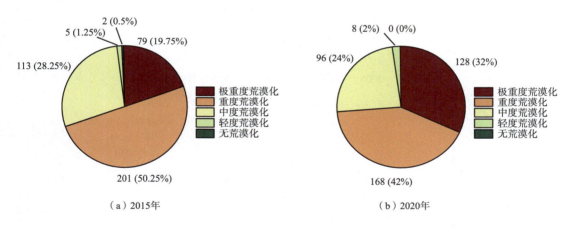

（a）2015年　　　　　　　　　　　　　　（b）2020年

图6.16　自然道路随机点所属荒漠化类型

6.4.2　古尔班特斯苏木荒漠化影响因素分析

1. 影响因素定性分析

1）自然因素

（1）气温　　气温是影响蒙古国荒漠化的重要自然因素之一（Liang et al.，2021）。气温主要是通过影响区域内的蒸发和蒸腾作用而影响荒漠化。蒙古国深居内陆，气候干旱，气温的变化可以直接影响到区域蒸散。气温升高使蒸发量增加，会使土壤水分流失，影响植物生长，进而导致荒漠化。

根据蒙古国气象研究所采集的气象数据统计发现，古尔班特斯苏木的年内气温相差较大，夏季气温高，最高可达20℃以上；冬季气温低，一般为–15℃左右（图6.17）。2008～2020年古尔班特斯苏木的气温呈现缓慢上升趋势，但年际气温具有一定的波动，如图6.18所示。2008～2020年期间,2012年的年均温最低,为4.47 ℃;2017年的年均温最高,为6.7 ℃;最低年均温与最高年均温相差2.23 ℃。温度升高会使区域内干旱加剧,且古尔班特斯苏木的土壤有机质含量低、土层厚度薄、以沙质土为主,气温升高会导致土壤水分流失,使土壤间隙变大,引发土地荒漠化。温度波动变化会对植被正常生长及演替产生负面影响,导致荒漠化进一步发展。

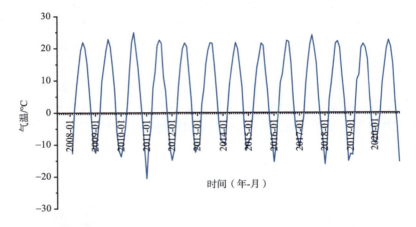

图6.17　2008～2020年古尔班特斯苏木逐月气温变化图

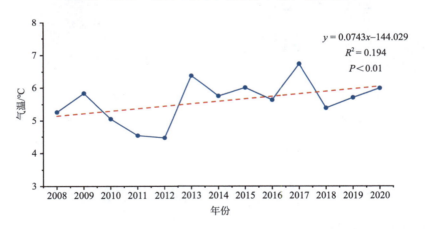

图6.18　2008～2020年古尔班特斯苏木年平均气温变化趋势图

(2)降水　　蒙古国处于干旱、半干旱区,年降水量较少且北部多于南部(布仁高娃,2011)。降水量是影响土地荒漠化的重要自然因素之一,因为降水量的多少对区域植被生长具有重要影响。降水量多,则土壤水分充足,有利于植被生长,减缓荒漠化发展;降水量少,则会使原本干旱的区域更加缺水,造成土地进一步荒漠化(周灵,2020)。

基于蒙古国统计网站及蒙古国立大学提供的数据,获取到南戈壁省及古尔班特斯苏木的降水量记录,统计发现,古尔班特斯苏木所在的南戈壁省2008～2020年每月的降水量均很少,大部分月份的降水量均在60 mm以下,如图6.19所示。南戈壁省的降水主要集中在夏季,2018年夏天(7月)的降水量为136.1 mm,是近年来最多的月份。

降水量集中于夏季，夏季突发的暴雨可能会使地表土破碎，加剧水土流失。古尔班特斯苏木2008~2020年的年降水量具有一定的波动，2009年降水量最少，为37.2 mm；2014年降水量最多，达到了178 mm。如图6.20所示，2008~2014年降水量具有波动增加的趋势，但2014~2020年具有波动下降的趋势（红色虚线为2014~2020年的年降水量趋势线）。因此，近年来古尔班特斯苏木降水量少且具有下降趋势，可能会加剧区域荒漠化。

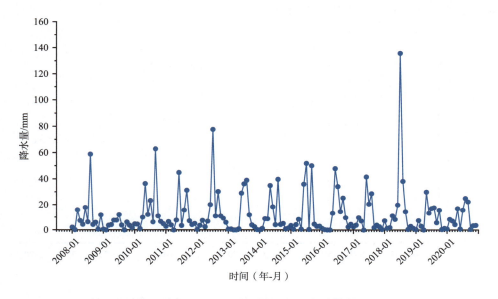

图6.19　2008~2020年南戈壁省逐月降水量变化图

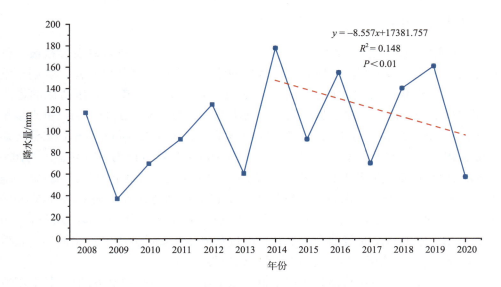

图6.20　2008~2020年古尔班特斯苏木年降水量变化趋势图

（3）风速　　风是影响土地荒漠化的重要自然因素之一，大风可以造成沙尘、扬尘，影响地表植物的生长，破坏生态环境，引发风蚀荒漠化（周灵，2020）。古尔班特斯苏木的年平均风速在4.0～5.0 m/s，是蒙古国风速较大的地区之一，且每年有40多天的大风天气，沙尘暴频繁（Davaadorj et al.，2016）。基于蒙古国立大学提供的风速数据进行统计，如图6.21，古尔班特斯苏木2015年之前年平均风速具有一定波动，2015～2020年平均风速趋于稳定，虽然相比之前年份有下降趋势，但也维持在4.0 m/s左右。加之古尔班特斯苏木内的土地覆被类型主要是荒漠草原和干旱土地，缺少大量植被对土壤进行保护，遇到大风天气更容易发生土壤风蚀。

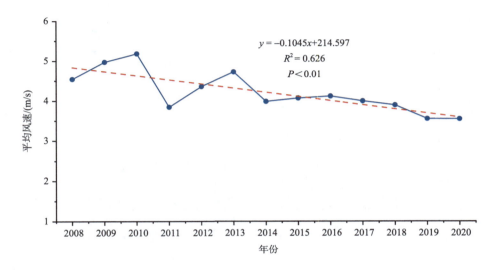

图6.21　2008～2020年古尔班特斯苏木平均风速变化趋势图

2）人类活动因素

（1）车辆增加、自然道路增长　　车辆直接碾压土地，可以剥离表层植被、移走表层土壤、夯实下层土壤，使地表土层薄弱的沙质草原区下伏散沙出露，加剧土壤风蚀，为土地荒漠化大规模发展创造条件（张德平等，2011）。车辆碾压造成的道路侵蚀是蒙古国土地荒漠化的主要原因之一，而道路侵蚀与急剧增加的车辆数量直接相关（Batkhishig et al.，2013）。近年来蒙古国伴随工矿建设，各类工程和社会车辆数量迅速增加，蒙古国统计网站及年鉴数据显示，蒙古国2015年车辆数量为482 049辆，到2020年增至646 818辆；南戈壁省2015年车辆数量为11 769辆，到2020年增至24 688辆。基于提取的自然道路数据，得出古尔班特斯苏木2015年自然道路长度为3 708.745 km，到2020年增至4 889.046 km，自然道路共增长1 180.301 km，密度增加0.041 km/km²。由于古尔班特斯苏木道路交通基础设施不完善，自然道路在交通网中的占比很大，随着车辆数量的增加，自然道路增长，会加大荒漠化风险。

2016～2020年古尔班特斯苏木的车辆数量呈显著增加趋势（图6.22），且卡车数量占车辆总量的大部分，轿车数量在2018年之后也开始上升。蒙古国南戈壁省2020年的车辆组成中有将近一半（48.4%）的车辆为卡车，而用于采矿的重型车辆对土壤的破坏性最大，增大了区域的荒漠化风险（Batkhishig et al.，2013）。古尔班特斯苏木内有那林苏海图煤矿，会有许多运输矿物的卡车。运输煤炭的卡车行驶在未硬化铺设的自然道路上，不仅会对土地形成破坏还会造成扬尘，进而加剧土地荒漠化及生态环境恶化。因此，目前由于车辆增加带来的区域自然道路荒漠化情况不容忽视。

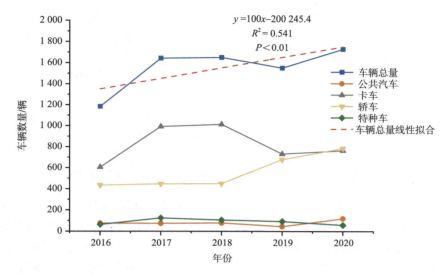

$$y = 100x - 200\,245.4$$
$$R^2 = 0.541$$
$$P < 0.01$$

图6.22　2016～2020年古尔班特斯苏木车辆数量年际变化图

（2）超载放牧　　超载放牧是蒙古国荒漠化的重要原因之一（Liang et al.，2021）。20世纪90年代初蒙古国进行经济体制改革，实施了"草牧场归全民所有"的政策。牧民为追求自身经济利益，不顾及草原承载能力，而盲目快速增加牲畜数量，直接造成草地的严重破坏或退化（布仁高娃，2011；白乌云等，2015）。超载放牧的同时，蒙古国畜群结构失调，也是加剧荒漠化的主要原因。有文献表明，蒙古国20世纪90年代后牲畜数量快速增加主要是山羊数量的增加（布仁高娃，2011）。山羊的摄食能力很强，在草场缺草的荒漠草地放牧时会啃食草根，进而对草场造成严重破坏，促进土地荒漠化；且山羊数量大量增加，可能会对草场造成过度践踏，进而引发"蹄灾"，破坏生态环境造成荒漠化。将获取的古尔班特斯苏木的牲畜数据进行统计，如图6.23所示，古尔班特斯苏木的牲畜数量从2015年到2020年呈现显著增加趋势，只有2018年牲畜数量比前一年有所降低，其余年份牲畜数量均在增加。并且区域内牲畜类型主要为山羊，占牲畜总量的88%以上，会对地表覆被以荒漠草地和裸地为主的古尔班特斯苏木造成更大的放牧压力。

（3）经济发展、矿产开采　　畜牧业是蒙古国的传统产业，也是国民经济基础产业，国民中有50%的人从事畜牧业，通过大力发展畜牧业，蒙古国社会经济取得了一定的发展（白乌云等，2015）。但蒙古国经济还存在着发展水平较低及发展不平衡的现象。因此，目前蒙古国通过促进工业发展、加强贸易发展、大力发展旅游业等措施来提高城市化水平、推动经济发展（崔秀萍等，2021）。这些举措在发展经济的同时，可能也会加快荒漠化进程。

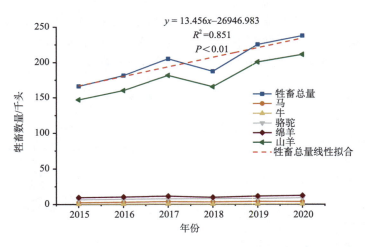

图6.23　2015～2020年古尔班特斯苏木牲畜数量年际变化图

蒙古国南部矿产资源丰富，古尔班特斯苏木内的那林苏海图煤矿煤炭资源储量约为16.7亿t，矿产资源对于其经济发展具有至关重要的作用。通过统计蒙古国南戈壁省的国内生产总值（gross domestic product，GDP）及三产业生产总值（图6.24、图6.25），可以得出2015～2020年南戈壁省生产总值呈现增长趋势，经济不断发展。矿业是蒙古国最大的工业部门，尤其南戈壁省及古尔班特斯苏木的主要工业活动更以采矿业为主。2015年蒙古国南戈壁省的工业产值占国内生产总值的20.3%，2015年之后国内生产总值中工业产值的比例上升，2017年达到最高59.7%，之后每年的国民生产总值中均以工业产值为主。工业产值与国内生产总值变化一致，说明工业（即采矿业）对南戈壁省的经济发展有至关重要的作用。在采矿业发展过程中，露天矿的开发、随意废弃矿床、产生大量固体废弃物（例如，开采弃土），增加了沙尘来源和沙尘流动量，导致本就脆弱的生态环境受到强烈干扰（敖仁其和娜琳，2010）。发展矿业、开发矿产资源，虽然促进了南戈壁省及古尔班特斯苏木的经济发展，但同时也会加速恶化脆弱的生态环境，造成严重的土地荒漠化。

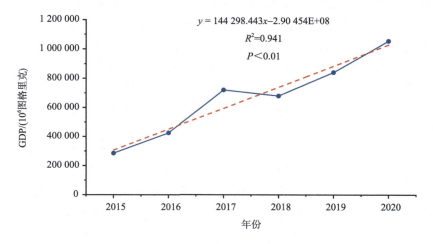

图6.24　2015～2020年南戈壁省生产总值GDP年际变化图

注：图格里克是蒙古国货币单位，1图格里克=0.0021元人民币，下同

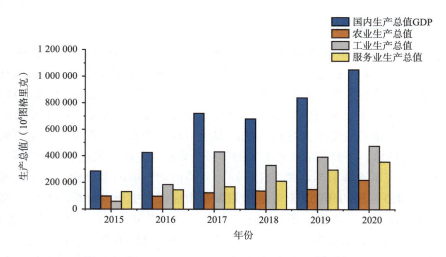

图6.25　2015～2020年南戈壁省各产业生产总值变化图

　　（4）人口增加　　土地给人类提供生存环境及基本物质条件，人类又会通过一系列活动开发利用土地资源，从而使土地资源发生变化。人口数量会直接影响到土地覆被变化，人口数量不断增加，随之生产生活的需求量增大，会给土地带来不同程度的压力。蒙古国南部南戈壁省生态环境脆弱的干旱地区，随着人口增加、人类活动强度和对土地的干扰增大，若缺乏相关环境治理措施，就会导致土地荒漠化等环境问题（魏云洁等，2008）。基于统计年鉴数据，蒙古国人口数量从2015年的302.69万人，增至2020年的332.72万人；蒙古国南戈壁省的人口数量从2015年的6.17万人，增至2020年的7.04万人。基于蒙古国立大学提供的古尔班特斯苏木人口数据，统计发现（图6.26），虽然古尔班特斯苏木的人口基数不多，但人口数量从2015到2020年间一直处于稳定增加趋势。

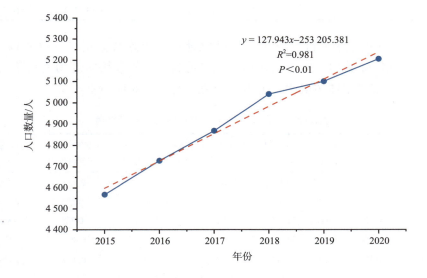

图6.26　2015～2020年古尔班特斯苏木人口数量年际变化图

2. 影响因素定量分析

蒙古国南部古尔班特斯苏木荒漠化影响因素定量分析采用的是主成分分析法（principal component analysis，PCA）。主成分分析是把原来多个变量化为少数几个综合指标的一种统计分析方法，在多元统计分析中属于协方差逼近技术。从数学角度来看，是一种降维处理技术。其可以从原来影响研究对象的复杂多变量中找出相关关系，实现研究对象从高维系统降维为低维系统，即使用较少变量而尽可能多地保留原来较多变量反映出的信息，进而揭示研究对象的特征及分析变量间的关系（马雄德等，2016）。

通过上述古尔班特斯苏木荒漠化自然、人类活动影响因素分析，本研究选取古尔班特斯苏木2015～2020年的8个可量化的影响指标进行主成分分析。其中自然因素主要有：年均气温、年降水量、年均风速；人类活动因素主要有：车辆数量、牲畜总量、国内生产总值GDP、工业生产总值、人口数量。其中自然道路的形成与急剧增加的车辆数量相关，因此采用车辆数量作为荒漠化自然道路影响因素的代表指标；国内生产总值GDP代表经济发展数据；由于缺少古尔班特斯苏木矿产开采的相关数据，而古尔班特斯苏木主要的工业活动为采矿业，因此以工业生产总值代表进行分析。表6.11为古尔班特斯苏木2015～2020年荒漠化影响因素主成分分析数据。

表6.11　2015～2020年古尔班特斯苏木荒漠化影响因素定量分析数据

年份	年均气温 /℃	年降水量 /mm	年均风速 /(m/s)	牲畜总量 /千头	国内生产总值 /(10^6图格里克)	工业生产总值 /(10^6图格里克)	人口数 /人	车辆数量 /辆
2015	6.0	92.4	4.1	166.228	286 003.7	58 058.7511	4 569	1 162
2016	5.6	155.0	4.1	181.562	425 239.2	184 128.574	4 729	1 187
2017	6.7	70.0	4.0	205.078	721 456.6	430 709.59	4 869	1 646
2018	5.4	140.3	3.9	187.458	680 865.4	330 900.584	5 041	1 653
2019	5.7	161.0	3.5	225.294	841 775.6	393 950.981	5 101	1 554
2020	6.0	57.3	3.5	237.705	1 054 289.3	476 538.764	5 207	1 733

首先对已获取的表6.11数据进行标准化处理，消除数据指标量纲不同。然后在Excel中计算标准化数据的相关系数矩阵，采用数据分析模块中的相关系数工具计算，计算出的荒漠化影响因素标准化数据相关系数矩阵如表6.12所示。

表6.12　各荒漠化影响因素数据相关系数矩阵

荒漠化影响因素	年均气温/℃	年降水量/mm	年均风速/(m/s)	牲畜总量/千头	国内生产总值/(10^6图格里克)	工业生产总值/(10^6图格里克)	人口数/人	车辆数量/辆
年均气温/℃	1.000	−0.757	0.125	0.180	0.118	0.269	−0.157	0.198
年降水量/mm	−0.757	1.000	0.047	−0.248	−0.278	−0.275	−0.048	−0.331
年均风速/(m/s)	0.125	0.047	1.000	−0.912	−0.878	−0.722	−0.886	−0.664
牲畜总量/千头	0.180	−0.248	−0.912	1.000	0.960	0.893	0.879	0.767
国内生产总值/（百万图格里克）	0.118	−0.278	−0.878	0.960	1.000	0.950	0.956	0.902

荒漠化影响因素	年均气温/℃	年降水量/mm	年均风速/(m/s)	牲畜总量/千头	国内生产总值/(10^6图格里克)	工业生产总值/(10^6图格里克)	人口数/人	车辆数量/辆
工业生产总值/（百万图格里克）	0.269	−0.275	−0.722	0.893	0.950	1.000	0.885	0.939
人口数量/人	−0.157	−0.048	−0.886	0.879	0.956	0.885	1.000	0.879
车辆数量/辆	0.198	−0.331	−0.664	0.767	0.902	0.939	0.879	1.000

　　将得出的相关系数矩阵导入Matlab中进行主成分分析，使用的Matlab主成分分析函数为Pcacov函数。在Matlab中首先需要定义相关系数矩阵，然后再调用Pcacov函数根据相关系数矩阵进行主成分分析。最终可得出主成分表达式的系数矩阵、相关系数矩阵的特征值向量和主成分贡献率向量。表6.13为各个主成分的特征值、贡献率及累计贡献率。根据累计贡献率达85%、特征值大于1的主成分挑选条件，从表6.13中可以看出第一主成分、第二主成分的累计贡献率已达到90.909%，且第二主成分的特征值为1.8315，为大于1的值，因此选择前两个主成分作为主成分因子。接下来，由选择出的前两个主成分计算原变量在主成分上的载荷，得到主成分载荷矩阵，见表6.14。

表6.13　特征值及主成分贡献率

主成分	特征值	贡献率/%	累计贡献率/%
1	5.4412	68.0145	68.0145
2	1.8315	22.8942	90.9086
3	0.3841	4.8014	95.7100
4	0.2882	3.6022	99.3122
5	0.0550	0.6878	100.0000
6	5.24E-10	6.55E-10	100.0000
7	3.27E-10	4.08E-10	100.0000
8	1.01E-10	1.26E-10	100.0000

表6.14　主成分荷载矩阵

荒漠化影响因素	第一主成分	第二主成分
x_1: 年均气温/℃	0.0665	0.6934
x_2: 年降水量/mm	−0.1239	−0.6461
x_3: 年均风速/(m/s)	−0.3749	0.2154
x_4: 牲畜总量/千头	0.4100	−0.0093
x_5: 国内生产总值/(10^6图格里克)	0.4276	−0.0203
x_6: 工业生产总值/(10^6图格里克)	0.4107	0.0666
x_7: 人口数/人	0.4067	−0.2140
x_8: 车辆数量/辆	0.3933	0.0681

由表6.14可知，第一、第二主成分方程分别为

$y_1=0.0665x_1-0.1239x_2-0.3749x_3+0.4100x_4+0.4276x_5+0.4107x_6+0.4067x_7+0.3933x_8$；

$y_2=0.6934x_1-0.6461x_2+0.2154x_3-0.0093x_4-0.0203x_5+0.0666x_6-0.2140x_7+0.0681x_8$。

其中，第一主成分中变量的贡献率为68.015%，第二主成分中变量的贡献率为22.894%。第一主成分中，变量荷载绝对值相对较大的变量为牲畜总量(0.4100)、国内生产总值(0.4276)、工业生产总值(0.4107)、人口数量(0.4067)及车辆数量(0.3933)，这些指标均为人类活动影响因素，则第一主成分方程也可称为人类活动因素方程，说明人类活动是2015～2020年古尔班特斯苏木荒漠化的主要影响因素，贡献率为68.015%。人类活动变量指标的主成分荷载均为正值且相差不大，说明人类活动因素与2015～2020年古尔班特斯苏木的荒漠化均具有正相关关系，且驱动作用强度接近，与前文古尔班特斯苏木荒漠化影响因素的分析一致。第二主成分中，变量荷载绝对值相对大的变量为年均气温(0.6934)、年降水量(-0.6461)及年均风速(0.2154)，这些指标均为自然影响因素，则第二主成分方程也可称为自然因素方程。而自然因素变量指标的主成分荷载中年均气温和年均风速为正值，年降水量为负值，其中年均风速的主成分荷载绝对值相比年均气温和年降水量的绝对值小，说明年均气温和年均风速对2015～2020年古尔班特斯苏木荒漠化具有正相关作用，而年降水量对荒漠化具有负相关作用，且年均风速因素相比年均气温和年降水量对古尔班特斯苏木荒漠化的影响小。总之，气温升高、风速增大、降水减少会对古尔班特斯苏木的荒漠化起到一定的驱动作用。

综上分析，2015～2020年蒙古国南部古尔班特斯苏木的荒漠化，是人类活动和自然因素共同影响驱动导致的，其中以人类活动作用为主导。在人类活动作用中，所列举的五个因素对荒漠化的影响作用强度接近，说明除了被广泛所接受的超载放牧、经济发展、矿产开采、人口增加的荒漠化驱动因素外，古尔班特斯苏木车辆数量的增加也对区域荒漠化起到一定驱动作用。由于古尔班特斯苏木车辆数量增加的同时，交通基础设施未配套发展完善，所以会导致车辆直接碾压土地而形成自然道路的情况。因此，目前自然道路同其他荒漠化影响因素一样不容忽视。

6.5　本章小结

蒙古国存在大量未经规划的自然道路，总量快速膨胀的机动车数量和急剧增加的道路运输量使自然道路发展迅速，对蒙古国甚至蒙古高原干旱、半干旱区脆弱的地表生态环境构成越来越大的威胁。本研究以蒙古国南部的古尔班特斯苏木为研究区，基于国产高分影像(GF-1)，采用面向对象方法提取了古尔班特斯苏木的道路信息，采用Albedo-TGSI特征空间模型提取古尔班特斯苏木的荒漠化信息，完成道路及荒漠化分布格局分析，并通过荒漠化自然和人类活动影响因素定性和定量分析，研究揭示了古尔班特斯苏木自然道路与荒漠化之间的影响关系。通过对本章的研究进行总结，得出以下主要结论。

（1）古尔班特斯苏木自然道路提取与时空分析。以 GF-1 影像数据为数据源，采用面向对象的道路提取方法，进行古尔班特斯苏木的道路信息提取，实验获得最优多尺度分割参数组合：分割尺度 35，形状参数 0.9，紧凑度参数 0.3。充分利用影像对象的光谱特征、形状特征（例如长宽比、密度等）及空间关系（例如对象包含、相邻关系等）进行道路提取及优化，获取的 2015 年、2020 年道路分类总体精度分别为 94.93%、95.12%，Kappa 系数分别为 0.8691、0.8741。古尔班特斯苏木的道路空间分布呈现东南密集，西、北部稀疏的分布格局。其中东南部的自然道路密集区有两个道路辐射中心，分别是古尔班特斯苏木的城镇区和那林苏海图煤矿区。2015～2020 年，自然道路增加了 1 180.301 km，苏木东南部人类活动密集区域依然是自然道路增加的主要区域，原因与本区域那林苏海图煤矿的开采、建设，以及人口增加、经济发展等因素相关。

（2）古尔班特斯苏木荒漠化信息提取与时空分析。基于古尔班特斯苏木以荒漠化草地和裸地为主的实际地表情况，对比选择了适合植被覆盖率低的 Albedo-TGSI 特征空间模型进行区域荒漠化反演。由提取出的 2015 年、2020 年古尔班特斯苏木的荒漠化分布数据，反映出古尔班特斯苏木总体上南部的荒漠化相较于北部更严重，其中 2015 年分布范围最广的为重度荒漠化区域，2020 年分布范围最广的是中度荒漠化区域。2015～2020 年期间，古尔班特斯苏木荒漠化等级加重区域的面积（4 189.479 km^2）大于荒漠化等级恢复区域的面积（3 312.785 km^2），古尔班特斯苏木发生荒漠化的面积总体增加 165.304 km^2，荒漠化呈现进一步扩张发展趋势。

（3）古尔班特斯苏木自然道路对荒漠化的影响及荒漠化影响因素分析。研究发现 2015 年、2020 年古尔班特斯苏木道路及荒漠化分布具有一定的空间一致性，自然道路覆盖的区域主要为重度荒漠化类型，且 2015～2020 年期间自然道路覆盖区域的极重度荒漠化类型有增加趋势，说明古尔班特斯苏木的自然道路对于区域荒漠化具有一定影响。古尔班特斯苏木的土地荒漠化是由自然因素和人类活动因素共同驱动导致的，其中气温上升、降水波动减少、风速影响是造成荒漠化发展的主要自然因素，超载放牧、区域经济发展、矿产资源开采、人口数量增加及车辆数量增加造成的自然道路现象，是驱动荒漠化发展的主要人类活动因素。2015～2020 年古尔班特斯苏木荒漠化发展过程中，人类活动影响因素的贡献率为 68.015%，自然因素的贡献率为 22.894%。人类活动是本区域荒漠化发展的主要影响因素，自然道路对荒漠化的影响不容忽视。

第7章 蒙古高原色楞格河流域
生态安全评估

　　由于人口快速增长以及社会经济快速发展，生态环境遭到严重破坏，因此提出了"生态安全"的概念。国际上对生态安全的关注已由表面的环境问题转向更深层次的生态问题，同时也关注到该体系本身所具有的生态脆弱性，并着重于环境胁迫与其安全性之间并非是因果，而是"共振"，其影响因素也由过去的单因素评估转向多因素联合评估。随着生态安全研究的持续推进，评估模型也出现了多元化，常用的模型有压力-状态-响应 (pressure-state-response，PSR) 模型、驱动力-压力-状态-影响-响应 (drive force-pressure-state-impact-response，DPSIR) 模型、压力-状态-功能-风险 (pressure-state-function-risk，PSFR) 等。

　　蒙古高原脆弱的生态环境极易受气候变化和人类活动影响，严重制约着生态屏障建设和可持续发展。发源于杭爱山脉的色楞格河流域是蒙古国畜牧业、人口与经济发展的集中区域，是蒙古国主要的人口聚集区域，2000年区域人口约为178万人，2010年约为218万人，2021年增至235万人，约占蒙古国总人口的69%。但其水资源、水生态以及日趋严重的土地退化问题 (Dalantai et al.，2021)，对蒙古国色楞格河流域的生态安全有着极为重要的影响。目前多数研究均在局地开展生态安全评估，缺少流域尺度的定量分析。蒙古国色楞格河流域作为一个特殊的地理单元，很少受到关注。

　　20世纪90年代至今，有关生态敏感性的理论和方法已成为国内外学者关注的焦点。前期对生态敏感问题的研究，都集中在对土壤、沙漠化等单个生态环境问题的研究。学界当前尚无一个统一的生态敏感度的定义，多数据学者认为，因为人类的参与和干扰对自然环境产生或大或小的影响，自然环境本身表现出来的干扰后的变化程度，或者是其抗干扰能力的高低，表明了该地区遭遇环境问题的难易程度 (欧阳志云等，2000)。生态敏感性可用于衡量区域的生态脆弱程度，即对外界的干扰使得生态失衡的反应程度。生态敏感度是一种能够反映出一个地区的自然环境质量优良性、土地利用程度、经济社会活动程度对资源环境影响程度的综合性指数，它的功能不仅是评估地区社会发展水平与生态环境保护的和谐程度，还能反映出区域内每个空间位置的人类活动是否超过了自然资源负载或生态环境负荷，是生态保护规划和利用管理的基础 (陈瑶瑶等，2021；朱战强等，2014)。近年来，生态敏感性评价的研究发展迅速，研究范围已从单因子评价转变为多因子综合评价，目前已广泛应用到各个行业领域中，如生态安全格局评估 (陈瑶瑶等，2021)、景观生态评估 (朱战强等，2014)、城市生态安全评估 (李怡洁，2021) 等方面。随着研究深入以及新的统计学模型出现，为生态敏感性评价提供新的方法，如层次分析法、组合赋权法等。

生态安全具有宏观性以及独特性，对其进行精确的评价就成了一个很有实际意义的问题。随着生态安全研究的持续推进，评估模型也出现了多元化。Sadeghi 等运用 PSR 模型，从自然和人为两个方面对压力指数进行了分析（Sadeghi et al.，2022）；利用状态指标对流域的生态环境进行了评价；Bahraminejad 等采用与 Sadeghi 相同的模型，对保护区提出了生态预警系统，以降低保护区管理成本（Bahraminejad et al.，2018）；Mosaffaie 等基于 DPSIR 模型构建生态安全评估指标体系，并通过 2004～2018 年期间的 18 个定量指标计算每个 DPSIR 指数的动态变化趋势，分析影响流域生态健康的主要环境问题（Mosaffaie et al.，2021）。Gari 等对 DPSIR 模型在不同区域的系统和生物多样性中的应用进行了探讨，发现在 PSR 模型基础上拓展出的 DPSIR 模型，可以科学合理地对社会生态安全进行评价（Gari et al.，2015）。Ghosh 等运用 Cellular Automata（CA）-Markov 模型，预测未来 20 年城市生态安全并采用 UES（Urban ecological security，即城市生态安全）框架对印度都会进行生态安全评估（Ghosh et al.，2021）；Zhang 等提出了一种新的流域尺度生态安全评价框架——SSWSSC（selection-system-weight-standardization-standards-calculation，即选择 - 系统 - 权重 - 标准化 - 标准 - 计算），这种框架融合了现有的几种方法，包含了 DPSIR 模型以及层次分析法模糊评价法等现有方法，使湖泊生态安全评估过程系统化，满足流域管理的需要（Zhang et al.，2016）。由上可见，生态安全研究已成为热点，但遥感、小尺度统计数据和自然保护区数据支撑不足，跨境区域存在多源数据获取的难题。目前对蒙古高原色楞格河流域的生态安全评估的研究相对薄弱，缺少特定跨境流域的研究。

本研究采用对蒙古高原色楞格河流域进行遥感解译等方式，通过搜集多源数据，获取研究区的基本现状、社会经济、人口变化等方面的基本现状，全面掌握蒙古高原色楞格河流域的生态安全影响因素，构建生态安全评估指标模型，对研究区进行生态安全评估。在此基础上，结合研究区生态安全现状，有针对性的提出相应的政策建议，主要研究内容包括：

（1）解译研究区 2021 年土地覆盖分类影像，分析 2000～2021 年土地覆盖变化。获取土地资源、水资源、人口、教育、社会经济等与生态安全相关联的数据。

（2）依据 PSR（压力 - 状态 - 响应）模型，构建蒙古高原色楞格河流域生态安全评估指标体系。运用层次分析方法，得出了各指标的权值，计算研究区生态安全等级。

（3）选择了五个单因子对该地区的生态敏感度进行了评价。与 GIS 相融合，进行空间重叠分析，对研究区的综合生态敏感性状况展开分析。

（4）依据评估结果分析色楞格河流域的生态安全程度，并结合生态敏感性空间分布，对其空间格局进行分析，进而提出针对性建议。

7.1　研究区概况与数据源

7.1.1　研究区概况

蒙古国色楞格河流域位于蒙古北部，发源于杭爱山脉（图 7.1）。色楞格河全长 1 095 km，约占蒙古国内河流总长度的 50%（朱晶等，2015），流域面积约占蒙古国国土面积的19%（面积为280 000 km²），径流量占全国所有河流年径流量的51.4%。色楞格河流域是蒙古国主要的人口聚集区域，2000年区域人口约为178万人，2010年约为218万人。近年来，色楞格河流域内的布尔干省因当地牧民过度放牧，且一味追求经济发展，忽视生态环境，从而导致土地退化较为严重（Dalantai et al.，2021）。

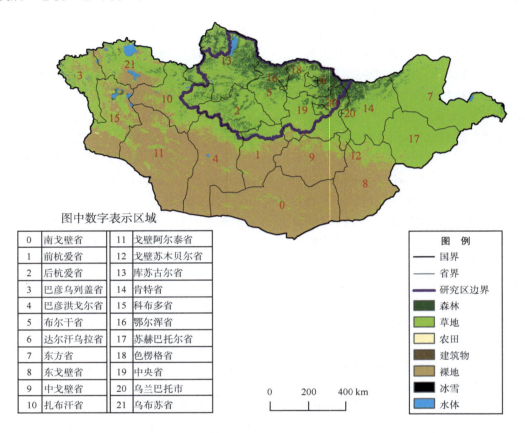

图中数字表示区域

0	南戈壁省	11	戈壁阿尔泰省
1	前杭爱省	12	戈壁苏木贝尔省
2	后杭爱省	13	库苏古尔省
3	巴彦乌列盖省	14	肯特省
4	巴彦洪戈尔省	15	科布多省
5	布尔干省	16	鄂尔浑省
6	达尔汗乌拉省	17	苏赫巴托尔省
7	东方省	18	色楞格省
8	东戈壁省	19	中央省
9	中戈壁省	20	乌兰巴托市
10	扎布汗省	21	乌布苏省

图例
— 国界
— 省界
— 研究区边界
■ 森林
■ 草地
■ 农田
■ 建筑物
■ 裸地
■ 冰雪
■ 水体

0　　200　　400 km

图7.1　研究区地理位置

7.1.2　数据来源

1. 遥感数据

土地覆盖数据、生态敏感性等数据通过影像解译获取，运用GEE下载30 m分辨率的Landsat 8遥感影像数据。Landsat 8影像共有11个波段，由于土地覆盖分类无需11个波段，因此在通过GEE下载影像时仅下载了6个波段，分别为蓝、绿、红、近红外、短波红外1及短波红外2。不同波段组合可以呈现不同的颜色，本节主要通过标准假彩色（近红外、红、绿）识别植被；短波红外2、近红外和绿识别水体；两个短波红外及红色识别建筑物；短波红外1、近红外和蓝色识别农作物。预处理后，结合eCognition软件，依据植被归一化指数（NDVI）、水体归一化指数（NDWI）、亮度值等进行阈值分类提取数据。2000年、2005年、2010年、2015年及2020年土地覆盖分类数据均来自于figshare（https://figshare.com/）。

2. 统计数据

统计资料均来自于蒙古国政府的统计数据（https://www.1212.mn/），人口数据主要包括人口密度、人口自然增长率等；农牧业数据主要包括耕地面积、农作物总产量、畜牧数量等；社会经济数据主要包括环境保护基金、土地保护与恢复资本投资等；自然资源数据主要包括森林砍伐量、地表水干涸量、地表水保护量等；自然环境数据主要包括温度、降水量、尘埃天数等。

7.1.3　研究内容与技术路线

1. 研究内容

本节采用对蒙古高原色楞格河流域进行遥感解译等方式，通过搜集多源数据，获取研究区的基本现状、社会经济、人口变化等方面的基本现状，全面掌握蒙古高原色楞格河流域的生态安全影响因素，构建生态安全评估指标模型，对研究区进行生态安全评估。在此基础上，结合研究区生态安全现状，有针对性地提出相应的政策建议。

（1）解译研究区2021年土地覆盖分类影像，分析2000～2021年土地覆盖变化。获取土地资源、水资源、人口、教育、社会经济等与生态安全相关联的数据。

（2）依据PSR（压力-状态-响应）模型，构建蒙古高原色楞格河流域生态安全评估指标体系。运用层次分析方法，得出了各指标的权值，计算研究区生态安全等级。

（3）选择了5个单因子对该地区的生态敏感度进行了评价。与GIS相融合，进行空间重叠分析，对研究区的综合生态敏感性状况展开分析。

（4）依据评估结果分析色楞格河流域的生态安全程度，并结合生态敏感性空间分布，对其空间格局进行分析，进而提出针对性建议。

2. 技术路线

蒙古高原色楞格河流域生态安全评估的工作流程（图7.2）包括以下四个阶段。

（1）数据搜集。通过社会经济、人口数量等统计数据，综合遥感解译等技术手段，掌握蒙古高原色楞格河流域基本概况及目前存在的主要问题。

（2）评估生态安全等级。生态安全评估的内容主要包括生态环境压力，生态环境状态及生态环境保护响应3个方面。依据评估结果，诊断与分析研究区存在的问题，进而提出具体的建议及相应的保障措施。基于PSR模型，构建生态安全评估指标体系，并邀请多位专家进行打分，依据打分结果计算出各项指标的权重，最终得出流域整体的生态安全指数（ESI），评估蒙古高原色楞格河流域生态安全相对标准状态的偏离程度。

（3）评估生态敏感性。选取高程、温度、降水量、植被以及土壤五个因子，综合评估色楞格河流域的生态敏感性。通过对研究区的生态敏感性进行综合评估，分析区域生态敏感程度，更加全面地了解研究区生态环境现状，为提出相关对策及建议提供数据基础。

（4）有关对策及建议。对照蒙古高原色楞格河流域生态安全评估的结果，结合流域社会经济发展及生态环境现状，有针对性的提出流域生态系统保护和环境管理的对策及建议，为本区域抑制生态环境恶化，促进和维护我国北方生态安全提供支撑。

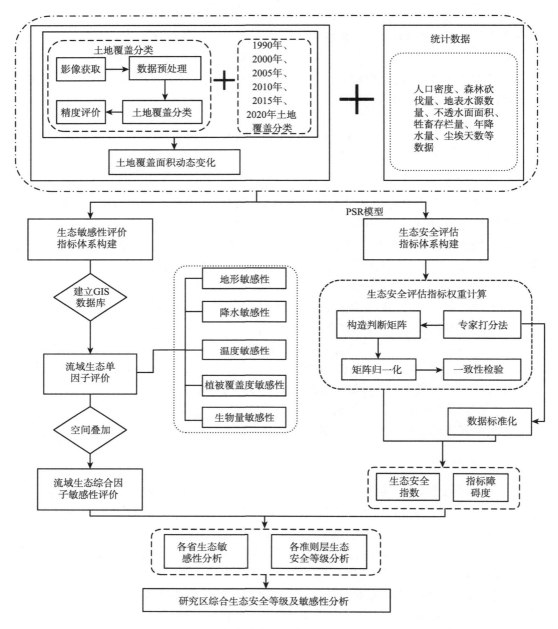

图7.2　生态安全评估技术路线图

7.2　色楞格河流域土地覆盖分类现状及变化

通过对色楞格河流域土地覆盖进行分类，全面细致地了解研究区的自然环境现状，便于选取生态安全评估指标。

1. 数据预处理

获取研究区矢量数据,通过ArcGIS对影像进行裁剪合并等预处理。接着将Landsat影像数据导入ENVI中,使用Radiometric Calibration模块进行辐射定标,输入波段选择热红外波段,辐射亮度值设定为Radiance(陈仙春等,2019)。为了增强遥感数据有效性和可用性,对影像进行去云处理。

由于Landsat的影像是单个波段存在的,为了便于目视判读,需要根据彩色合成原理,选取3个波段分别放于红绿蓝三个通道上,形成彩色图像。遥感图像彩色合成包括伪彩色合成、真彩色合成、假彩色合成和模拟彩色合成4种方法。为了便于后续人工解译,本文选取多种波段组合的方式,以获得最为准确的分类。

2. 土地覆盖分类方法

本节基于非监督分类方法对蒙古国色楞格河流域进行遥感解译。首先获取研究区矢量数据,通过预处理消除传感器本身和大气影响所产生的误差,增强遥感数据有效性、可用性。在eCognition中基于指数特征的二分法进行影像土地覆盖分类。依据NDVI数值划分出植被,结合水类别的距离特征和DEM的数值,划分出草甸草地和森林、荒漠草地、典型草地三类;依据NDSI(归一化土壤指数)划分出裸地等地类。最后,采用手动修改的方式划分出农田及建筑物。技术路线图如图7.3。

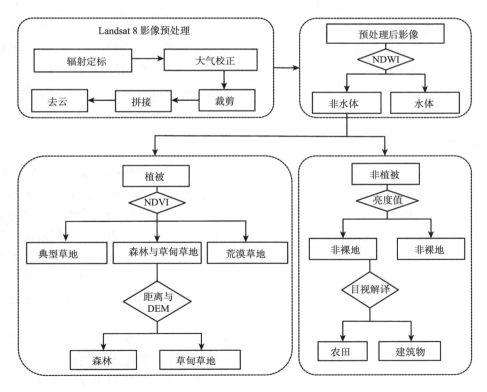

图7.3 土地覆盖分类技术路线图

　　依据技术路线图，将蒙古高原色楞格河流域土地覆盖分为森林、草甸草地、典型草地、荒漠草地、农田、水体、建筑物以及裸地8类，分类体系见表7.1。

表7.1　土地覆盖遥感分类体系

Ⅰ级类	Ⅱ级类	描述
森林	森林	包括针叶林、阔叶林、针阔混交林、灌木林以及人工林
草地	草甸草地	以草本植物为主的各类草地
	典型草地	以旱生草本为主的草地
	荒漠草地	以强旱生植物为主的草地
农田	农田	包括实行水稻和旱地作物轮种的耕地和无灌溉水源及设施，靠天然降水生长作物的耕地
水体	水体	陆地上各种淡水湖、咸水湖、水库及坑塘、河流
建筑物	建筑物	包括城镇、工矿、交通、农村居民点、定居放牧点和其他建设用地
裸地	裸地	包括沙地、流动沙丘、裸土地、盐碱地等无植被地段

3. 土地覆盖分类结果

　　色楞格河流域土地覆盖分类分为森林、草甸草地、典型草原、荒漠草地、水、农田、建筑物及裸地8类。在谷歌地球采集验证点进行精度评价。由于研究区范围较大，每个地类至少选取200个点，每个点需随机选取并均匀分布。经验证，总体精度为80.43%，分类可信度较高。由分类结果可知，典型草地的占地面积最大，约为16万km²，达到研究区面积的53%；占比最少的为裸地面积，为0.2万km²，仅占比1%。由此可见，研究区内植被覆盖度较高，草地覆盖度及森林覆盖度对色楞格河流域生态安全尤为重要作用。

4. 土地覆盖变化分析

　　结合近20年土地覆盖分类数据（Wang et al.，2020；Wang et al.，2021），依据图7.4可知，蒙古高原色楞格河流域土地覆盖以植被为主，面积占比最高的为典型草地，2000年至2021年面积占比依次为58%、49%、53%、51%、56%和53%，考虑到遥感解译的误差，可见近20年来典型草地面积变化不大；其次为森林，面积占比从2000年至2021年依次为28%、38%、26%、27%、29%、36%，均集中于研究区内的东部及北部，主要是因为区域内地势较低，水系发达，利于植被生长；而面积占比最小的为建筑物，大多集中在中央省，因为该区域人口密集，城市化发展使得区域内不透水面的面积增加。

　　整体来看，蒙古高原色楞格河流域土地覆盖类型具有明显的地带性规律，自北向南依次为森林、典型草地、草甸草地，且各种类型的土地覆盖面积变化方式均为动态变化。除自然植被外，农田面积占比较高，并且农田是人类活动强度的直观体现，因此农田对生态安全的影响较大。

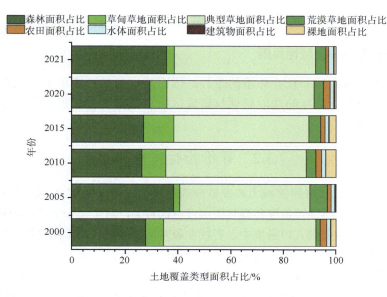

图7.4　2000～2021年土地覆盖类型面积占比

7.3　色楞格河流域生态安全评估

7.3.1　指标选取原则

以PSR模型为基础，结合蒙古高原色楞格河流域生态现状，对备选指标进行分析优化，经过调整筛选，构建一套适合蒙古高原色楞格河流域的生态安全评价指标体系。在指标的选取上，应当遵循以下原则。

1. 综合性原则

在已有的研究基础上，选择能够反映色楞格河流域实际的生态安全状况的指数，并对其进行评价。选择的指数太多，会使整个指数体系的建立变得复杂，指数评估变得更加困难，并且有可能遮蔽关键指数；但如果选择的指标太少，则很难对体系中的客观情况进行全面覆盖（王雪，2021）。所以，在选择指标的时候，要综合考量自然、经济和社会等多个因素对生态系统产生的影响，这样才能使生态安全评价更加符合研究区的实际情况，保证指标的综合性。

2. 科学性原则

蒙古高原色楞格河流域生态安全评估指标的选取应遵循科学性原则，在评估过程中应充分考虑各指标之间的相互关系，使其具有较强的科学性，能客观地反映当地的实际状况。

3. 可行性原则

指标选取过程中会遇到一些指标获取难度过大，甚至无法获得等问题。因此，要对指标是否具有可获得性进行充分的考量，而且要确保数据的真实性和可靠性。所以，所选择的指数必须容易收集，尽可能采用蒙古信息统计数据已有的指标。

4. 普遍性和地方区域性原则

研究区由于其自然和社会环境的差异，因而其自身的特点也是独一无二的，在进行生态安全评价时，指标的选取必须与研究区的实际情况相一致，所以选择的指标必须具有区域性。

7.3.2 评价指标体系构建

结合蒙古高原色楞格河流域土地覆盖分类结果，以及2000年至2021年土地覆盖面积变化，发现研究区内草地覆盖度和森林覆盖度占比较高，对生态安全的影响较大。研究区内水系较发达，是蒙古国人口最集中、畜牧业最发达的区域，人口密度越大对资源的消耗也会更多，同样在饲养牲畜时会造成资源的消耗以及对水源、大气等造成污染。因此选取人口密度、人口自然增长率、牲畜存栏量等为压力指标，选取草地覆盖率、森林覆盖率、地表水源数量等为生态环境状态指标。响应指标代表人类面临的资源环境问题时所采取的措施（张曼玉等，2023），本节选取保护和恢复自然资源的资本投资、人均GDP及地表水保护量等为响应指标。结合以上指标选取原则，对备选指标进行分析优化，构建一套适合蒙古高原色楞格河流域的生态安全评价指标体系。如表7.2所示，该指标基于PSR模型，包括压力、状态和响应三个层级，具体包含21个指标。

表7.2 生态安全评估指标体系

目标层	准则层	指标层
生态安全评估指标	压力	人口密度
		人口自然增长率
		森林砍伐量
		地表水干涸量
		土地退化面积
		牲畜存栏量
		耕地农药使用量
	状态	耕地面积
		森林覆盖率
		地表水源数量
		不透水面面积
		年降水量
		草地覆盖率
		尘埃天数
	响应	地表水保护量
		人均GDP
		第三产业比重
		土地保护与恢复资本投资
		环境保护基金
		生态税额
		农业机械化水平

7.3.3　评价指标解析

1. 生态压力指标

1) 自然压力指标

森林砍伐量：指特定时间内（通常为一年）对该区域内森林的砍伐量。过度砍伐，不仅会导致森林资源被破坏，还会导致 CO_2 的吸收下降，温室效应增强，生物多样性下降，使得生态系统受到损害，因此该指标为负向指标。

地表水干涸量：指的是一年之内的地表水枯竭量，该指数的数值越高，说明地表水资源的缺乏程度就会越高，从而导致该地区生物多样性下降，生态系统安全系数也会变得更低，所以该指标为负向指标。

土地退化面积：指的是在人为或自然因素的破坏，土地逐渐降低或丧失了原本土地所具备的综合生产潜能的一种演替。这个指标的数值越大，生态就会越不稳定，因此为负向指标。

2) 经济压力指标

牲畜存栏量：在一个特定的区域中，年末所拥有的牲畜的数量，它是一项能够体现出一个地区畜牧业的发展程度的重要指标。在饲养牲畜过程中，还会对水源、大气等造成很大的污染。因此指标越大，对生态环境的破坏就越大，为负向指标。

耕地农药使用量：指单位面积耕地农药的使用量，农药会同时杀死害虫及它的天敌，破坏生态平衡。耕地农药使用量表征土地资源质量状态，数值越高，耕地质量越差，因此为负向指标。

3) 社会压力指标

人口密度：在一定时间内（一般为一年），在这个地区，单位面积上的人口数量，它体现了土地的承载能力。人口密度越大，说明这个地区的人口数量就会更多，对资源的消耗也会更多，产生的垃圾也会更多，对生态环境的危害也会更大，为负向指标。

人口自然增长率：人口自然增长率是指可以很直接地反应出这个地区的人口数量的变化趋势和速度，因此，这个地区的人口自然增长速度越快，对土地资源的需求就会越大，也会对土地生态系统造成更大的压力，为负向指标。

2. 生态状态指标

1) 自然状态指标

森林覆盖率：是指区域内森林所占面积与土地面积之间的比值，数值越大，森林覆盖度越高，区域生态越安全。该指标为正向指标。

地表水源数量：指研究区所拥有的陆地表面动态水及静态水数量，主要包括河流、湖泊、冰川等，是区域水资源的主要组成部分。指标数值越高表明水资源越丰富，动植物越具有多样性，区域生态越安全，因此该指标为正向指标。

年降水量：表示研究区内一年的降水量，降水量越大，植被生长环境越好，生态系统越稳定，为正向指标。

草地覆盖率：是指区域内草地所占面积与土地面积之间的比值，数值越大，草地覆盖度越高，区域生态越安全。该指标为正向指标。

尘埃天数：指一年内发生尘埃的天数，天数越多表明生态状况越不安全，为负向指标。

2）社会状态指标

不透水面面积：指主要包括道路、广场、屋顶等人工建筑表面，占据原本自然地表的面积。不透水面所占据的面积越大，表明原本自然地表的面积就越小，表征城市化扩张压力，因此该指标为负向指标。

耕地面积：指一个国家或者地区拥有的耕地数量。表征耕地资源承载压力，为正趋向指标。

3. 生态响应指标

1）自然响应指标

地表水保护量：指一年内对区域地表水的保护量。指标数值越高，表明对地表水的保护越好，水资源越丰富，因此为正向指标。

2）经济响应指标

人均GDP：指区域内人均生产总值，数值越大，公民生活幸福指数越高，经济条件越好，对生态系统安全越有利，因此为正向指标。

土地保护与恢复资本投资：指对土地进行保护以及对环境进行生态恢复所投入的资本，表征对生态安全维护的重视程度，数值越高表明对生态安全维护越重视，因此为正向指标。

环境保护基金：指财政资金参与市场的环境保护产业基金，扶持和引导其投向环境保护的企业和产业，其数值越大，对环境的保护投入就越大，因此为正向指标。

生态税额：一种将环境污染与生态破坏所带来的社会成本，内在化为生产成本与市场价格，再利用市场机制对环境资源进行配置。税收所得不仅可以用来维护生态安全，还可以利用税收，使人类感受到他们的某些行动会造成社会负担，促使人们共同维护生态。数值越高表明对生态安全维护越重视，为正向指标。

3）社会响应指标

农业机械化水平：指运用先进适用的农业机械装备农业，改善农业生产经营条件，不断提高农业的生产技术水平和经济效益、生态效益的过程。表征维护生态的科技水平，指标数值越高，生态安全系数越高，为正向指标。

第三产业比重：主要指服务类或商类占国内生产总值的比重，数值越大，经济结构越合理，对生态的保护就越高效，为正向指标。

7.3.4　生态安全评价

1. 专家打分法

本次生态安全评估采用专家打分法获取指标的初始得分。邀请了7位熟悉蒙古高原色楞格河流域资源生态环境问题的专家对各项指标进行评分。专家打分法是一种较为科学、合理的评价方法，按照"德尔菲法"的原则，选择熟悉研究区资源生态环境问题的专家，采取各自独立填表的形式进行打分。再对各位专家填好的数据进行汇总，并进行数据处理，最终得出各项指标的初始数值，并根据初始数值计算出指标权重。这种方法是将专家的智力和建议结合起来，并利用数理统计的方法对其进行检验和修改，从而避免了由于主观打分而导致的误差。

2. 层次分析法确定指标权重

通过对评分的综合分析，得出各项指标的初始值，依据该值并结合层次分析法计算出相应的权重（表7.3）。对构造的判断矩阵进行一致性以及一致性比率检验，结果均为0，表明权重分布合理。

表7.3　生态安全评估指标权重

准则层	权重	指标层	权重	综合权重
		人口密度	0.1247	0.0554
		人口自然增长率	0.1080	0.0480
		森林砍伐量	0.1087	0.0483
压力	0.4440	地表水干涸量	0.1529	0.0679
		土地退化面积	0.2213	0.0983
		牲畜存栏量	0.1811	0.0804
		耕地农药使用量	0.1033	0.0459
		耕地面积	0.1222	0.0337
		森林覆盖率	0.1604	0.0443
		地表水源数量	0.1413	0.0390
状态	0.2760	不透水面面积	0.0802	0.0221
		年降水量	0.1795	0.0495
		草地覆盖率	0.1871	0.0516
		尘埃天数	0.1292	0.0357
		地表水保护量	0.1674	0.0469
		人均GDP	0.1515	0.0424
		第三产业比重	0.1116	0.0312
响应	0.2800	土地保护与恢复资本投资	0.1794	0.0502
		环境保护基金	0.1628	0.0456
		生态税额	0.1435	0.0402
		农业机械化水平	0.0837	0.0234

3. 数据标准化处理

由于各指标的数据类型及数据特征等方面存在差异，使得各指标不能直接相互对比，难以进行直观比较。因此，本节利用极差法对指标初始数据进行标准化赋值。根据指标正负趋势的差异，分别按照式 (7.1) 和式 (7.2) 进行标准化。对于正向趋势的评估指标，评估指标初始值愈大，说明其生态安全性愈高，反之愈低。对于负向趋势指标则相反，评估指标初始值愈小，说明其生态安全性愈高，反之愈低。

$$正向指标：y_i = [x_i - \min(x_i)] / [\max(x_i) - \min(x_i)] \tag{7.1}$$

$$负向指标：y_i = [\max(x_i) - x_i] / [\max(x_i) - \min(x_i)] \tag{7.2}$$

式中，y_i 为标准化后的值；x_i 为第 i 项指标的打分值；$\max(x_i)$ 为第 i 项指标的最大值；$\min(x_i)$ 为第 i 项指标的最小值。

4. 计算生态安全指数

运用生态安全指数 (ecological security index，ESI) 计算公式，得到色楞格河流域的生态安全评估结果，依据结果分析研究区生态安全现状。参照相关参考文献 (Bahraminejad et al.，2018；Deshmukh et al.，2021)，结合色楞格河流域生态环境现状，运用综合指数法对色楞格河流域的生态安全指数进行 ESI 计算。将其结果分为极不安全、不安全、临界安全、较安全和安全五个等级 (表7.4)，计算公式如下：

$$ESI = \sum_{i=1}^{n} y_i w_i \tag{7.3}$$

式中，n 为对应系统压力指标的个数；w_i 为第 i 个指标的权重；y_i 为指标的标准化数据，$i=1, 2, \cdots, n$。

表7.4 生态安全等级

等级	安全指数	表征状态	特征
I	[0，0.2]	极不安全	生态安全面临着严峻的挑战，生态系统的功能遭到了严重破坏，且很难得到修复
II	(0.2，0.4]	不安全	生态环境受到了很大威胁，生态系统的功能受到了很大损害，且环境的修复比较困难
III	(0.4，0.6]	临界安全	生态环境遭受一定程度的威胁，生态系统功能受到破坏，但是基本功能健全
IV	(0.6，0.8]	较安全	生态环境受到的威胁比较小，生态系统功能具有良好的作用，在生态系统功能遭到破坏之后，可以自主恢复到健康状态
V	(0.8，1]	安全	生态环境没有受到任何的威胁，生态系统的结构完整，处于一种理想的状态，在生态系统的功能被破坏之后，自我恢复能力极强

5. 生态安全评估等级

依据上述方法，完成蒙古高原色楞格河流域生态安全指数计算。表7.5 显示，蒙古高原色楞格河流域综合生态安全评估等级为四级，属于较安全等级。其中生态环境压力处于临界安全等级，指标得分最低，由此说明蒙古高原色楞格河流域生态压力严峻。生态环境响应以及生态环境状态都处于较安全等级，但是生态环境状态得分高于生态环境响应。由此表明，研究区内生态环境现状较为安全，但存在着较大的生态环境压力，且由于长期以来存在着资源的过量使用和过分开采的问题。为此，必须制定相应的生态安全保护政策以降低生态环境压力。

表7.5　生态安全评估等级

安全度	压力	状态	响应	综合
ESI数值	0.48	0.75	0.69	0.66
安全等级	临界安全	较安全	较安全	较安全

6. 障碍度分析

利用障碍度模型计算蒙古高原色楞格河流域生态安全评价中各评价指标的阻碍程度，有助于找出限制蒙古高原色楞格河流域生态环境发展的关键因素，计算公式如下：

$$Q_i = \frac{(1-y_i)w_i}{\sum\limits_{i=1}^{n}(1-y_i)w_i} \times 100\% \tag{7.4}$$

式中，Q_i 为单项指标对生态安全的障碍度；y_i 单项指标的标准化数值；w_i 为指标权重；n 为指标数。

由障碍度模型计算结果可知（表7.6），影响蒙古高原色楞格河流域生态安全的障碍因子主要有土地退化面积、牲畜存栏量以及耕地面积，障碍度均为30%以上；其次为地表水源数量、尘埃天数、第三产业比重和农业机械化水平，障碍度均为20%以上。因此，在发展第三产业时，应注重加大生态税额，恢复土地退化面积；此外，还应植树造林，防风固沙，以减少尘埃天数，维护当地生态安全。

表7.6　生态安全指标层障碍度分析

准则层	指标层	障碍度/%
压力	人口密度	4.38
	人口自然增长率	0.83
	森林砍伐量	0.96
	地表水干涸量	12.43
	土地退化面积	42.79
	牲畜存栏量	35.02
	耕地农药使用量	3.59
状态	耕地面积	30.05
	森林覆盖率	16.24
	地表水源数量	24.53
	不透水面面积	0.00
	年降水量	5.19
	草地覆盖率	0.00
	尘埃天数	23.98

准则层	指标层	障碍度/%
	地表水保护量	6.75
	人均GDP	14.26
	第三产业比重	25.51
响应	土地保护与恢复资本投资	0.00
	环境保护基金	9.12
	生态税额	17.36
	农业机械化水平	27.01

7.4　色楞格河流域生态敏感性评价

依据生态敏感性，可以确定生态环境影响最敏感的地区和最具有保护价值的地区（翟香等，2022）。因此本节结合生态敏感性对蒙古高原色楞格河流域生态环境进行综合评价结果与分析。

本节选取高程、降水量、温度、植被覆盖度、生物量五个单一评价因子，结合GIS对5个单一评价因子进行叠加分析，将生态敏感性分为非敏感、低敏感、中敏感、高敏感及极高敏感5个等级。结合生态安全评估结果以及色楞格河流域生态环境现状，对蒙古高原色楞格河流域生态敏感性进行综合评价结果与分析，以期为生态保护提出合理的建议。

7.4.1　生态敏感性分级标准

结合参考国内外相关研究以及各生态因子特性，将各评价因子敏感性等级划分为：非敏感、低敏感、中敏感、高敏感和极高敏感5个等级，生态敏感性分级标准见表7.7。

表7.7　生态敏感性分级标准

生态敏感性等级	分级标准
非敏感	生态环境承受力高，不易被破坏，且恢复迅速，可以进行大量的开发利用
低敏感	生态环境承受力较高，生态环境破坏后恢复快速，可以适当进行开发利用
中敏感	具有一定的生态承受力，在面临外界干扰下，容易出现生态问题，生态恢复相对较缓慢
高敏感	生态价值较高，生态环境承载力较低，一旦遭受破坏，生态恢复较难
极高敏感	生态价值极高，生态承载力很低，一经破坏，极易发生生态失衡且难以恢复

7.4.2　确定指标权重

依据综合性、科学性、可行性、普遍性和地方区域性原则，结合当下色楞格河流域生态环境现状，选择高程、降水量、温度、植被覆盖度以及生物量作为色楞格河流域生态敏感性的主要影响因子，建立蒙古高原色楞格河流域生态敏感性评估的指标。采用与生态安全评估指标确立权重方法一致的 AHP 法确立生态敏感性评价因子权重，综合分析色楞格河流域生态敏感性现状。生态敏感性影响因子权重见表7.8。

表7.8　生态敏感性评价因子权重

指标	权重
高程	0.0975
降水量	0.4174
植被	0.2634
温度	0.1602
土壤	0.0615

7.4.3　单因子评价

1. 高程敏感性

高程因子主要影响气温和生境条件，地势越高则气温越低，艰难的生存条件对生物的耐寒性要求就越高，生物多样性就越少，导致生态系统结构就越简单，具有极易破坏且敏感性高的特征。本节通过对蒙古高原色楞格河流域的高程因子进行研究区内高程敏感性等级评价。

从图7.5(a)中可以看出，极高敏感性区域主要集中在蒙古国的后杭爱省，该省地势较高，生态敏感性极高，应该严格禁止开发利用，保护该区域生态环境。高敏感区域主要分布在蒙古国的库苏古尔省、扎布汗省以及后杭爱省，相对于极高敏感性区域而言，高敏感性区域地势略低，但总体而言，生态资源并不适合进行开发利用。中、低敏感性区域主要集中在中央省以及布尔干省，可进行适度开发。非敏感性区域主要集中在色楞格省、达尔汗乌拉省以及鄂尔浑省，该区域地势较低，生物多样性丰富，生态系统结构较完整，生态环境自身抗干扰能力较强，适合进行生态资源开发利用（表7.9）。

表7.9　高程敏感性分级标准

敏感等级	极高敏感	高敏感	中敏感	低敏感	非敏感
高程/m	2 330～3 506	1 885～2 329	1 519～1 884	1 142～1 518	593～1 141

从图7.6可以看出，高程敏感性面积占比最大的为低敏感性区域，面积为84 021.25 km²，占总面积的28.13%；中敏感区域，面积为79 603.75 km²，占总面积的26.65%，略低于低敏感性区域。非敏感与高敏感区域面积接近，面积分别为51 527.75 km² 和59 210.5 km²，占总面积分别为19.82%和17.25%。面积最小的为极高敏感区域，面积为24 376.75 km²，仅占总面积的8.16%。由上述可以看出，大多数区域均为中低敏感性区域，表明蒙古高原色楞格河流域海拔差异较小，生态系统较稳定，不易受到破坏。

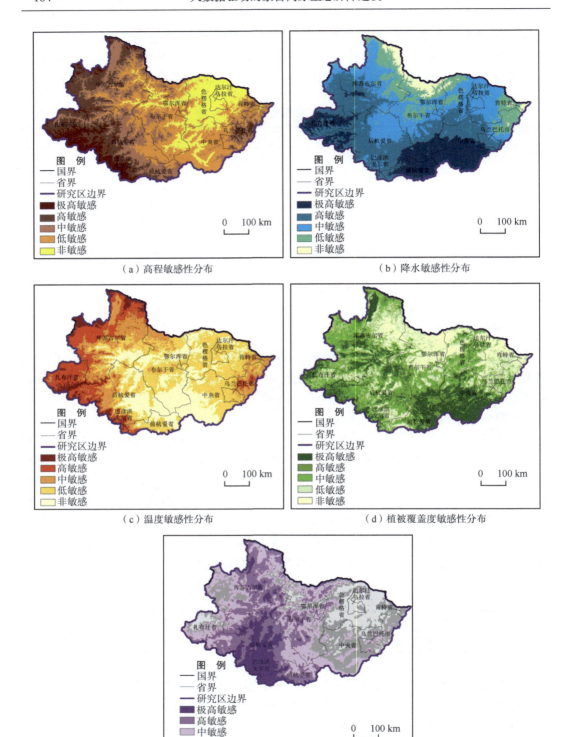

（a）高程敏感性分布

（b）降水敏感性分布

（c）温度敏感性分布

（d）植被覆盖度敏感性分布

（e）生物量敏感性分布

图7.5　生态敏感性主要影响因子分布图

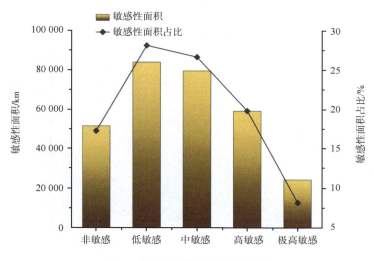

图7.6　高程敏感等级面积及占比

2. 降水敏感性

降水量是指一定时间内降落到地面上的水累计起来的深度。降水量越大，生态敏感性等级越低。降水量越大，区域生态系统植被长势越好，区域内敏感性等级越低。

本节通过对蒙古高原色楞格河流域的降水因子进行降水敏感性等级评价。图7.5（b）显示，蒙古国扎布汗、前杭爱及中央省降水量较少，植被生长较困难，植被覆盖度低，导致生态敏感性极高；生态系统一旦被破坏极难恢复，应加强该区域的生态保护。中高敏感性区域大多集中在库苏古尔省、后杭爱省、布尔干省色楞格省以及乌兰巴托市，区域内降水量多于极高敏感性区域，生态系统相对稳定。低敏感性及非敏感性区域主要集中在布尔干省及库苏古尔省的北部，该区域雨水量充足，水系发达，植被生长茂盛，物种多样性丰富，生态系统稳定。降水因子下的生态敏感性整体布局为：极高敏感性区域主要集中在研究区降水量较少的南部，非敏感性区域主要集中降水量较多在北部。研究区内，敏感性等级由南向北为极高敏感性等级向非敏感性等级逐渐递减，整体呈半环状（表7.10）。

表7.10　降水敏感性分级标准

敏感等级	极高敏感	高敏感	中敏感	低敏感	非敏感
降水量/mm	55～76	77～88	89～103	104～124	125～167

从图7.7可以看出，降水敏感性等级主要集中在高敏感等级及中敏感等级，面积分别为97 812.75 km²、88 783.25 km²，面积所占比例分别为32.74%和29.72%；低敏感区域与极高敏感区域面积相差不大，面积分别为39 863.75 km²和57 793.5 km²，占总面积比例分别为13.34%和19.35%。面积占比最小的为非敏感区域，为14 478.25 km²，仅占总面积的4.85%。总体而言，研究区内中高敏感性区域占比较高，生态系统易受损害，生态环境受降水量影响较大。

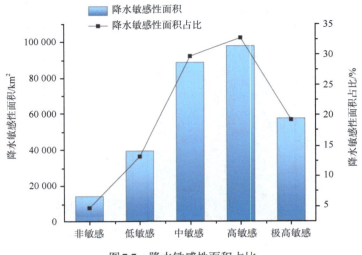

图 7.7　降水敏感性面积占比

3. 温度敏感性

高纬度寒冷地区温度敏感性更高，这些地区的气候变暖也更加强烈，因为高纬度寒冷地区环境恶劣，不适宜植被生长，区域生态系统碳排放量较高，温度敏感性等级也越高（Niu et al.，2021）。图 7.5（c）显示，由于扎布汗省、后杭爱省以及库苏古尔省地势较高，植被覆盖度较低，生态系统碳排放量较高，因此极高敏感区域和高敏感区域主要集中在该区域；而色楞格河省、达尔汗乌拉省、鄂尔浑省、布尔干省等地区地势较低，植被覆盖度较高，可以吸收大量的二氧化碳，减少碳排放量，因此低敏感性区域与非敏感区域大多集中在该区域。

表 7.11　温度敏感性分级标准

敏感等级	极高敏感	高敏感	中敏感	低敏感	非敏感
温度/℃	3.4～10.5	10.6～12.6	12.7～14.6	14.7～16.9	17.0～21.6

图 7.8 显示，温度敏感性中，低敏感性等级面积分布最广，所占比例最大，面积为 103 094.75 km²，占比为 34.51%；其次为非敏感区域，面积为 78 136.25 km²，占比为 26.16%。中敏感区域与高敏感区域面积相差较小，依次为 57 198.5 km² 和 44 504.75 km²，占总面积比例分别为 19.15% 和 14.90%。面积占比最小的为极高敏感性区域，面积为 15 797.25 km²，占总面积的比例为 5.29%。由上述数据可以看出，研究区内占比最大的为低敏感性区域及非敏感性区域，区域内整体受温度变化的影响较小。

4. 植被覆盖度敏感性

植被覆盖度（FVC）是指地表植被的密度，也就是植物在地表受到太阳直接照射的比例（王培，2022）。蒙古高原色楞格河流域水系发达，气候条件较好，适宜植被生长。植被覆盖度与生态系统稳定性呈正相关关系，植被生长越旺盛，生态调节功能越强大，生态敏感性越低。

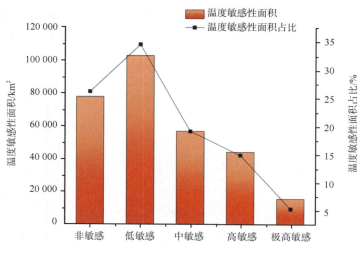

图7.8　温度敏感性面积占比

从图7.5（d）可知，蒙古高原色楞格河流域北部地区植被覆盖密度非常大，非敏感性区域大多围绕在附近，主要集中在布尔干省、色楞格省、肯特省以及库苏古尔省的东部；而在研究区的东南部，植被覆盖度较少，裸地及沙地占比较高，极高敏感区域大多集中在该区域，主要为中央省和前杭爱省。植被覆盖度敏感性区域的位置布局呈现由南往北逐渐降低的趋势，生态敏感性高的区域主要位于库斯古尔省、后杭爱省、前杭爱省。生态敏感性极高的区域主要为中央省，该区域人口密集，城市化发展较快，不透水面发展迅速，植被面积减少，对植被破坏较大，应当加强对该区域的植被保护。鄂尔浑及达尔汗乌拉省地势较低，降水量充足，水系发达，但是该区域处于中敏感性等级，原因是该区域分别为旅游省份及农业大省，人口密集且牲畜密度较大（姚锦一，2021），对植被产生的破坏较大，导致植被较为稀疏，生态环境不稳定，易被破坏。

研究区内有两个自然保护区，分别为汗肯特自然保护区和乌兰泰加自然保护区。汗肯特自然保护区位于肯特省，乌兰泰加自然保护区位于布尔干省北部，两个自然区均位于非敏感性区域，建议在植被覆盖敏感性极高和敏感性高的区域建立植被保护区。

表7.12　植被覆盖度敏感性分级标准

敏感等级	极高敏感	高敏感	中敏感	低敏感	非敏感
FVC	0～0.16	0.17～0.35	0.36～0.42	0.43～0.6	0.61～1

图7.9显示，研究区内极高敏感性所占的面积最大，面积为60 455.00 km²，占比为20.24%；其次为高敏感性区域，面积为60 136.25 km²，占比为20.13%。中敏感性区域与低敏感性区域面积近似，分别为59 671.00 km²和59 495.00 km²，面积占比分别为19.97%和19.91%。面积占比最少的为非敏感性区域，面积为58 990.00 km²，占总面积的19.75%。但是整体来说，植被覆盖度敏感性各等级的面积占比差值较小，各敏感性

等级的面积都大致接近。依据以上数据来看，占比最大的还是极高敏感性区域，表明区域整体植被覆盖度较小，区域生态安全受植被敏感性影响较大，需加强对区域内植被的保护。

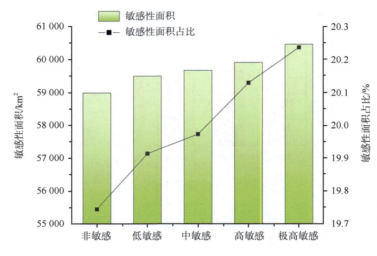

图 7.9   植被覆盖度敏感性面积及占比

5. 生物量敏感性

生物量是指某一时间单位面积或体积栖息地内所含生物种或生物群落中所有生物种的总个数，生物量越大，表明区域生态环境越稳定，敏感性越低。研究区生物量敏感性分布图表明［图7.6(e)］，非敏感性区域主要集中在色楞格省以及达尔汗乌拉省，该区域海拔较低，降水量充足，适宜动植物生长，增加物种多样性，生态系统完整，生物量敏感性较低；而乌兰巴托市以及中央省人口密度大，经济发展较好，土地利用资源较大，使得动物资源少，导致生态敏感性处于低敏感性等级；中敏感性区域集中在鄂尔浑省、布尔干省以及前杭爱省；高敏感性区域主要在库苏古尔省；极高敏感性区域在后杭爱省以及巴彦洪戈尔省，该区域地势较高，降水量较少，使得动植物生存环境较差，不易生存，物种多样性较少，生态系统结构简单，易被破坏（表7.13）。

表 7.13   生物量敏感性分级标准

敏感等级	极高敏感	高敏感	中敏感	低敏感	非敏感
生物量/(g/m²)	141.00～187.54	187.55～218.90	218.91～251.20	251.21～298.84	298.85～399.00

依据图7.10可以看出，研究区内中敏感性所占的面积比例最大，占比为27.22%，面积为81 299.75 km²。极高敏感性区域与非敏感性区域面积相差较小，分别为34 715.75 km²和37 971.5 km²，面积差值为3 255.75 km²；面积占比分别为11.62%和12.71%。而高敏感性区域与低敏感性区域面积差值更小，分别为73 199.5 km²和71 509.25 km²，面积差值为1 690.25 km²；面积占比分别为24.51%和23.94%。总体而

言，研究区内低敏感性等级、中敏感性等级以及高敏感性等级所占面积比例接近，且整体占比较高；极高敏感性等级与非敏感性等级面积占比数值接近，但整体占比较低。依据上述数据，发现中敏感性区域占比最高，具有良好的生物量，生态环境较适宜动植物生存。

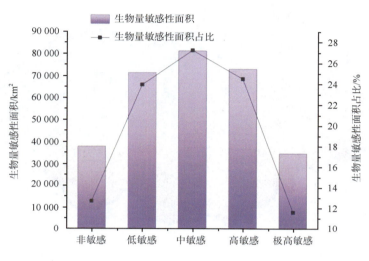

图7.10　生物量敏感性面积及占比图

7.4.4　综合因子评价

将以上5个单因子进行归一化处理，依据权重结合栅格运算，得到蒙古高原色楞格河流域综合因子的生态敏感性。图7.11显示，研究区内生态敏感性大体上由西南向东北方向逐渐减小。总体上蒙古高原色楞格河流域生态敏感性以中敏感和高敏感等级为主，极高敏感等级较少。

极高敏感等级主要分布在高海拔区域，以后杭爱省的西南部为主，该区域气温低，动植物生存较为困难，生态系统结构较为简单，极易被破坏。因此为生态保护的关键区域，建议建立严格保护区，禁止人类活动对生态环境造成伤害，保护该区域的生态环境。高敏感等级与中敏感等级主要分布在库斯古尔省、后杭爱省以及中央省，这是多因子共同影响下的结果。低敏感等级与非敏感等级主要集中在色楞格省及布尔干省，由于该区域海拔较低，水系发达，植被覆盖度较高，生物量丰富，使得生态系统结构较为完整，生态环境比较稳定，生态调节功能强大，进而使生态敏感性较低，适宜进行建设发展。

图7.12显示，蒙古高原色楞格河流域的极高生态敏感区域占比极少，仅占9.71%，27 796.25 km²。研究区内占比最高的为高敏感性区域，面积为92 002.25 km²，所占比例为32.15%；中敏感性区域占比第二，面积为72 901.00 km²，占比为25.47%。占比第三、第四分别为低敏感性区域面积和非敏感性区域，面积分别为59 164.75 km²、34 340.00 km²，占比分别为20.67%和12.00%。蒙古高原色楞格河流域的高敏感性区域占比最高，应加

强极高敏感性和高敏感性区域的保护，合理开发利用低敏感性及非敏感性区域。

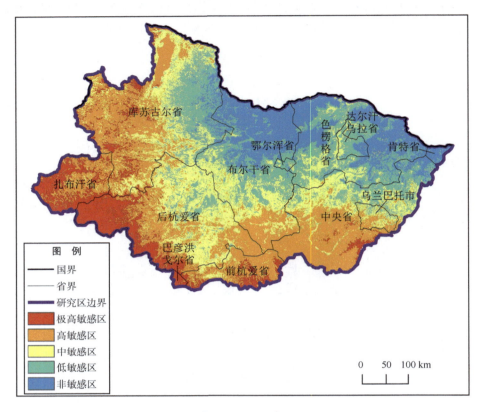

图7.11 综合生态敏感性分布图

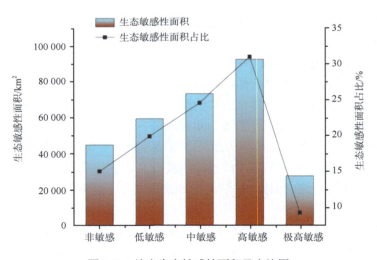

图7.12 综合生态敏感性面积及占比图

7.5　本章小结

本章以蒙古高原色楞格河流域为研究对象，在 ENVI 和 eCognition 平台基础上，解译 2021 年研究区土地覆盖分类数据，并分析 2000～2021 年研究区内土地覆盖变化。结合蒙古信息统计数据，综合分析研究区生态环境现状。基于 PSR 模型，构建生态安全评价指标，评估研究区生态安全等级。结合高程、降水量、温度、植被覆盖度和生物量五个单一评价因子以及综合评价因子，分析研究区内的生态敏感性，得出的主要结论如下。

（1）蒙古高原色楞格河流域土地覆盖分类及变化分析。2021 年蒙古高原色楞格河流域内土地覆盖类型主要为植被，其中典型草地的占地面积最大，约为 16 万 km²，达到研究区面积的 53%；占比最少的为裸地面积，为 0.2 万 km²，仅占比 1%。2000～2021 年土地覆盖变化结果显示，研究区内主要的土地覆盖类型为植被，其中典型草地的覆盖面积最大，均占研究区面积的 50% 左右。由此可见，研究区内植被覆盖度较高，草地覆盖度及森林覆盖度对色楞格河流域生态安全尤为重要作用。且蒙古高原色楞格河流域土地覆盖类型具有明显的地带性规律，自北向南依次为森林、典型草地、草甸草地。除自然植被外，农田面积占比较高，并且农田是人类活动强度的直观体现，因此农田对生态安全的影响较大。

（2）蒙古高原色楞格河流域生态安全评价指标体系构建。蒙古高原色楞格河流域生态安全评价指标体系的构建遵循综合性、科学性、可行性、普遍性和地方区域性的原则。结合研究区生态环境现状，选取人口密度、人口自然增长率等 7 个指标为压力指标，草地覆盖率、森林覆盖率等 7 个指标为状态指标，人均 GDP、地表水保护量等七个指标为响应指标，科学合理地对研究区生态安全进行评估。

（3）蒙古高原色楞格河流域生态安全评估。蒙古高原色楞格河流域综合生态安全评估等级为四级，属于较安全等级。从压力、状态、响应三方面的生态安全状况可以看出，生态压力在三个指标中得分最低。本次选取生态压力评估指标主要在人口密度、人口自然增长率、森林砍伐量、地表水干涸量、土地退化、牲畜存栏量等方面，说明蒙古国色楞格河流域在人口及自然资源这两方面压力较大。鉴于资源过度消耗和过度开发问题的长期积累，导致流域生态压力较大，因此需要长期重视和加强生态保育措施。

（4）蒙古高原色楞格河流域压力、环境、响应指标的生态安全评估。蒙古高原色楞格河流域生态环境压力评估等级为三级，属于临界安全等级。其中对生态环境压力方面影响障碍度最高的因子为土地退化面积，其次为牲畜存栏量。这两方面对生态安全的威胁较大，由此可见，生态建设与资源消耗协调问题逐渐凸显，需有效、合理协调资源消耗和生态建设关系。在人类活动情况方面，人口自然增长率与森林砍伐量这两方面对流域整体压力较小，可适当进行开发发展。蒙古高原色楞格河流域生态环境状态评估等级为四级，属于较安全等级。耕地面积、地表水源数量以及尘埃天数这三方面对生态安全的威胁较大；而不透水面面积和草地覆盖率这两方面的生态环境现状相对较好。建议开展退耕还林，防风固沙以减少尘埃量，保护生态环境。蒙古高原色楞格河流域生态环境响应评估等级为四级，属于较安全等级。农业机械化水平以及第三产业比重这两方面对生态安全的威胁较大；土地保护与恢复资本投资的生态环境响应相对较好。建议加强创新发展，提升保护生态的科技水平并且大力发展维护生态安全的产业。

(5) 蒙古高原色楞格河流域的生态敏感性分析及应对建议。蒙古高原色楞格河流域生态非敏感性区域和低敏感性区域主要位于东部，所占比例分别为15.11%和19.94%。该地段海拔较低，水系发达，植被覆盖度较高，生物量丰富，使得生态系统结构较为完整，生态环境比较稳定，生态调节功能强大，适宜进行建设发展。极高敏感等级主要分布在高海拔区域，以后杭爱省的西南部为主；该区域气温低，动植物生存较为困难，生态系统结构较为简单，极易被破坏。因此为生态保护的关键区域，建议建立严格保护区，禁止人类活动对生态环境造成伤害，保护该区域的生态环境。随着大数据挖掘与人工智能技术的突破发展，越来越多的生态屏障计算模式可以在智能计算平台上得以实现和应用推广。

第8章 不足与展望

　　蒙古高原是"一带一路"中蒙俄经济走廊绿色发展的核心区域。蒙古高原主体由中国内蒙古自治区和蒙古国组成，地理条件复杂，生态环境脆弱，是对全球气候变化响应敏感、脆弱的典型地区。蒙古高原地处东亚温带寒温带的半干旱、干旱地区，其主体生态系统类型——温带草原是欧亚草原面积最大、分布最为连续、保存相对完好的陆地生态系统，是我国北方乃至东北亚地区的重要生态屏障。这一屏障不仅对中华民族的生存发展至关重要，也是影响亚洲文明和地缘格局的重要区域。然而，在全球气候变化和人类活动影响下，近年来本区域土地退化、水资源短缺、沙尘暴频发，严重影响本区域的可持续发展。2017年，蒙古国已有76.8%的土地遭受不同程度的荒漠化，且仍以较快的速度向东方省、肯特省等东部优良草原地带蔓延。2023年，我国和蒙古遭遇近10年来强度最大的沙尘暴，给两国受灾地区造成了巨大的生命和财产损失。加强蒙古高原生态屏障的科学认识、防灾减灾和可持续发展决策支持，是"一带一路"绿色发展和中蒙两国科技合作的紧迫需求。

　　随着地球大数据监测和处理技术的发展，越来越多的蒙古高原资源环境要素被加工和处理，形成可供长期研究使用的科学数据产品，这为深入开展蒙古高原资源环境问题研究提供了良好的条件。本书充分引入大数据技术，介绍了蒙古高原在水体提取、产草量反演、沙尘暴监测、草地物候演变、自然道路提取和环境影响、流域生态安全评估等方面的进展。但是，限于条件和能力，仍然存在诸多不足，需要在未来加以更大发展。

8.1　研究不足

1. 蒙古高原地表水体信息提取

　　● 本研究以Pixel-based CNN为核心地表水体提取模型，Pixel-based CNN方法可用于细小河流的地表水体提取，在一定程度上能减少暗像元的干扰，但是模型仍有改进的空间。比如模型的层数、卷积核的尺寸、模型的架构等都可以在后期研究中进行更深入分析。结合多源遥感卫星影像，如合成孔径雷达卫星等，在多类型数据产品支持下，提升产品的空间分辨率。结合雷达卫星影像穿云透雾的能力，深入挖掘模型在云遮罩情况下的河流、湖泊等的提取，为应对洪水提供借鉴方法。

　　● 利用Python，结合GEE可实现CNN架构的深度学习模型在线计算。但是，其他架构诸如RNN、Transformer等则实现困难，而且本研究深度学习的部署是预测环节，训练环节还是在本地实现的。因此，未来的研究可以拓展到其他深度学习架构的云部署，以及深度学习迭代训练的在线实现。可开展JS端的模型架构建设以及多模型解析和调用研究，方便用户直接在GEE平台交互模型。将模型训练任务打包提交给GEE的Task，获得响应反馈，再进行模型后向传播的权重迭代。

● 水体的定量化研究还有待加强。本书将水体的空间分布以栅格制图的形式展现，但是在定量分析上却很难实现。未来的工作可以结合水环境研究（叶绿素含量、悬浮物浓度、水华等水质参量）、地表水变化归因、水体周围植被变化、水体形态学变化（河道变迁）以及草-水-畜的耦合等开展应用研究。通过对水体产品中的河段提取，建立河道的样条曲线函数，再经过求导等处理，计算河道在不同时间段内的变迁情况，结合水环境参数、植被变化、形态学可对河道进行不同河段的定量化分析。

2. 蒙古高原产草量反演估算

● 目前土地覆盖采用随机森林模型在土地分类方面具有一定精度，但仍存在部分误差，未来可考虑使用卷积神经网络等深度学习算法，对地物进行精细化分类，进一步提高土地覆盖分类的精度与效率。

● 在研究数据上，考虑到蒙古高原研究尺度较大且为长时序监测，研究选取MODIS数据反演草地产草量，未来可使用更高分辨率的遥感提取草地信息。同时，可在产草量估算模型中加入更多其他多源遥感数据，进一步提高产草量估算模型的精确度、可信度和鲁棒性。

● 在政策出口上，应加强草畜平衡估算结果的可使用性，联合地方草原生态监测研究机构，进一步推广草地生态保护工作，深入探究草畜平衡时空变化内因，开展草地生产力预测，为相关部门的草地资源管理与畜牧业发展管控提供建议支持。

3. 蒙古高原沙尘暴变化监测与归因分析

● 在所用研究数据上，本研究主要选择的是MODIS数据来提取监测沙尘暴，今后可考虑进一步尝试使用多元数据来挖掘沙尘暴信息，如国内一些气象卫星获取的遥感数据等。

● 面向更多需求，未来要加强遥感监测与地面气象台站监测的结合，增加对沙尘浓度的时空分析，并针对性关注强沙尘分布的时空特征。结合沙尘浓度分析，对沙尘路径运移规律进行更深入的研究，从而实现沙尘暴的实时动态监测。

● 由于蒙古高原时空尺度均较大，本研究选择了无阈值法DSDI沙尘探测指数来提取沙尘暴信息，此沙尘探测指数的阈值符合本研究区的研究尺度，在日后研究中可考虑结合机器学习等模型一体化的技术，实现对沙尘暴信息的更精确和快速提取，进一步提高沙尘暴监测效率。

4. 蒙古国草地物候动态监测

● 针对草地监测，今后应该尽量使用多源数据（突破MODIS的粗分辨率限制），结合各数据源的优势，获得具有高空间、高时间分辨率的遥感数据产品，获取更加精确的物候信息。未来也将结合气候变化，分析蒙古国草原未来的总体变化趋势，并对如何应对气候变化提出建议。

● 本研究使用动态阈值法获取植被物候数据，未引入更多的物候地面观测信息对物候时序数据进行地面验证，今后将在野外调查和长期观测基础上，综合考虑如何利用地面实测数据对物候信息进行验证和监测。

● 在探索植被物候对地理要素的响应特征时，主要考虑了地形、降水量和地表温度数据。蒙古国植被物候变化特征及其对全球变化响应是复杂的，未来还应该更多考虑植被物候对坡度、坡向、积雪、太阳辐射、湿度及土地覆盖等多种要素变化的响应。

5. 蒙古国自然道路提取及其环境影响

● 研究采用面向对象方法半自动地提取道路信息，在今后可以尝试结合多源数据，并将道路提取与其他领域的知识结合起来，进行道路提取的融合式方法研究，例如引入人工智能等先进知识，逐步实现道路的自动分类提取。

● 荒漠化影响因素定性和定量分析中的自然及人类活动影响因素指标还不完善，尚有很多因素没有考虑完全，例如自然因素中年沙暴天气数量、人类活动因素中耕地数目、矿产开采量等定量指标。未来有更多合作条件时，可以尽量采集和获取这些指标数据，加入以完善荒漠化影响因素分析体系。此外，政策及环境管理等难以定量化的荒漠化影响因素的贡献也有待进一步研究解决。

● 蒙古高原干旱、半干旱地区自然道路在交通网中的占比很大，伴随区域的工矿建设和城乡发展，各类工程和社会车辆数量在快速增加，导致交通压力不断上升。未来应扩大研究尺度以至覆盖整个蒙古高原区域，加强对自然道路的遥感监测和治理，促进车辆及交通基础设施的合理规划与管理，缓解由自然道路增加带来的土地退化和荒漠化压力。

6. 蒙古高原生态安全评估

● 随着时间和空间的变化，生态安全的影响指标也随着区域自身发展而不断变换。未来可在研究时间段的选择上增加更长时间序列，开展多年生态安全状况的对比，全面了解研究区的生态安全变化情况。

● 生态敏感性的影响因子众多，由于数据可获取性限制，本书生态敏感性影响因子的选取仅包含高程、降水量、温度、植被覆盖度及生物量，在今后的研究中将选择更多的影响因子，获取全面的评价体系。

● 评估区域可以进一步拓展到色楞格河流域所在的蒙古高原以及贝加尔湖流域，使得评估区域覆盖中蒙俄经济走廊更大范围。通过大区域尺度生态安全评估，进一步服务于我国北方生态屏障建设和"一带一路"中蒙俄经济走廊绿色发展。

8.2　未来展望

面向"一带一路"倡议和"生态安全"战略发展需求，建议对蒙古高原生态屏障区这一复杂地域系统和人类命运共同体，突破区域长期数据瓶颈、提供算法模型集成工具和自主可控计算环境、支持跨境区域协同，并提供蒙古高原-梯度样带-牧户等多尺度场景的用户交互服务，最终形成算法、数据、工具和平台的融合应用，显著提高和促进蒙古高原生态屏障建设的智能计算、大数据分析和可视化应用服务能力。

算法方面：针对蒙古高原生态屏障区基础和关键资源环境参数数据匮乏的问题，建立基础土地覆被/利用和产草量、植被指数、植物物候、地表水体、土壤水分、积雪、荒漠化、沙尘参量精细反演算法，研发自动化数据产品生产工具包，提供支持蒙古高原地区生态屏障建设的算法集成。

数据方面：提供支持蒙古高原地区生态屏障建设的模型智能计算服务，打通国际国内数据源的统一调用与算法集成，实现蒙古高原地区生态屏障建设相关要素的近实时监测，获得多套覆盖蒙古高原的长时间序列、中高分辨率基础和关键资源环境要素产品。

平台方面：构建蒙古高原生态屏障大数据协同创新平台，以协同创新和数据共享为基础，整合现有国内外遥感数据源，实现云端自动化数据处理和可视化，同时为中蒙俄等多方科学家提供交互平台，充分利用协同创新平台的数据和算法集合能力，实现跨境协同。

应用方面：基于蒙古高原资源环境大数据和智能计算，识别蒙古高原生态屏障关键脆弱区，在蒙古高原尺度实现生态脆弱性在线分析，在样带尺度实现主导生态服务功能的年际动态评价，在牧户尺度实现手持终端草场承载力计算及草畜平衡辅助管理。

总体架构将采用数据和模型驱动、智能计算和网络协同、多尺度应用及公众化终端服务的模式，技术路线如图8.1所示。

其核心发展内容包括数据、平台、场景应用三个主要方面。

1. 蒙古高原生态屏障关键特征参量智能计算

借鉴全球尺度地表参量数据产品体系的理念，设计和构建更高分辨率的蒙古高原地表特征参量数据产品体系（Mongolian Plateau land surface，MPLS）框架，针对蒙古高原资源环境特点研发其初始部分产品的关键算法，为蒙古高原生态屏障智能计算提供高分辨率对地观测数据产品和算法支持。针对蒙古高原生态屏障的干旱、半干旱特点，从植被、水土条件、生态环境等方面，筛选土地覆被、地表水、植被覆盖度、叶面积指数、地表温度、草地生物量、植被供水指数、土壤湿度等关键指标，开展特征参量计算的源数据指标一致性、规范性分析与设计。分析各关键特征参量遥感产品反演算法特征、算法共性和差异，结合国产高分辨率卫星数据源，如高分系列卫星（2 m）、资源卫星（30 m）、环境卫星（30 m），研究分类集成智能计算策略。设计关键特征参量智能计算数据产品共享、精度验证与质量评价的协同技术方案，构建一个更精准和可共享的蒙古高原关键地表参量数据产品体系。对比分析各关键参数现有监测算法特点和智能计算平台需求，基于遥感和GIS空间分析算法，构建基于图像分割算法的土地覆盖生产与变化监测模型、优化验证地表温度反演劈窗算法、构建综合的VSWI。建立各特征参量智能分类和计算的土地覆被类型、草地生物量和LAI、土壤水分的训练和验证样本集。完成关键特征参量产品的智能生成，并共享发布，允许其他人员或机器调用本数据产品。

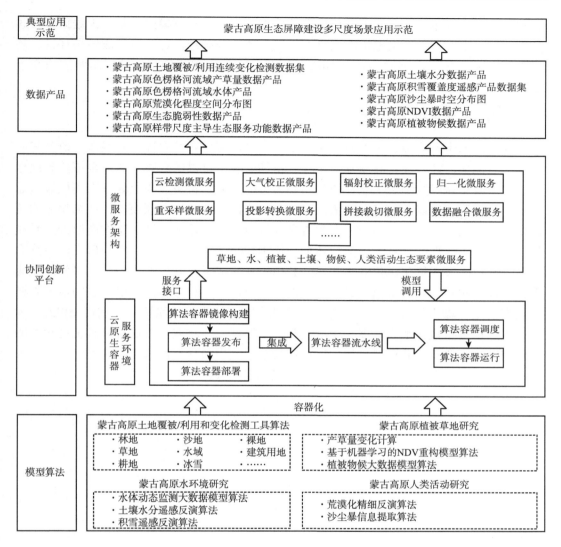

图8.1　总体架构

2. 蒙古高原生态屏障智能计算平台

面向智能计算的集成需要，设计基于云计算方式的蒙古高原生态屏障智能计算平台，实现以公共服务为中心的MLPS对地观测和融合公共数据产品计算、以生态屏障整体评价为中心的蒙古高原生态安全评价计算、以科学家或志愿者个性化需求为中心的蒙古高原场景计算。研究蒙古高原基础地理、对地观测数据的存储标准及数据共享机制，对不同格式的读写功能进行研发，建立有效的数据存储模型，以满足人机数据调用的标准化。针对数据融合处理和特征参量计算要求，实现生态环境关键要素遥感反演模型在云原生服务环境中的封装、集成、移植与部署。统一建立跨业务、跨数据库的访问接口（包括国产卫星数据源），提供数据服务资源目录和用户验证服务，实现访问基础数据库对应的权限数据资源。例如，针对生态安全评价多参量处理与分析过程复杂的需求场景，建立基于开放标准的地理数据服务计算模式。基于大数据分布式处理、深度学习框架，实现生态安全多指标参数的预处理，进一步完成结果评价。基于地图可视化技术，遵循OGC地图接口规范，实现生态评价整体的展示和用户交互功能。

3. 蒙古高原生态屏障场景应用示范

　　蒙古高原生态屏障建设涉及的应用场景丰富，可以有针对性的开展深入研究和应用工作。例如，针对蒙古高原荒漠化程度精细监测，可以结合蒙古高原全域基础地理资料、植被覆盖度数据及土地覆盖产品等大数据资源，将蒙古高原划分为高植被覆盖区、中植被覆盖区以及低植被覆盖区，并分别构建多源特征空间模型，计算相应的荒漠化差值指数，完成高空间分辨率蒙古高原荒漠化精细监测。针对蒙古高原沙尘暴模拟，可以基于高性能计算和大数据环境，使用ERA-5气象再分析数据与研究区下垫面数据，利用区域大气化学传输模式（WRF-Chem）完成蒙古高原典型沙尘暴事件的在线模拟运算，对WRF-Chem模式进行参数调优，获得最适合蒙古高原研究区的沙尘暴模拟运算模型并输出结果。针对蒙古高原陆地生态系统碳汇监测评估，利用MPLS系列产品中的植被指数、地表温度、土壤水分等数据产品，获取与土壤有机碳密度相关的其他辅助环境变量，并选取最相关的环境变量，利用最佳反演模型，获得区域土壤表层有机碳密度，评估蒙古高原陆地生态系统碳固存能力。

参 考 文 献

阿斯钢. 2017. 蒙古国近八成土地遭受不同程度荒漠化 [EB/OL]. 2017-06-17/2021-11-02.

敖仁其, 娜琳. 2010. 蒙古国生态环境及其东北亚区域合作 [J]. 内蒙古财经学院学报, (3): 34-37.

白海云. 2021. 2018年内蒙古自治区锡林郭勒盟春季一次沙尘暴天气过程分析 [J]. 农业灾害研究, 11(6): 75-76+78.

白乌云, 金良. 2015. 蒙古国与内蒙古草原生态环境问题及其解决途径比较研究 [J]. 经济论坛, (5): 18-21.

包刚, 包玉龙, 阿拉腾图娅, 等. 2017. 1982~2011年蒙古高原植被物候时空动态变化 [J]. 遥感技术与应用, 32(5): 866-874.

包刚, 包玉龙, 包玉海, 等. 2014. 2001~2012年蒙古高原火行为时空格局变化趋势 [C]// 中国灾害防御协会风险分析专业委员会. 风险分析和危机反应中的信息技术——中国灾害防御协会风险分析专业委员会第六届年会论文集. 2014: 5.

毕超. 2015. 基于多源数据的中国干旱半干旱区植被覆盖与物候对气候变化的响应 [D]. 北京林业大学.

毕哲睿. 2020. 蒙古高原雪深时空变化及其对草地植被物候影响研究 [D]. 内蒙古师范大学.

布仁高娃. 2011. 蒙古国荒漠化现状、成因及草原畜牧业前景研究 [D]. 内蒙古大学.

曹沛雨, 张雷明, 李胜功, 等. 2016. 植被物候观测与指数提取方法研究进展 [J]. 地球科学进展, 31(4): 365-376.

常清. 2017. 北半球及典型区遥感植被物候提取验证及动态研究 [D]. 中国科学院大学 (中国科学院遥感与数字地球研究所).

陈昌鸣. 2011. 面向对象的高分辨率遥感影像农村公路专题信息提取 [D]. 重庆交通大学.

陈珊珊, 臧淑英, 孙丽. 2018. 东北多年冻土退化及环境效应研究现状与展望 [J]. 冰川冻土, 40: 298-306.

陈仙春, 赵俊三, 陈磊士, 等. 2019. 基于Landsat影像的玉溪市红塔区土地覆盖分类及变化分析 [J]. 森林工程, 35(3): 1-8.

陈效逑, 李倞. 2009. 内蒙古草原羊草物候与气象因子的关系 [J]. 生态学报, 29(10): 5280-5290.

陈瑶瑶, 罗志军, 齐松, 等. 2021. 基于生态敏感性与生态网络的南昌市生态安全格局构建 [J]. 水土保持研究, 28(4): 342-349.

陈宜瑜. 2011. 中国生态系统服务与管理战略 [M]. 北京: 中国环境科学出版社.

程凯, 王卷乐, Jaahanaa Davaadorj, 等. 2019. 近30年来蒙古国乌兰巴托市城镇扩张及其驱动力分析 [J]. 遥感技术与应用, 34(1): 90-100.

崔宁, 于恩逸, 李爽, 等. 2021. 基于生态系统敏感性与生态功能重要性的高原湖泊分区保护研究——以达里湖流域为例 [J]. 生态学报, 41(3): 949-958.

崔秀萍, 金良, 张文娟. 2021. 蒙古国社会经济发展水平综合评价及障碍因素分析 [J]. 内蒙古财经大学学报, 19(1): 76-79.

董锁成. 2010. 中国北方及其毗邻地区综合科学考察 [J]. 中国科技成果: 1.

董晓宇, 姚华荣, 戴君虎, 等. 2020. 2000—2017年内蒙古荒漠草原植被物候变化及对净初级生产力的影响 [J]. 地理科学进展, 39(1): 24-35.

董昱, 闫慧敏, 杜文鹏, 等. 2019. 基于供给-消耗关系的蒙古高原草地承载力时空变化分析 [J]. 自然资源学报, 34: 15.

付阳阳. 2017. 柴达木盆地植被物候时空变化及其对气候变化的响应 [D]. 河北师范大学.

傅伯杰. 1997. 土地可持续利用评价的指标体系与方法 [J]. 自然资源学报, 12: 7.

傅伯杰, 刘国华, 陈利顶, 等. 2001. 中国生态区划方案 [J]. 生态学报, (1): 1-6.

高红豆, 萨楚拉, 孟凡浩, 等. 2022. 2003—2019年蒙古高原多年冻土时空动态变化及其影响因素分析 [J]. 干旱区资源与环境, 36(3): 99-106.

古丽, 加帕尔, 陈曦, 等. 2010. 干旱区稀疏芦苇盖度遥感信息提取 [J]. 干旱区地理, 33(6): 988-996.

郭晓萌. 2023. 蒙古高原植被净初级生产力变化及其对干旱的响应 [D]. 内蒙古师范大学.

何志强, 梁四幺. 2018. 基于eCognition的高分辨率遥感影像道路自动提取方法 [J]. 科技创新与生产力, (2): 40-42+46.

贺帅兵, 牟林云, 甄霖, 等. 2023. 长江三角洲生态环境脆弱带生态修复技术研究进展 [J]. 生态学报, (2): 1-9.

贺沅平, 张云伟, 顾兆林. 2021. 特强沙尘暴灾害性天气的研究及展望 [J]. 中国环境科学, 41(8): 3511-3522.

胡建青. 2019. 面向对象的高分辨率遥感影像道路信息提取 [D]. 北京交通大学.

黄麟, 祝萍, 肖桐, 等. 2018. 近35年"三北"防护林体系建设工程的防风固沙效应 [J]. 地理科学, 38: 10.

黄森旺, 李晓松, 吴炳方, 等. 2012. 近25年"三北"防护林工程区土地退化及驱动力分析 [J]. 地理学报, 67: 10.

贾晓红, 吴波, 余新晓, 等. 2016. 京津冀风沙源区沙化土地治理关键技术研究与示范 [J]. 生态学报, 36.

姜康. 2020. 中蒙边境草原带物候变化及其主要影响因子 [D]. 内蒙古师范大学.

姜康, 包刚, 乌兰图雅, 等. 2019. 2001—2017年蒙古高原不同植被返青期变化及其对气候变化的响应 [J]. 生态学杂志, 38(8): 2490-2499.

金云翔, 徐斌, 杨秀春, 等. 2011. 内蒙古锡林郭勒盟草原产草量动态遥感估算 [J]. 中国科学: 生命科学, 41(12): 1185-1195.

金正九. 2011. 东北亚海域环境污染防治的国际合作 [D]. 大连海事大学.

李晨昊. 2019. 蒙古高原积雪变化及对草地植被物候影响的研究 [D]. 内蒙古师范大学.

李寒冰, 金晓斌, 吴可, 等. 2022. 土地利用系统对区域可持续发展的支撑力评价: 方法与实证 [J]. 自然资源学报, 37: 20.

李慧蕾, 彭建, 胡熠娜, 等. 2017. 基于生态系统服务簇的内蒙古自治区生态功能分区 [J]. 应用生态学报, 28: 2657-2666.

李凯, 王卷乐, 程文静, 等. 2023. 2013～2022年蒙古高原逐年生长季地表水分布数据集 [J]. 中国科学数据 (中英文网络版), 8(1): 90-100.

李兰晖, 黄聪聪, 张镱锂, 等. 2023. 基于地理加权随机森林的青藏地区放牧强度时空格局模拟 [J]. 地理科学, 43: 398-410.

李梦晗, 王卷乐, 李凯. 2023. 蒙古国30米分辨率产草量估算数据集 (2017～2021年) [J]. 中国科学数据 (中英文网络版), 8(1): 21-29.

李明, 吴正方, 杜海波, 等. 2011. 基于遥感方法的长白山地区植被物候期变化趋势研究 [J]. 地理科学, 31(10): 1242-1248.

李乃强, 徐贵阳. 2020. 基于自然间断点分级法的土地利用数据网格化分析 [J]. 测绘通报, 0(4): 106-110+156.

李晓东. 2022. 青海湖水体对流域气候和生态环境变化的响应 [D]. 兰州大学. DOI: 10.27204/d.cnki.glzhu.2022.001524.

李怡洁. 2021. 云南省昭通市城镇化进程中生态安全评估 [D]. 华东师范大学.

李嫒, 赵嫒嫒, 郭跃, 等. 2022. 几种沙尘指数在内蒙古地区的应用效果对比: 以2021年3月沙尘事件为例 [J]. 干旱区资源与环境, 36(10): 124-132.

李月. 2021. 基于叶绿素荧光遥感监测的蒙古高原草地生产力时空动态分析 [D]. 南京农业大学.

李云梅, 赵焕, 毕顺, 等. 2022. 基于水体光学分类的二类水体水环境参数遥感监测进展 [J]. 遥感学报, 26(1): 19-31.

历青, 王桥, 王文杰, 等. 2006. 基于 EOS-Terra/MODIS 的沙尘暴遥感监测方法对比研究 [J]. 干旱区地理, 29: 5.

厉静文, 董锁成, 李宇, 等. 2021. 中蒙俄经济走廊土地利用变化格局及其驱动因素研究 [J]. 地理研究, 40(11): 3073-3091.

刘海新. 2019. 内蒙古草地生产力时空分析及产草量遥感估算和预测 [D]. 山东科技大学.

刘鸿雁, 田育红, 丁登. 2003. 内蒙古浑善达克沙地和河北坝上地区不同地表覆盖类型对北京沙尘天气物源的贡献 [J]. 科学通报: 4.

刘纪远, 徐新良, 邵全琴. 2008. 近30年来青海三江源地区草地退化的时空特征 [J]. 地理学报, 63: 13.

刘黎明, 张凤荣, 赵英伟. 2002. 我国草地资源生产潜力分析及其可持续利用对策 [J]. 中国人口·资源与环境, (4): 102-107.

刘帅, 于贵瑞, 浅沼顺, 等. 2009. 蒙古高原中部草地土壤冻融过程及土壤含水量分布 [J]. 土壤学报, 46(1): 46-51.

刘硕, 李品, 冯兆忠. 2019. 京津冀防风固沙植被生态修复研究进展与对策 [J]. 生态学杂志, 38: 8.

刘伟东, 郑兰芬, 童庆禧. 等. 2000. 高光谱数据与水稻叶面积指数及叶绿素密度的相关分析 [J]. 遥感学报, (4): 279-283.

刘铮. 2021. 黄土高原植被净初级生产力的时空动态及气候驱动因素研究 [D]. 西北农林科技大学.

罗明, 龙花楼. 2005. 土地退化研究综述 [J]. 生态环境, 14: 7.

罗琦, 甄霖, 杨婉妮, 等. 2020. 生态治理工程对锡林郭勒草地生态系统文化服务感知的影响研究 [J]. 自然资源学报, 35, 119-129.

马雄德, 范立民, 张晓团, 等. 2016. 基于遥感的矿区土地荒漠化动态及驱动机制 [J]. 煤炭学报, 41(8): 2063-2070.

马勇刚, 张弛, 塔西甫拉提·特依拜. 2014. 中亚及中国新疆干旱区植被物候时空变化 [J]. 气候变化研究进展, 10(2): 95-102.

孟和道尔吉. 2015. 蒙古国南部地区沙尘暴特征及影响因素分析 [D]. 内蒙古师范大学.

欧阳志云, 王效科, 苗鸿. 2000. 中国生态环境敏感性及其区域差异规律研究 [J]. 生态学报, (1): 10-13.

钱正安, 蔡英, 刘景涛, 等. 2006. 中蒙地区沙尘暴研究的若干进展 [J]. 地球物理学报, 49: 83-92.

秦福莹. 2019. 蒙古高原植被时空格局对气候变化的响应研究 [D]. 内蒙古大学.

任晋媛. 2023. 蒙古高原极端气候变化及其对植被的影响研究 [D]. 内蒙古师范大学.

邵亚婷, 王卷乐, 严欣荣. 2021. 蒙古国植被物候特征及其对地理要素的响应 [J]. 地理研究, 40(11): 3029-3045.

师华定, 周锡饮, 孟凡浩, 等. 2013. 30年来蒙古国和内蒙古的 LUCC 区域分异 [J]. 地球信息科学学报, 15(5): 719-725.

石宁卓. 2015. 基于 MODIS-NDVI 时间序列小麦面积提取方法研究——以海河流域为例 [D]. 西安科技大学.

史丹丹. 2016. 基于 NDVI 的黄河源区生长季植被对气候因子的响应 [D]. 云南大学.

宋春桥, 游松财, 柯灵红, 等. 2011. 藏北地区三种时序 NDVI 重建方法与应用分析 [J]. 地球信息科学学报, 13(1): 133-143.

孙东琪, 张京祥, 朱传耿, 等. 2012. 中国生态环境质量变化态势及其空间分异分析 [J]. 地理学报, 67(12): 1599-1610.

孙伟伟, 杨刚, 陈超, 等. 2020. 中国地球观测遥感卫星发展现状及文献分析 [J]. 遥感学报, 24(5): 479-510.

昙娜. 2023. 近20年蒙古高原草原火时空分布模式及其影响因素分析 [D]. 内蒙古师范大学.

特日格乐. 2016. 蒙古国沙尘暴对内蒙古沙尘暴的影响研究 [D]. 内蒙古师范大学.

田悦欣. 2021. 内蒙古农牧交错带重点区土地利用演变及其空间优化 [D]. 内蒙古农业大学.

王爱华. 2008. 农区水体水质参数的遥感模型研究 [D]. 南京农业大学.

王纪华, 郭晓维, 田庆久. 2001. 用光谱反射率诊断小麦叶片水分状况的研究 [J]. 中国农业科学, (1): 104-107.

王佳新. 2021. 蒙古高原土壤水分时空变化及其对草地植被物候的影响 [D]. 内蒙古师范大学.

王卷乐, 曹晓明, 王宗明, 等. 2018a. 蒙古国土地覆盖与环境变化 [M]. 北京: 气象出版社.

王卷乐, 程凯, 祝俊祥, 等. 2018b. 蒙古国30米分辨率土地覆盖产品研制与空间分局分析 [J]. 地球信息科学学报, 20(9): 1263-1273.

王菱, 甄霖, 刘雪林, 等. 2008. 蒙古高原中部气候变化及影响因素比较研究 [J]. 地理研究, (1): 171-180.

王明玖, 马长升. 1994. 两种方法估算草地载畜量的研究 [J]. 中国草地, (5): 19-22.

王宁, 陈健, 张缘园, 等. 2022. 2021年中国北方首次沙尘天气的多源遥感分析. 中国环境科学, 42, 2002-2014.

王宁, 杨光, 韩雪莹, 等. 2020. 内蒙古1990～2018年土地利用变化及生态系统服务价值 [J]. 水土保持学报, 34: 7.

王培. 2022. 涪江中上游土地利用动态变化与生态敏感性研究 [D]. 西南科技大学.

王强, 张勃, 戴声佩, 等. 2012. "三北"防护林工程区植被覆盖变化与影响因子分析 [J]. 中国环境科学, 32: 1302-1308.

王炜, 方宗义. 2004. 沙尘暴天气及其研究进展综述 [J]. 应用气象学报, (3): 366-381.

王晓峰, 勒斯木初, 张明明. 2019. "两屏三带"生态系统格局变化及其影响因素 [J]. 生态学杂志, 38(7): 2138-2148.

王雪. 2021. 基于DPSIR模型的黄河流域榆中段生态安全评估研究 [D]. 兰州大学.

王妍, 刘闯, 翟禹镓. 2021. 蒙古煤炭工业发展趋势 [J]. 中国煤炭, 47(10): 67-72.

王妮涛, 张强, 温肖宇, 等. 2022. 运城市$PM_{2.5}$时空分布特征和潜在源区季节分析 [J]. 环境科学, 43(1): 74-84.

魏海硕. 2020. 多源特征空间和地理分区建模支持下的蒙古国荒漠化信息精细提取 [D]. 山东理工大学.

魏彦强, 李新, 高峰, 等. 2018. 联合国2030年可持续发展目标框架及中国应对策略 [J]. 地球科学进展, 33(10): 1084-1093.

魏云洁, 甄霖, 刘雪林, 等. 2008. 1992～2005年蒙古国土地利用变化及其驱动因素 [J]. 应用生态学报, (9): 1995-2002.

温都日娜. 2018. 基于MODIS数据的蒙古高原植被覆盖变化及其对水热条件的响应 [D]. 内蒙古师范大学.

乌兰图雅. 2021. 蒙古高原草地利用特征及其国别差异 [J]. 地理学报, 76(7): 1722-1731.

徐书兴, 吴倩倩, 乔殿学, 等. 2021. 蒙古东部野火时空格局及其影响因素 [J]. 中国沙漠, 41(2): 83-91.

徐希孺, 金丽芳, 赁常恭, 等. 1985. 利用NOAA-CCT估算内蒙古草场产草量的原理和方法 [J]. 地理学报, (4): 333-346.

杨伊侬. 2010. 内蒙古可持续牧业发展研究 [D]. 中国农业科学院.

姚锦一. 2021. 基于GEE的蒙古国色楞格河流域水体提取与其地理影响分析 [D]. 山东理工大学.

尹超华, 罗敏, 孟凡浩, 等. 2022. 蒙古高原植被碳水利用效率时空变化特征及其影响因素. 生态学杂志, 41: 1079-1089.

永梅, 那顺达来, 银山, 等. 2023. 3种MODIS火烧迹地产品监测误差及评价——以蒙古高原东部草原火为例 [J]. 遥感技术与应用, 38(3): 718-728.

于信芳, 庄大方. 2006. 基于MODIS-NDVI数据的东北森林物候期监测 [J], 资源科学, 28(4): 111-117.

张德平, 德力, 赵家明, 等. 2011. 车辆碾压引起草原沙漠化研究进展 [J]. 呼伦贝尔学院学报, 19(3): 82-88.

张惠婷. 2023. 蒙古高原生态系统质量时空演变及驱动力分析 [D]. 内蒙古师范大学.

张军, 刘菊红, 王忠武, 等. 2020. 内蒙古荒漠草原植物群落特征对放牧利用和降水条件的响应 [J]. 中国草地学报, 42(6): 67-74.

张曼玉, 彭建军. 2023. 基于DPSIR模型的中原城市群生态安全评价研究 [J]. 国土资源科技管理, 40(2): 28-43.

张钛仁. 2008. 中国北方沙尘暴灾害形成机理与荒漠化防治研究 [D]. 兰州大学.

张文静. 2019. 近20年蒙古国耕地时空变化及驱动力分析 [D]. 内蒙古师范大学.

张艳珍. 2017. 蒙古高原草地退化遥感监测及其气候变化的响应 [D]. 南京大学.

张艳珍, 王钊齐, 杨悦, 等. 2018. 蒙古高原草地退化程度时空分布定量研究 [J]. 草业科学, 35(2): 233-243.

钟毅. 2023. 西藏草地生态安全研究 [D]. 四川大学.

翟香, 兰安军, 廖艳梅, 等. 2022. 基于生态安全格局的国土空间生态修复关键区域定量识别——以贵州省为例 [J]. 水土保持研究, 29(6): 322-329+343.

周波, 周楠茵. 2017. 遥感在沙尘暴监测领域的应用 [J]. 测绘与空间地理信息, 40(6): 103-105+108+112.

周灵. 2020. 民勤县土地荒漠化动态变化及其影响因素研究 [D]. 西北师范大学.

周锡饮. 2014. 气候变化和土地利用对蒙古高原植被覆盖影响 [D]. 北京林业大学.

朱晶, 付爱华. 2015. 国内外生态安全综述 [J]. 经济研究导刊, (1): 278-279.

朱战强, 黄存忠, 孟晓丽, 等. 2014. 面向城市景观生态安全的地理设计研究 [J]. 中国园林, 30(10): 26-29.

宗志平, 张恒德, 马杰. 2012. 2009年4月下旬蒙古气旋型大范围沙尘暴天气过程的诊断分析 [J]. 沙漠与绿洲气象, 6(1): 1-9.

Altangerel O. 2018. Research on the sustainable development of livestock husbandry in the Mongolian steppe[J]. Chinese Academy of Agricultural Sciences(CASA).

Badrinarayanan V, Kendall A, Cipolla R. 2017. SegNet: A deep convolutional encoder-decoder architecture for image segmentation[J]. Ieee T Pattern Anal, 39(12): 2481-2495.

Bahraminejad M, Rayegani B, Nezami B, et al. 2018. Presenting an early warning system to supply the protected areas with ecological security(Case Study: Darmiyan Protected Area, East of Iran)[J]. Journal of Geography and Environmental Hazards, 7(2): 75-94.

Batima P, Dagvadorj D. 2000. Climate change and its impacts in Mongolia[M]. JEMR Press, Ulaanbaatar, Mongolia.

Batkhishig O. 2013. Human impact and land degradation in Mongolia[M]//Chen J, Wan S, Geoffrey H, et al. Ecosystem Science and Application. Beijing: The Higher Education Press: 265-282.

Clinton N, Yu L, Fu H H, et al. 2014. Global-scale associations of vegetation phenology with rainfall and temperature at a high spatio-temporal resolution[J]. Remote Sensing, 6(8): 7320-7338.

Dalantai S, Sumiya E, Bao Y, et al. 2021. Spatial-temporal chanegs of land degradation caused by natural and human induced factors: case study of bulgan province in central Mongolia[J]. International Archives of the Photogrammetry, Remote Sensing & Spatial Information Sciences.

Davaadorj D, Byambabayar G, Oyunkhand B. 2016. Soil erosion assessment in southern Mongolia: case study of gurvates soum[J]. Journal of Young Scientists, 4: 169-181.

Deshmukh M, Nanaware D, Kumbhar A. 2021. Performance of western Maharashtra in sustainable livelihood security index[J]. Indian Journal of Economics and Development, 9(1): 1-9.

Ding M, Zhang Y, Liu L, et al. 2007. The relationship between NDVI and precipitation on the Tibetan

Plateau[J]. Journal of Geographical Sciences, 17(3): 259-268.

Dorjsuren B, Batsaikhan N, Yan D, Yadamjav O, et al. 2021. Study on relationship of land cover changes and ecohydrological processes of the Tuul River Basin[J]. Sustainability, 13: 1153.

Dugarsuren N, Lin C. 2016. Temporal variations in phenological events of forests, grasslands and desert steppe ecosystems in Mongolia: a remote sensing approach[J]. Ann. For. Res. 59(2): 175-190.

Fan Z, Li, S. & Fang, H. 2020. Explicitly identifying the desertification change in CMREC area based on multi-source remote data[J]. Remote Sensing, 12.

Feng Q, Ma H, Jiang X, et al. 2015. What has caused desertification in China?[J]. Scientific Reports, 5(1): 1-8.

Fisher J I, Mustard J F, Vadeboncoeur M A. 2005. Green leaf phenology at Landsat resolution: Scaling from the field to the satellite[J]. Remote Sensing of Environment, 100(2).

Gao B, Ye X, Ding L, et al. 2023a. Water availability dominated vegetation productivity of Inner Mongolia grasslands from 1982 to 2015[J]. Ecological Indicators, 151, 110291.

Gao Z, Zhou Y, Cui Y, et al. 2023b. Rebound of surface and terrestrial water resources in Mongolian plateau following sustained depletion[J]. Ecological Indicators, 156, 111193.

Gari S R, Newton A, Icely J D. 2015. A review of the application and evolution of the DPSIR framework with an emphasis on coastal social-ecological systems[J]. Ocean & Coastal Management, 103: 63-77.

Ghosh S, Chatterjee N D, Dinda S. 2021. Urban ecological security assessment and forecasting using integrated DEMATEL-ANP and CA-Markov models: A case study on Kolkata Metropolitan Area, India[J]. Sustainable Cities and Society, 68: 102773.

Gilbert M, Nicolas G, Cinardi G, et al. 2018. Global distribution data for cattle, buffaloes, horses, sheep, goats, pigs, chickens and ducks in 2010[J]. Scientific Data, 5, 180227.

Gomboluudev P. 2008. Vulnerability of rural people to extreme climate events in Mongolia[J]. Workshop of Netherlands Climate Assistance Project(NCAP).

Guo X, Chen R, Thomas D S G, et al. 2021. Divergent processes and trends of desertification in Inner Mongolia and Mongolia[J]. Land Degradation & Development, 32, 3684-3697.

Han G F, Xu J H. 2013. Land surface phenology and land surface temperature changes along an urban-rural gradient in Yangtze River delta, China[J]. Environmental Management, 52(1): 234-249.

Huang H B, Wang J, Liu C X, et al. 2020. The migration of training samples towards dynamic global land cover mapping[J]. ISPRS Journal of Photogrammetry and Remote Sensing, 161: 27-36.

Jebali A, Zare M, Ekhtesasi M R, et al. 2021. A new threshold free dust storm detection index based on MODIS reflectance and thermal bands[J]. GIScience And Remote Sensing, 58: 1369-1394.

Jiang N, Shao M A, Hu W, et al. 2013. Characteristics of water circulation and balance of typical vegetations at plot scale on the Loess plateau of China[J]. Environmental Earth Sciences, 70(1): 157-166.

Jonsson P, Eklundh L. 2002. Seasonality extraction by function fitting to time-series of satellite sensor data[J]. IEEE Transactions on Geoscience & Remote Sensing, 40(8): 1824-1832.

Lamchin M, Lee J Y, Lee W K, et al. 2016. Assessment of land cover change and desertification using remote sensing technology in a local region of Mongolia[J]. Advances in Space Research, 57(1): 64-77.

Lamchin M, Lee W K, Jeon S W, et al. 2017. Correlation between desertification and environmental variables using remote sensing techniques in Hogno Khaan, Mongolia[J]. Sustainability, 9(4): 581.

Lei T, Wu J, Wang J, et al. 2022. The net influence of drought on grassland productivity over the past 50 years[J]. Sustainability, 14, 12374.

Li G S, Yu L X, Liu T X, et al. 2023. Spatial and temporal variations of grassland vegetation on the Mongolian

Plateau and its response to climate change[J]. Frontiers in Ecology and Evolution, 11: 12.

Li J L, Lu X F, Zhang J J, et al. 2019. The current status, problems and prospects of researches on the carrying capacities of ecological environment in China[J]. Journal of Resources and Ecology, 10(6): 605-613.

Li K, Wang J, Cheng W, et al. 2022. Deep learning empowers the Google Earth Engine for automated water extraction in the Lake Baikal Basin[J]. International Journal of Applied Earth Observation and Geoinformation, 112, 102928.

Li K, Wang J, Yao J. 2021. Effectiveness of machine learning methods for water segmentation with ROI as the label: A case study of the Tuul River in Mongolia[J]. International Journal of Applied Earth Observation and Geoinformation, 103, 102497.

Li M, Wang J, Li K, et al. 2023. Spatial-temporal pattern analysis of grassland yield in Mongolian Plateau based on artificial neural network[J]. Remote Sensing, 15, 3968.

Li X Z, Liu X D. A. 2012. Modeling study on drought trend in the Sino-Mongolian arid and semiarid regions in the 21st century[J]. Arid Zone Research, 29(2): 262-272.

Li Z, Li X, Chen L, et al. 2020. Carbon flux and soil organic carbon content and density of different community types in a typical steppe ecoregion of Xilin Gol in Inner Mongolia, China[J]. Journal of Arid Environments, 178, 104155.

Liang X, Li P, Wang J, et al. 2021. Research progress of desertification and its prevention in Mongolia[J]. Sustainability, 13(12): 6861.

Lin Z, Huimin Y, Yunfeng H, et al. 2017. Overview of Ecological Restoration Technologies and Evaluation Systems[J]. Journal of Resources and Ecology, 8, 315-324, 10.

Liu Q, Liu G, Huang C. 2018. Monitoring desertification processes in Mongolian Plateau using MODIS tasseled cap transformation and TGSI time series[J]. Journal of Arid Land, 10(1): 12-26.

Long J, Shelhamer E, Darrell T. 2015. Fully convolutional networks for semantic segmentation[J]. Proceedings of the IEEE conference on computer vision and pattern recognition.

Lü Z H, Yu X C, Zhang Z J, et al. 2013. Automatic remote sensing image classification method based on spectral angle and spectral distance; Proceedings of the IEEE International Geoscience and Remote Sensing Symposium(IGARSS), Melbourne, AUSTRALIA, F Jul 21-26[C]. 2013.

Ma M G, Veroustraete F. 2006. Reconstructing path-finder AVHRR land NDVI time-series data for the northwest of China[J]. Advances in Space Research, 37: 835-840.

Ma Z, Xie Y, Jiao J, et al. 2011. The construction and application of an Aledo-NDVI based desertification monitoring model[J]. Procedia Environmental Sciences, 10(Part C): 2029-2035.

Mao D H, Wang Z M, Li L, et al. 2014. Spatio-temporal dynamics of grassland above ground net primary productivity and its association with climatic pattern and changes in Northern China[J]. Ecological Indicators, 41: 40-48.

McFeeters S K. 1996. The use of the normalized difference water index(NDWI) in the delineation of open water features[J]. International Journal of Remote Sensing, 17(7): 1425-1432. https://doi. org/10. 1080/01431169608948714.

Meng X, Gao X, Li S, et al. 2021. Monitoring desertification in Mongolia based on Landsat images and Google Earth Engine from 1990 to 2020[J]. Ecological Indicators, 129: 107908.

Menzel A, Sparks T H, Estrella N, et al. 2006. European phenological response to climate change matches the warming pattern[J]. Global Change Biology, 12(10): 1969-1976.

MNEM(The Ministry of Nature and Environment of Mongolia). 1999. Country Report on Natural Disasters in Mongolia[R]. Ulaanbaatar: MNEM.

Mosaffaie J, Jam A S, Tabatabaei M R, et al. 2021. Trend assessment of the watershed health based on DPSIR framework[J]. Land Use Policy, 100: 104911.

Munkhuu A, Rybkina I D, Kurepina N Y. 2019. Assessing the geoecological status of the floodplain-terrace complex of the Tuul River within Ulaanbaatar (Mongolia) [J]. Geography and Natural Resources, 40(4): 404-412. DOI: 10. 1134/S1875372819040127.

Niu B, Zhang X, Piao S, et al. 2021. Warming homogenizes apparent temperature sensitivity of ecosystem respiration[J]. Science Advances, 7(15): 7358.

Parmesan C. 2006. Ecological and evolutionary responses to recent climate change[J]. Annual Review of Ecology Evolution and Systematics, 37: 637-669.

Pereira M C, Setzer A W. 1993. Spectral characteristics of fire scars in Landsat-5 TM images of Amazonia[J]. International Journal of Remote Sensing, 14(11): 2061-2078.

Piao S, Fang J, Zhou L, et al. 2003. Interannual variations of monthly and seasonal normalized difference vegetation index (NDVI) in China from 1982 to 1999[J]. Journal of Geophysical Research: Atmospheres(1984-2012), 108(D14).

Prigent C, Papa F, Aires F, et al. 2012. Changes in land surface water dynamics since the 1990s andrelation to population pressure[J]. Geophysical Research Letters, 39(8): 2-6. https://doi. org/10. 1029/2012GL051276.

Qian W, Du J, Ai Y. 2021. A review: anomaly based versus full-field based weather analysis and forecasting[J]. Bulletin of the American Meteorological Society: 1-52.

Qian W, Leung J C H, et al. 2022. Anomaly based synoptic analysis and model prediction of six dust storms moving from Mongolia to northern China in Spring 2021[J]. Journal of Geophysical Research: Atmospheres, 127, e2021JD036272.

Qiu S, Zhu Z, He B. 2019. Fmask 4.0: Improved cloud and cloud shadow detection in Landsats 4–8 and Sentinel-2 imagery. Remote Sens. Environ. 231, 111205 https://doi. org/10. 1016/j. rse. 2019. 05. 024.

Ran Y H, Li X & Cheng G D. 2018. Climate warming over the past half century has led to thermal degradation of permafrost on the Qinghai-Tibet Plateau[J]. Cryosphere, 12: 595-608.

Robinson T P, Franceschini G, Wint W. 2007. The Food and Agriculture Organization's Gridded Livestock of the World. Vet Ital, 43, 745-51.

Robinson T P, Wint G R, Conchedda G, et al. 2014. Mapping the global distribution of livestock[J]. PLoS One, 9, e96084.

Ronneberger O, Fischer P, and Brox T. 2015. U-net: Convolutional networks for biomedical image segmentation. Pages 234-241 in Medical image computing and computer-assisted intervention–MICCAI 2015: 18th international conference, Munich, Germany, October 5-9, 2015, proceedings, part III 18. Springer.

Sadeghi S H, Vafakhah M, Moosavi V, et al. 2022. Assessing the health and ecological security of a human induced watershed in central iran[J]. Ecosystem Health and Sustainability, 8(1): 2090447.

Sankey T T, Massey R, Yadav K, et al. 2018. Post-socialist cropland changes and abandonment in Mongolia[J]. Land Degradation & Development, 29(9): 2808-2821.

Siebke K, Ball MC. 2009. Non-destructive measurement of chlorophyll B: a ratios and identification of photosynthetic pathways in grasses by reflectance spectroscopy[J]. Funct. Plant Biol, 36, 857-866.

Siqin T, Zhenhua D, Jiquan Z, et al. 2018. Spatiotemporal variations of land use/cover changes in Inner Mongolia (China) during 1980-2015[J]. Sustainability, 10(12): 4730-4730.

Soyol-Erdene T O, Lin S, Tuuguu E, et al. 2019. Spatial and temporal variations of sediment metals in the Tuul River, Mongolia[J]. Environ. Sci. Pollut. Res, 26, 32420-32431.

Steven A, Ackerman. 1997. Remote sensing aerosols using satellite infrared observations[J]. Journal of Geophysical Research: Atmospheres. 102.

Sun G Y, Rong X Q, Zhang A Z, et al. 2021. Multi-scale Mahalanobis Kernel-based support vector machine for classification of high-resolution remote sensing images[J]. Cognitive Computation, 13(4): 787-794.

Sun Y, Hao R, Qiao J, et al. 2020. Function zoning and spatial management of small watersheds based on ecosystem disservice bundles[J]. Journal of Cleaner Production, 255: 120285.

Sun Zhigang, Wang Qinxue, Xiao Qingan, et al. 2014. Diverse Responses of Remotely Sensed Grassland Phenology to Interannual Climate Variability over Frozen Ground Regions in Mongolia[J]. Remote Sensing, 7(1): 360-377.

Togtokh C. 2022. Land cover change analysis to assess sustainability of development in the Mongolian Plateau over 30 years[J]. Sustainability, 14.

Tong Siqin, Zhang Jiquan, Bao Yuhai, et al. 2018. Analyzing vegetation dynamic trend on the Mongolian Plateau based on the Hurst exponent and influencing factors from 1982-2013[J]. Journal of Geographical Sciences, 28(005): 595-610.

Vawda M I, Lottering R, Mutanga O, et al. 2024. Comparing the utility of artificial neural networks(ANN) and convolutional neural networks(CNN) on Sentinel-2 MSI to estimate dry season aboveground grass biomass[J]. Sustainability, 16(3).

Verstraete M M, Pinty B. 1996. Designing optimal spectral indexes for remote sensing applications[J]. IEEE Transactions on Geoscience and Remote Sensing, 34(5): 1254-1265.

Walther G R, Post E, Convey P. 2002. et al. Ecological responses to recent climate change[J]. Nature, 416(6879): 389-395.

Wang G Q, Li Y, Zhu Z Y, et al. 2012. Application of snowmelt-based water balance model to Xilinhe River Basin in the Inner-Mongolia, China[C]//International Yellow River forum on ensuring water right of the river s demand and healthy river basin maintenance.

Wang J, Wei H, Cheng K, et al. 2020. Spatio-temporal pattern of land degradation from 1990 to 2015 in Mongolia[J]. Environmental Development, 34: 100497.

Wang J L, Wei H S, Cheng, K, et al. 2022. Updatable dataset revealing decade changes in land cover types in Mongolia[J]. Geoscience Data Journal, 9, 341-354.

Wang Juanle, Wei Haishuo, Cheng Kai, et al. 2019. Spatio-temporal pattern of land degradation along the China-Mongolia Railway(Mongolia)[J]. Sustainability, 11(9): 2705.

Wang Juanle, Wei Haishuo, Cheng Kai, et al. 2021. An updatable dataset revealing changes in land cover types in Mongolia. figshare[J]. Dataset. Https://Doi. Org/10. 6084/M9. Figshare. 14390912. V1.

Wang Q, Peng X, Watanabe M, et al. 2023. Carbon budget in permafrost and non-permafrost regions and its controlling factors in the grassland ecosystems of Mongolia[J]. Global Ecology and Conservation, 41: e02373.

Wang X M, Zhang, et al. 2010. Has the three norths forest shelterbelt program solved the desertification and dust storm problems in arid and semiarid China?[J]. J ARID ENVIRON.

Wei H, Wang J, Cheng K, et al. 2018. Desertification information extraction based on feature space combinations on the Mongolian plateau[J]. Remote Sensing, 10(10): 1614.

Wen J, Liu G, Huang Y, Xua J. 2020. Canopy spectral characteristics under different backgrounds of wetland aquatic vegetation[J]. J Appl Spectrosc 87: 62-66.

Wu J C, Sun Z Y, Yao Y, et al. 2023. Trends of grassland resilience under climate change and human activities on the Mongolian Plateau[J]. Remote Sensing, 15(12).

Wu X Y, Liu G Y, Bao Q F. 2023. Pathway and driving forces to complete forest transition in inner Mongolia of China[J]. Environmental Development, 45.

Xiao J, Shen Y, Tateishi R, et al. 2006. Development of topsoil grain size index for monitoring desertification in arid land using remote sensing[J]. International Journal of Remote Sensing, 27(12): 2411-2422.

Xin X, Jin D, Ge Y, et al. 2020. Climate change dominated long-term soil carbon losses of Inner Mongolian grasslands[J]. Global Biogeochemical Cycles, 34, e2020GB006559.

Xu H. 2006. Modification of normalised difference water index(NDWI)to enhance open water features in remotely sensed imagery[J]. Int. J. Remote Sens. 27(14): 3025–3033. doi:10. 1080/01431160600589179.

Xu S, Wang J, Altansukh O, Chuluun T. 2024. Spatiotemporal evolution and driving mechanisms of desertification on the Mongolian Plateau[J]. Sci. Total Environ. 941, 173566. https://doi. org/10. 1016/j. scitotenv. 2024. 173566.

You C, Wang Y, Tan X. et al. 2023. Inner Mongolia grasslands act as a weak regional carbon sink: A new estimation based on upscaling eddy covariance observations[J]. Agricultural and Forest Meteorology, 342: 109719.

Zhang B, Song M, & Zhou W. 2005. Exploration on method of auto-classification for main ground objects of three gorges reservoir area[J]. Chinese Geographical Science, 15: 157-161.

Zhang J, Gao J. 2016. Lake ecological security assessment based on SSWSSC framework from 2005 to 2013 in an interior lake basin, China[J]. Environmental Earth Sciences, 75: 1-11.

Zhang Y, Wang J, Ochir A, et al. 2023. Dynamic evolution of spring sand and dust storms and cross-border response in Mongolian plateau from 2000 to 2021[J]. International Journal of Digital Earth, 16, 2341-2355.

Zhang Y, Wang J L, Wang Y, et al. 2022. Land cover change analysis to assess sustainability of development in the Mongolian Plateau over 30 years[J]. Sustainability, 14(10): 20.

Zhao Y, Huang M B, Horton R, et al. 2013. Influence of winter grazing on water and heat flow in seasonally frozen soil of Inner Mongolia[J]. Vadose Zone Journal, 12(1).

Zhou L, Tucker C J, Kaufmann R K, et al. 2001. Variations in northern vegetation activity inferred from satellite data of vegetation index during 1981 to 1999[J]. Journal of Geophysical Research: Atmospheres(1984–2012), 106(D17): 20069-20083.